RECHERCHES

SUR LES

CAUSES PARTICULIERES

DES

PHÉNOMÉNES ÉLECTRIQUES.

RECHERCHES

SUR LES
CAUSES PARTICULIERES

DES

PHÉNOMÉNES ÉLECTRIQUES,

Et fur les effets nuifibles ou avantageux qu'on peut en attendre.

Par M. l'Abbé NOLLET, de l'Académie Royale des Sciences, de la Société Royale de Londres, de l'Inftitut de Bologne, Maître de Phyfique de MONSEIGNEUR LE DAUPHIN, & Profeffeur Royal de Phyfique Expérimentale

NOUVELLE EDITION.

A PARIS,

Chez H. L. GUERIN & L. F. DELATOUR, rue S. Jacques, à S. Thomas d'Aquin.

────────────────

M. DCC L J.

Avec Approbation, Privilége du Roi.

A

SON ALTESSE ROYALE

MONSEIGNEUR

LE DUC

DE SAVOYE.

ONSEIGNEUR;

*Cet Ouvrage que je
prends la liberté d'offrir à*

Votre Altesse Royale, peut être re-gardé comme un Supplément à mes Leçons de Physique Expérimentale, qu'elle a bien voulu honorer de sa pré-sence & de son attention : C'est moins une offrande que je lui fais, qu'une dette con-tractée depuis long-tems, dont je demande la permission de m'acquitter ; mais si *Votre Altesse Royale* a la bonté de l'agréer, à quel-que titre que ce soit, j'en se-rai toujours extrêmement fla-te, puisque la lecture de ce Volume, en lui retraçant

des Principes dont j'ai eu
l'honneur de l'entretenir de
vive voix , & en lui préfentant des connoiffances que je
crois nouvelles , & felon fon
goût , fera revivre en quelque
forte , les fonctions honora-
bles que j'exerçois il y a dix
ans , & dont le fouvenir m'eft
bien cher.

Vos bontés , MONSEI-
GNEUR , m'ont mis dans la
douce néceffité d'être recon-
noiffant ; mais comment fçau-
roit-on que je le fuis , fi votre
amour pour les Sciences , la
protection que vous leur ac-
cordez , le plaifir que vous

prenez à les cultiver vous-
méme , ne m'avoient mis à
pórtée d'exprimer , quoique
foiblement, le jufte fentiment
qui m'anime , en vous confa-
crant le fruit de mes veilles ?

Si le Public à qui j'en fais
part , reçoit favorablement
mon Ouvrage, & qu'il en tire
quelque utilité ; je me fais un
grand plaifir de lui apprendre
qu'il le doit principalement
au defir que j'ai eu d'en pouvoir faire un hommage convenable au Prince éclairé fous
les aufpices duquel on le voit
paroître ; & qu'en travaillant
comme Auteur dans la vûe de

plaire à Votre Altesse
Royale , j'ai crû animer
mes efforts par le motif le plus
juste & le plus capable de me
faire réussir au gré de ceux
qui entendent le mieux ces
matieres.

Ai-je manqué ce dernier
objet ? Permettez, MON-
SEIGNEUR , que je me
retranche sur le premier : si
mes lumieres trop foibles n'ont
rien produit qui mérite , ni
votre attention , ni celle du
Public , mes sentimens qu'elles auroient mal servi , n'en
sont pas moins tout ce qu'ils
doivent , & tout ce qu'ils

peuvent être. Abandonnez mon Ouvrage au mépris, s'il le mérite ; mais daignez reconnoître dans le motif qui me l'a fait entreprendre, le zéle ardent, la reconnoiſſance parfaite, & le profond reſpect avec leſquels j'ai l'honneur d'être pour toute ma vie,

MONSEIGNEUR,

DE VOTRE ALTESSE ROYALE

Le très-humble, très-obéiſſant & très-dévoué Serviteur,
J. A. NOLLET.

PREFACE.

PLUS de trois ans * se sont
écoulés depuis que j'ai proposé comme la cause générale
des Phénoménes électriques ,
*l'effluence & l'affluence simultanées
d'une matiere fluide, très-subtile,
présente par-tout , & capable de
s'enflammer par le choc de ses propres rayons.* L'ouvrage dans lequel j'ai développé cette idée , **
s'est répandu dans nos Provinces ,
& les Etrangers l'ont traduit en
leurs Langues : je dois cet honneur sans doute au choix de la
Matiere que j'y ai traitée , parce
que tout le monde s'en occupe

* Mémoire lû à la rentrée publique de
l'Académie des Sciences , après Pâques
1745.
** Essai sur l'Electricité des Corps , imprimé en 1746.

aujourd'hui : auſſi n'eſt-ce point pour en tirer vanité que je fais cette remarque ; mais ſeulement pour montrer que mon opinion doit être ſuffiſamment connue. Cette publicité, & les invitations que j'ai faites aux Phyſiciens en général, & ſpécialement à ceux qui m'honorent de leur correſpondance, n'ont fait naître de leur part aucune objection aſſez forte pour me faire abandonner mes premieres penſées. J'ai recueilli les plus conſidérables de ces difficultés dans le premier Diſcours : je laiſſe à penſer au Lecteur, ſi les Réponſes que j'y ai jointes, me mettent en droit de perſéverer dans mon ſentiment, ou ſi ce ſont les vains efforts de la prévention & de l'opiniâtreté.

De mon côté, je me ſuis appliqué particulierement à examiner ſi cette théorie pourroit ſervir à rendre raiſon, non-ſeulement des principaux Phénoménes, comme il me femble l'avoir fait en la propofant dans mon *Effai ;* mais encore à expliquer leurs circonftances , & les effets qui en dépendent ; perfuadé que fi le mécanifme de l'Electricité , étoit véritablement celui que j'avois imaginé, cette premiere clef me mettroit peu à peu en poffeffion des autres, & me feroit pénétrer plus avant dans le fecret de la nature. On peut donc confidérer ce que contient ce nouveau volume , comme un fecond Effai , dont le fort bon ou mauvais doit achever de décider celui du premier. Si les explications qu'on y trouvera paroiffent plaufibles, comme elles font toujours fondées fur le même principe , je pourrai me flater plus que jamais d'avoir découvert il y a plus de trois ans , en quoi confifte cet état des corps , ou cette vertu , qu'on nomme

Electricité. En un mot, par le degré de solidité qu'on remarquera dans les différentes parties de l'édifice, on jugera de la valeur des fondemens.

J'ai partagé mon Ouvrage en cinq Discours, dont chacun a son objet particulier.

Le premier contient des Réponses à quelques Auteurs qui ont écrit sur l'Electricité, & qui ont attaqué ma théorie, ou contredit les faits que j'ai publiés ou adoptés : mon dessein n'étoit pas de le faire entrer dans le corps de l'Ouvrage ; je voulois seulement en faire une Brochure à part, que j'aurois distribuée autant que je l'aurois crû nécessaire pour ma défense ; mais j'ai cédé aux avis de quelques personnes qui ont crû voir dans cette partie des éclaircissemens dont pourroient profiter d'autres que mes Critiques. C'est pour la premiere fois

que je m'effaye dans ce genre
d'écrire , & ce n'eft pas fans une
forte de regret. Quelque confidé-
ration , & quelque eftime que
l'on conferve pour les perfonnes
à qui l'on répond ; je fens qu'il
eft bien difficile à un Auteur attaqué de fe contenir dans une modération exactement philofophi-
que : je ne crois pourtant pas
m'en être écarté au point de m'attirer des reproches de la part des
perfonnes fenfées ; & l'on peut
voir par les expreffions de l'agref-
feur , que j'ai toujours rapportées
en caracteres italiques , fi les
miennes font répréhenfibles ou
excufables.

Tout le monde aujourd'hui fe
mêle d'électrifer , & de dire fon
fentiment fur les queftions qui
concernent cette Matiere. Il n'en
réfulteroit qu'un bien , fi tous
ceux qui mettent la main à l'œu-
vre , & qui rendent compte au

Public de leur travail, obſervoient
à coup ſûr, & qu'on pût compter ſur ce qu'ils diſent avoir vû ;
mais ce qui prouve bien que tout
Electriſeur, n'a pas les yeux ou
l'attention d'un bon Phyſicien ,
c'eſt que ſur le même fait, on
entend tous les jours prononcer
le oui & le non. On écrit de
Chartres, par exemple, « qu'une
» couche de maſtic, épaiſſe ſeu-
» lement de *trois ou quatre lignes* ,
» ſuffit pour iſoler les corps qu'on
» veut électriſer par communica-
» tion. * L'on prétend à Londres
» que l'électricité d'un ſimple tu-
» be, (toujours plus foible que
» celle d'un globe,) ſe diſſipe à
» travers d'un gâteau de pareille
» matiere, s'il n'a que 2 pouces
» $\frac{4}{10}$ d'épaiſſeur. » ** Pourquoi
ſi peu d'accord entre les deux
Auteurs ? C'eſt aſſurément qu'on

* Nouvelle Diſſertation ſur l'Electricité ,
par M. Morin.
** Recueil de Traités ſur l'Electricité. p. 50.

a mal

a mal obſervé de part ou d'autre ;
& je ſçais bien de quel côté eſt
l'erreur.

Je vois avec beaucoup de
regret , ces contradictions ſe
multiplier de jour en jour , à meſure qu'il s'éléve de nouvelles
Ecoles d'Electricité. J'appréhen-
de bien que ce qui ſembleroit
devoir accélérer le progrès de nos
connoiſſances , & les perfection-
ner , ne faſſe qu'obſcurcir des vérités naiſſantes , qui ont à peine
germé dans un petit nombre d'eſ-
prits. Il ſeroit peut-être juſte, mais
il n'eſt pas poſſible , d'interdire
cette étude , ou la liberté d'écrire
ſur cette matiere , à ceux qui s'en
acquittent mal ; il eſt , je penſe ,
plus à propos , de leur indiquer
les ſources d'erreur qu'ils doivent
éviter ; & c'eſt ce que j'ai tâché de
faire dans le ſecond & dans le troiſiéme Diſcours.

Après avoir examiné dans l'un ,

tous les signes par lesquels on juge de l'électricité & de ses différens degrés de force ; j'ai fait voir par des exemples, que chacun d'eux, s'il étoit consulté séparément des autres, seroit capable de nous induire en erreur, ou de nous porter à prononcer des jugemens peu exacts. Je me suis proposé de faire connoître dans l'autre, les circonstances qui peuvent augmenter ou affoiblir la vertu électrique ; de sorte qu'après la lecture de ces deux Discours, j'ai lieu de croire qu'un Observateur attentif, pourra juger plus sûrement des Phénoménes électriques, & démêler dans bien des rencontres, ce qui rend les résultats si différens, tandis que les expériences paroissent être les mêmes à ceux qui ne les considerent qu'en gros.

Le quatrieme & le cinquieme Discours, contiennent les recherches que j'ai faites , pour fçavoir quels changemens on pouvoit craindre ou efpérer de caufer dans les Corps en les électrifant ; j'ai porté mes épreuves fur ceux qui font organifés , & fur ceux qui ne le font pas , fur les liquides & fur les folides , afin de tout embraffer autant qu'il m'étoit poffible. Mais j'avois principalement en vûe d'examiner les effets de la vertu électrique fur les plantes & fur les animaux : mes autres effais n'étoient, pour ainfi dire, que des préliminaires par lefquels je cherchois à entrevoir fans danger , ou avec moins d'appareil , ce que je pouvois attendre d'une fuite d'Expériences qui devoient être plus importantes , foit par les fujets que je voulois y appliquer , foit par la dépenfe , le tems , & les foins qu'elles exigeoient.

Je ne le diffimulerai pas ; jamais

découverte ne m'a plus flaté que celle à laquelle je fuis arrivé par ce dernier travail. Le pouvoir d'augmenter à fon gré la tranfpiration infenfible d'un Corps animé, & de porter cet effet fur tel ou tel membre felon fon choix, ne me paroît pas devoir demeurer inutile, s'il fe trouve des hommes vraiment occupés du foin de guérir les autres, qui ne dédaignent pas d'effayer cette nouveauté, à laquelle, d'ailleurs, il n'y a nul danger. Si l'art du Médecin n'en tire pas tout l'avantage qu'elle paroît promettre entre les mains du Phyficien, on me pardonnera du moins de l'avoir efpéré à caufe de la vrai-femblance.

Après ces cinq Difcours, on trouvera par forme d'Appendice, le récit d'un fait tout nouveau, qui me femble important & inftructif en matiere d'Electricité : il ne paroîtra peut-être qu'admirable aux yeux de bien des gens; mais les vrais Connoisseurs verront bien-tôt que moins merveilleux lui-même qu'il ne le paroît au Vulgaire, ce Phénoméne révéle tout le mystere de l'Expérience de Leyde, & qu'il se range avec elle dans l'ordre des effets ordinaires, en conservant une légere distinction.

Parmi le grand nombre d'Auteurs qui ont écrit sur l'Electricité, il n'est guéres possible que plusieurs n'ayent publié comme moi, & même avant moi, des découvertes ou des raisonnemens que j'ai fait entrer dans ce Volume : quand je l'ai sçû, je n'ai pas manqué de rendre à chacun la justice que je lui devois, en lui conservant sa priorité de date ; mais je n'ai pû en user de même à l'égard de ceux dont les Ouvrages ne sont point parvenus à ma connoissance, ou qui sont

venus trop tard. Si quelqu'un ne
se trouve donc pas nommé où il
devroit l'être, qu'il ne s'en prenne qu'à la différence des idiomes,
ou à la distance des lieux qui m'ont
empêché d'apprendre une partie
de ce qui s'est fait ailleurs.

En prenant soin de conserver
aux autres l'honneur de leur travail, je ne devois pas m'exposer à
perdre le fruit du mien. L'Académie des Sciences, est dans l'usage de ne faire imprimer ses Mémoires qu'au bout de trois ans; &
depuis environ dix-huit mois que
je lui ai rendu compte de mes
Recherches sur les causes particulieres des Phénoménes électriques, j'ai vû paroître dans plusieurs Ouvrages, bien des faits, &
quelques explications qui m'ap-
partiendroient de droit, & sans
contestation, si l'impression avoit
suivi de près la lecture de mes
Dissertations. Pour empêcher que

cet inconvénient n'aille plus loin,
& pour satisfaire plus promptement la curiofité du Public à qui
ces fortes de nouveautés font plaifir, je me fuis déterminé fous le
bon plaifir de l'Académie, à publier dans les quatre derniers Difcours de ce Volume, un ample
extrait de ce que j'ai dépofé dans
fes Regiftres, & qu'on verra reparoître dans fes Mémoires, fous
d'autres titres, & avec de plus
grands détails.

Dans plufieurs endroits de cet
Ouvrage, & furtout dans les deux
derniers Difcours, on fera fans
doute furpris de trouver les réfultats de mes Expériences oppofés à
des faits publiés par d'habiles Maîtres, & quelquefois même certifiés
par des témoins très-dignes de foi :
on peut bien s'imaginer que les
égards que je dois au mérite &
à la célébrité des perfonnes que
j'ai pris la liberté de contredire,

m'ont rendu circonfpect, & que j'ai fenti le ridicule qui rejailliroit fur moi, fi l'on venoit à me prouver que j'ai pris ce parti trop légérement. Je n'ai jamais arrêté aucune décifion de cette efpèce, qu'après un grand nombre d'épreuves répétées en différens tems, & en préfence de plufieurs perfonnes capables d'en bien juger. Il y a plus de quatre ans, par exemple, que j'ai connu avec des Médecins & Chirurgiens du premier ordre, que le poulx d'un homme électrifé ne s'accélere point fenfiblement; cependant comme M. Louis a répété en cela, le dire de quelques Auteurs Allemands, je n'ai pas voulu, par égard pour lui & pour eux, nier le fait, fans m'être bien affuré de nouveau que je le pouvois faire en toute fureté; il y a bien autant de tems que je fçais que la liqueur d'un Thermometre électrifé, ou plongé dans les aigrettes lumineufes, heufes, ne monte pas d'un $\frac{1}{10}$ de ligne; mais je n'ai voulu contefter ce fait avancé par M. Winkler, & copié par des Ecrivains qui s'en rapportent aux Expériences d'autrui, qu'après avoir mis vingt fois des Thermometres de toutes efpeces, en épreuve fous les yeux de plufieurs témoins.

Au refte on doit faire attention à la maniere dont je me fuis exprimé toutes les fois que j'ai eu à produire de ces réfultats contradictoires. Si quelqu'un a dit qu'une chofe n'arrive pas, & que cette chofe fe foit faite entre mes mains; j'affirme le fait de la maniere la plus pofitive, & avec une pleine fécurité; parce que, ce qui eft, ce que je vois, ce que je fais voir à d'autres ne peut pas ne pas être, & qu'il eft poffible que ce qui m'a réuffi, ait manqué entre les mains d'autrui, ou que l'Obfervateur n'ait point apperçu ce qu'il auroit pu appercevoir. Ainſi je n'héſite point à dire, par exemple, contre l'aſſertion de M. Boze, qu'un corps animé qu'on électriſe pendant un certain tems, perd une partie de ſon poids ; il eſt, ſelon moi, plus facile de croire qu'un défaut de mobilité dans la balance, ou quelqu'autre cauſe que j'ignore, n'a point permis à cet habile Phyſicien d'appercevoir le déchet cauſé par l'électriſation, que d'attribuer à erreur, un effet qui s'eſt ſoutenu conſtamment dans un grand nombre d'épreuves, & qui a toujours gardé une certaine proportion, avec les différens corps ſur leſquels j'ai fait mes Expériences.

Il n'en eſt pas tout à fait de même, quand j'ai à nier un fait avancé par quelque Auteur : ſi ce fait ne m'a pas réuſſi, j'en parle comme ne le croyant pas, parce que je me ſuis fait une regle inviolable de ne croire les choſes extraordi-

naires qu'après les avoir vues ;
mais la loi que je me suis impofée
n'oblige pas les autres ; & je ne me
tiendrai pas offenfé, fi l'on penfe que le Phénomene annoncé,
pour la vérification duquel j'ai
fait de vains efforts, a eu lieu, &
l'aura encore dans des mains plus
habiles ou plus heureufes que les
miennes. C'eft dans cet efprit que
je fufpends ma croyance à l'égard
de la tranfmiffion des odeurs à
travers des tubes électrifés, & à
l'égard des guérifons opérées en
Italie, dont j'ai eu occafion de
parler dans le 4me. & dans le 5me.
Difcours. Je déclare très-fincé-
rement qu'on ne me rendroit pas
juftice fi l'on me foupçonnoit d'en
douter, par quelqu'autre motif
qui dérogeât à l'idée avantageufe
que j'ai conçue de Mrs. Bianchi
& Pivati qui ont publié ces merveilles.

Je fuis bien aife que l’on fache
auffi que quand j’ai nié certains
faits , & que j’ai nommé les Auteurs qui les avoient avancés ;
ce n’étoit point pour leur en faire
un reproche. Je fais mieux qu’un
autre qu’on peut fe tromper, lors
même qu’on fe donne bien de la
peine, & qu’on prend bien des
foins pour ne pas l’être. Mais
le plus fouvent j’en ai ufé de la
forte , pour faire recevoir avec
confiance une vérité que je
croyois inconteftable , en appre-
nant au Lecteur, que je n’ai pas
ignoré les autorités qu’on pourroit citer contre, & que puifqu’il
étoit naturel d’y avoir égard, on
pouvoit croire que j’avois eu de
fortes raifons pour paffer outre.
Au refte comme ma critique n’eft
jamais exprimée en termes défo-
bligeans, j’efpere qu’on ne s’en
offenfera pas, & que l’amour de

la vérité qui m'a porté à la faire, engagera les personnes mêmes qu'elle intéresse, à la prendre en bonne part.

EXTRAIT DES REGISTRES
DE L'ACADEMIE ROYALE
DES SCIENCES.

Du 7. Février 1749.

MOnfieur de Reaumur & moi, qui avions été nommés pour examiner un Ouvrage de Mr. l'Abbé Nollet, qui a pour titre : *Recherches fur les caufes particulieres des Phénomenes Electriques, & fūr les effets nuifibles ou avantageux qu'on en peut attendre,* en ayant fait notre rapport, l'Académie a jugé cet Ouvrage digne de l'impreffion. En foi de quoi j'ai figné le préfent Certificat. A Paris le 7 Février 1749.

Signé, GRANDJEAN DE FOUCHY, *Sécrétaire perpétuel de l'Académie Royale des Sciences.*

PRIVILEGE DU ROI.

LOUIS, par la grace de Dieu, Roi de France & de Navarre, à nos amés & féaux Conseillers, les Gens tenans nos Cours de Parlement, Maîtres des Requêtes ordinaires de notre Hôtel, Grand-Conseil, Prevôt de Paris, Baillifs, Sénéchaux, leurs Lieutenans Civils, & autres nos Justiciers qu'il appartiendra, SALUT. Nos bienamés LES MEMBRES DE L'ACADÉMIE ROYALE DES SCIENCES de notre bonne Ville de Paris, nous ont fait exposer qu'ils auroient besoin de nos Lettres de Privilége pour l'impression de leurs Ouvrages : A CES CAUSES, voulant favorablement traiter les Exposans, nous leur avons permis & permettons par ces Présentes de faire imprimer, par tel Imprimeur qu'ils voudront choisir, toutes les Recherches ou Observations journalieres, ou Relations annuelles de tout ce qui aura été fait dans les Assemblées de ladite Académie Royale des Sciences, les Ouvrages, Mémoires ou Traités

de chacun des Particuliers qui la com-
pofent , & généralement tout ce que
ladite Académie voudra faire paroître,
après avoir fait examiner lefdits Ouvrages , & jugé qu'ils font dignes de
l'impreffion , en tels volumes , forme ,
marge , caractères , conjointement ou
féparément , & autant de fois que bon
leur femblera , & de les faire vendre
& débiter par tout notre Royaume
pendant le tems de vingt années con-
fécutives, à compter du jour de la date
des Préfentes ; fans toutefois qu'à l'occafion des Ouvrages ci-deffus fpécifiés
il puiffe en être imprimé d'autres qui
ne foient pas de ladite Académie : fai-
fons défenfes à toutes fortes de perfonnes , de quelque qualité & condition
qu'elles foient, d'en introduire d'impreffion étrangere dans aucun lieu de
notre obéïffance ; comme auffi à tous
Libraires & Imprimeurs d'imprimer
ou faire imprimer, vendre, faire vendre & débiter lefdits Ouvrages , en
tout ou en partie , & d'en faire aucunes
traductions ou extraits , fous quelque
prétexte que ce puiffe être, fans la permiffion expreffe & par écrit defdits Ex-

poſans, ou de ceux qui auront droit d'eux, à peine de confiſcation des Exemplaires contrefaits, de trois mille livres d'amende contre chacun des contrevenans, dont un tiers à Nous, un tiers à l'Hôtel-Dieu de Paris, & l'autre tiers auſdits Expoſans, ou à celui qui aura droit d'eux, & de tous dépens, dommages & intérêts; à la charge que ces Préſentes feront enregiſtrées tout au long ſur le Regiſtre de la Communauté des Libraires & Imprimeurs de Paris, dans trois mois de la date d'icelles; que l'impreſſion deſdits Ouvrages ſera faite dans notre Royaume, & non ailleurs, en bon papier & beaux caractères, conformément aux Réglemens de la Librairie; qu'avant de les expoſer en vente, les Manuſcrits ou Imprimés qui auront ſervi de copie à l'impreſſion deſdits Ouvrages, feront remis ès mains de notre très-cher & féal Chevalier le Sieur DAGUESSEAU, Chancelier de France, Commandeur de nos Ordres; & qu'il en ſera enſuite remis deux Exemplaires dans notre Bibliothèque publique, un en celle de notre Château du Louvre, &

un en celle de notredit très-cher & féal Chevalier le Sieur DAGUESSEAU, Chancelier de France, le tout à peine de nullité defdites Préfentes : du contenu defquelles vous mandons & enjoignons de faire jouir lefdits Expofans & leurs ayans caufe, pleinement & paifiblement, fans fouffrir qu'il leur foit fait aucun trouble ou empêchement. Voulons que la copie des Préfentes qui fera imprimée tout au long au commencement ou à la fin defdits Ouvrages, foit tenue pour dûement fignifiée, & qu'aux copies collationnées par l'un de nos amés, féaux Confeillers & Sécrétaires, foi foit ajoutée comme à l'original. Commandons au premier notre Huiffier ou Sergent fur ce requis, de faire, pour l'exécution d'icelles, tous actes requis & néceffaires, fans demander autre permiffion, & nonobftant clameur de Haro, Charte Normande & Lettres à ce contraires ; CAR tel eft notre plaifir. DONNÉ à Paris le dix-neuviéme jour du mois de Mars, l'an de grace mil fept cens cinquante, & de notre régne le trente - cinquiéme. Par le Roi en fon Confeil. MOL.

Regiftré fur le Regiftre XII. *de la
Chambre Royale & Syndicale des Libraires & Imprimeurs de Paris,* N°. 430,
fol. 309, *conformément au Réglement de*
1723, *qui fait défenfes, article* 4, *à
toutes perfonnes, de quelque qualité qu'elles foient, autres que les Libraires &
Imprimeurs, de vendre, débiter & faire
afficher aucuns Livres pour les vendre,
foit qu'ils s'en difent les Auteurs ou autrement; à la charge de fournir à la fuf-
dite Chambre huit Exemplaires de chacun,
prefcrits par l'art.* 108. *du même Réglement. A Paris le* 5 *Juin* 1750. *Signé,*
LE GRAS, Syndic.

AVIS AU RELIEUR.

Les Planches doivent être placées de maniere qu'en s'ouvrant elles puiſſent ſortir entierement du Livre, & ſe voir à droite dans l'ordre qui ſuit.

RECHERCHES

RECHERCHES

SUR LES

CAUSES PARTICULIERES

DES

PHÉNOMÉNES ÉLECTRIQUES.

PREMIER DISCOURS.

Dans lequel on répond à quelques difficultés proposées contre L'ESSAI SUR L'ÉLECTRICITÉ DES CORPS.

UN Auteur raisonnable qui n'est point trop prévenu en sa faveur, a bien de la peine à connoître s'il a eu le bonheur d'obtenir les suffrages du Public: tout ce qui semble l'en flater devient équivoque, quand l'amour propre

A

ne se hâte point de l'interpréter avantageusement. Le prompt débit de son ouvrage lui apprend tout au plus qu'on a bonne opinion de sa plume, ou qu'il a fait choix d'un sujet intéressant, d'une matiere à la mode ; & les complimens qu'il en reçoit, ne sont souvent que des politesses autorisées par l'usage, ou des éloges prodigués sans connoissance de cause. Ce qui peut, selon moi, calmer davantage ses inquiétudes, & lui inspirer quelque confiance, c'est la critique qu'on lui oppose, s'il sent qu'elle porte à faux, ou qu'elle puisse être combattue par de bonnes raisons, Car si son ouvrage n'est pas de ceux dont on ne prend pas la peine de parler, il peut raisonnablement compter qu'on lui passe tout ce qui n'est pas critiqué, & que rien ne lui sera contesté s'il vient à bout de résoudre les objections qu'on lui a faites.

Si j'étois bien sûr que toutes les difficultés qu'on peut faire contre ce que j'ai dit pour expliquer l'Electricité & ses principaux phénoménes, se réduisissent à celles dont j'ai eu connoissance jusqu'à présent, je

pourrois sans trop de présomption,
me flater d'avoir réussi dans cet *Essai*
que j'ai publié il y a huit ans. Je ne
connois que quatre Ecrits dans lesquels cet Ouvrage soit attaqué ; & je
crois voir clairement, ou que l'on
n'a point saisi mes pensées, ou qu'on
les combat par des raisonnemens auxquels je ne dois pas me rendre. Si je
n'ai pas été suffisamment entendu, je
veux bien croire que c'est ma faute :
pour m'en punir, je me condamne
à des éclaircissemens qui rendront
peut-être mes pensées plus intelligi-
bles. Quant aux autres endroits que
l'on a mieux compris, & que l'on
critique, j'y répondrai comme je l'ai
promis *, parce que les erreurs dont
on m'accuse, ne me paroissent pas
démontrées comme on le prétend ; je
laisse à juger ensuite aux Lecteurs
desintéressés, si j'ai suffisamment
éclairci & répondu.

Mais afin que le jugement soit plus
sûr & plus équitable, je les prie de
peser les raisons de part & d'autre, &
de ne se point arrêter aux expressions
qui marquent bien les prétentions
& la hardiesse de celui qui parle ou

A ij

** Essai sur
l'Electricité,
Pref. p. 16.*

qui écrit, mais qui ne doivent déterminer un Juge prudent, qu'autant qu'elles sont accompagnées de preuves. Un de mes critiques voit, dit-il, avec *évidence* que je me suis trompé ; il prétend l'avoir *démontré*, & m'en *convaincre* moi-même : je lui passe de l'avoir dit ; cependant je ne me sens pas *convaincu*, quoique j'aye bien étudié ses raisons pour en sentir toute la force : c'est peut-être prévention de ma part ; mais je demande qu'on examine s'il n'a point été ébloui par de fausses lueurs, & si ce qu'il nomme si souvent *démonstration*, peut être reçu comme tel. Chacun peut prendre le ton qui lui plaît davantage : le mien n'est pas si élevé, & j'ai de bonnes raisons pour n'en point changer, sur-tout dans une matiére aussi délicate. Il est juste, ou que les gens qui entrent en dispute avec moi, ne parlent pas plus haut que je n'ai fait, ou que ceux qui nous jugent se tiennent en garde contre des expressions trop hardies.

Réponse à l'Auteur Anonyme de deux Ecrits, dont l'un est intitulé ME'MOIRE SUR L'ELECTRICITE' *; & l'autre,* SUITE DU ME'MOIRE SUR L'ELECTRICITE'.

L E premier Auteur qui ait exercé sa plume contre ma théorie, est celui dont j'ai fait mention à la fin de mon *Essai, p.* 217. Peu satisfait apparemment des réponses que je lui avois indiquées, il publia au commencement de l'année 1748, un autre Ecrit qui a pour titre *suite du Mémoire sur l'Electricité*, dans lequel il paroît qu'il s'est proposé principalement de combattre mon Ouvrage : *L'Essai de Mr. l'Abbé Nollet*, dit-il p. 4, *ses réponses, & quelques questions que l'on m'a proposées touchant l'attraction, m'obligent de donner une suite à mon premier Mémoire.* Et en effet, de 30 pages que contient cet Ecrit, il y en a 21 au moins qui sont employées pour les deux premiers objets qui me regardent ; c'est à cet Auteur Anonyme à qui je vais répondre d'abord.

Le premier tort qu'on veut me

I.
DISC.
Réponse
à l'Auteur
Anonyme.

* Suite du
Mémoire sur
l'Élect. p. 5.

donner, c'est *d'avoir*, dit-on, * *prétendu prouver que la matiere de l'air ne sçauroit être celle de l'Electricité qui s'opere dans le récipient*, dont l'air a été pompé apparemment.

Si je me suis trompé dans cette prétention, mon erreur est bien plus grande qu'on ne le dit; car non-seulement je crois que l'air de l'atmosphere, ce fluide que nous respirons, n'opere point l'Electricité dans le vuide de Boyle, je suis encore très-persuadé que par tout ailleurs, il n'a par lui-même aucune part à cette vertu. On ne me fera pas revenir de cette opinion en m'objectant *qu'il reste toujours de l'air dans un vaisseau dont on a pompé le plus grossier*, ni en ajoutant que, *quelque déliées que soient les parcelles de cet air qui reste, il y a toujours entre elles une proportion qui suffit pour l'électricité.* Cette derniere phrase est tout-à-fait obscure pour moi; je ne sçais ce que c'est que cette *proportion* qui suffit pour l'électricité, à moins que l'on n'entende par ce mot une densité toujours uniforme, quoique extrêmement diminuée. Mais si l'air étoit la matiere propre de l'électricité, ou qu'il la mît en jeu par son reffort ; ne feroit-il pas naturel que cette vertu diminuât comme la denfité de ce fluide, lorfqu'il paffe par différens dégrés de raréfaction ? Pourquoi donc voit-on des phénoménes électriques très-marqués dans l'air le plus rare, dans la partie vuide d'un Barométre conftruit avec tout le foin poffible ? (*a*)

Au refte, n'ai-je donc employé qu'une preuve pour appuyer la *propofition* contre laquelle on veut s'élever? N'ai-je pas obfervé * « que la matiere » qui fait l'électricité a des qualités » fenfibles & très-connues, que l'air » n'a point ; qu'elle pénétre les corps » les plus compacts, qu'elle a de l'o- » deur, qu'elle devient lumineufe, » qu'elle met le feu aux matieres in- » flammables, &c. » Pourquoi diffimuler tous ces argumens ?

Après cette difcuffion dans laquelle mon adverfaire m'a forcé d'entrer, ne croiroit-on pas qu'il penfe tout autrement que moi fur le fujet dont il s'agit ? Ne diroit-on pas

(*a*) *Boze tentam. part. poft.* p. 6.
Waitz. Chap. 4. Jallabert, Exp. fur l'Electr.
p. 22. & 23. &c.   A iiij

que l'air de l'atmosphere est, selon lui, la matiere qu'on doit nommer *électrique*. J'ai été moi-même fortement tenté de le croire ; j'ai pensé au moins que l'Auteur du *Mémoire sur l'Electricité* faisoit jouer à l'air un grand rolle dans les phénoménes électriques ; & si quelqu'un est curieux de sçavoir pourquoi je l'ai pensé, qu'il prenne la peine de parcourir le Mémoire dont il s'agit depuis la page 17 jusqu'à la fin. Il y verra qu'une matiere déliée dont l'Auteur ne détermine pas la nature, mais qu'il nomme en général *la portion la plus subtile de l'atmosphere*, s'amasse, (par un méchanisme que je n'ai pas bien compris,) autour d'un tube que l'on frotte, ou d'un globe de verre que l'on fait tourner rapidement ; que cette matiere ayant passé du dehors au-dedans, est chassée ensuite du dedans au dehors, par la réaction de l'air qu'elle a comprimé ; que s'élançant ainsi par les pores du verre, elle forme autour de lui une grande quantité de jets divergens qui raréfient l'air des environs ; ce qui donne lieu aux lames ou aux globules d'air sur les-

quels repofent des corps légers, de fe
dilater, & de porter ces petits corps
vers le verre électrifé. Dans tout ceci,
comme l'on voit, l'action de l'air eft
comptée pour beaucoup;& la critique
que l'on fait de mon Ouvrage com-
mençant par cet endroit où *je prétens prouver*, dit-on, *que la matiére de
l'air ne peut être celle de l'électricité qui
opére dans le récipient*, je m'étois imaginé que cette propofition étoit une
de celles que l'on me nioit, & que
j'avois à défendre. Ce n'eft point
çela : l'Auteur *du Mémoire*, (ou du-
moins celui *de la fuite du Mémoire* qui
fe dit être le même,) eft de mon
avis fur la nature de la matiere électrique; & comme fi j'étois l'agref-
feur, il fe met fur la défenfive, &
me repréfente que par la maniere
dont il s'eft exprimé, on pouvoit
également croire qu'il attribuoit l'é-
lectricité à la matiére du feu & de la
lumiere, comme à celle de l'air proprement dit : voici fes propres paroles. * *Quand M. Nollet pourroit prouver
que la matiére de l'air ne fçauroit devenir électrique, il n'en réfultcroit rien contre mon explication ; lorfque j'ai démontré*

I.
D i s c.
Réponfe à
l'Auteur A-
nonyme.

* p. 5.

que la rotation du globe écartoit les parties les plus grossieres de l'atmosphere, &
rassembloit les plus déliées, j'ai ajouté
immédiatement après, soit que ces parties soient de l'air même, soit qu'elles se
trouvent dans l'air comme la lumiere, le
feu, &c. Je loue la prudence de l'Auteur; elle va plus loin encore : dans
l'endroit qu'il cite de son premier
Mémoire ; * au lieu de ces mots,
*p. 18.
comme la lumiere, le feu, on y lit,
comme l'eau, le feu. De sorte que si
quelqu'un s'avisoit maintenant d'attribuer l'électricité à l'humidité qui
regne dans l'air, notre Critique pourroit d'abord y trouver à redire, sauf
à lui, si ses raisons lui sembloient trop
foibles, d'abandonner la dispute, &
de prouver par ce petit mot (l'eau)
qu'il a glissé à propos, que son opinion ne différe point de celle qu'il
auroit essayé de combatre sans succès.

L'Auteur à qui je réponds, a bien
raison de dire que quand il combat mon
opinion, ce n'est point à cause de l'incom-
patibilité qu'elle a avec la sienne ; il est
*p. 17. &
suiv.
vrai que dans son premier Mémoire*
il faisoit jouer le ressort de l'air com-

primé pour animer le mouvement de la matiere électrique, & celui de l'air dilaté pour amener au corps électrifé les corpufcules qui paroiffent attirés; mais en lifant les pages 6 & 7 de fon fecond Ecrit, on voit qu'il fe paffe fort bien de cet agent, qu'il en fupprime jufqu'au nom, & qu'il n'en eft pas moins content de la maniere dont il expofe de nouveau *le méchanifme électrique*. Lorfqu'il m'a contefté la propofition que je viens de défendre, eft-ce donc comme il le dit, parce qu'il a vû *évidemment* que je m'étois trompé ?

Voici le fecond coup que me porte mon adverfaire : *Mr. l'Abbé Nollet, dit-il,* * *prétend avoir répondu à l'objection que j'ai eu l'honneur de lui faire fur la maniere dont il explique l'attraction & la répulfion*, & il cite en marge la page 218 de mon *Effai*. Il fuffit que j'y renvoye le Lecteur pour lui faire voir que je n'ai pas prétendu répondre en cet endroit, mais feulement indiquer les réponfes qu'on fembloit exiger de moi. *Il fuppofe,* continuet-il, * *que les rayons divergens qui s'élancent du globe, font répulfifs, c'eft-à-*

I.
D I S C.
Réponfe à
l'Auteur Anonyme.

* Suite des
Mém. fur l'Electricité. p. 8.

* Ibid.

dire, *qu'ils ont plus de force que la ma-tiére qu'il appelle affluente, celle qui vient des corps environnans.* On peut voir par la lecture des endroits de mon *Essai* où j'avois renvoyé mon Critique pour s'instruire au juste de mes pensées, s'il en a bien pris le sens. Il poursuit ainsi : *Je lui ai répréfenté que dans cette hypothèfe, de fept à huit brins de paille qui font attirés, deux ou trois au moins devroient être repouffés, puifque deux ou trois au moins devroient rencontrer ces rayons prétendus repulfifs, quelque divergens qu'ils fuffent.* Après cette rude attaque, on s'applaudit en difant : *Il n'étoit pas poffible de répondre à cette difficulté qui renverfe la bafe de fon fyftême : Mr. Nollet tâche de l'éluder ; il n'a pas dit que les corps légers échapaffent* toujours, *mais* prefque toujours.

Eft-ce éluder une difficulté que de marquer, comme j'ai fait, les endroits où je l'ai prévenue, & de diffiper en deux mots la fauffe idée qui la fait naître ? Or, fans fortir des quatre premiers faits expliqués dans la troifiéme partie de mon Ouvrage, j'efpére faire entendre, finon à l'Auteur du Mémoire, au moins à ceux qui étant au fait de la matiére, me liront fans prévention, comment il arrive que *de fept à huit brins de paille, la plûpart font portés par la matiére affluente vers le tube ou le globe électrique, nonobftant la réfiftance des rayons effluens.* Je dis la plûpart ; car il arrive quelquefois que les corps même les plus minces font repouffés de prime-abord : c'eft un fait qu'on ne peut nier & que bien d'autres que moi ont apperçu ; Meffieurs de Reaumur & du Fay l'ont prouvé il y a plus de 12 ans, par une expérience fort fimple que j'ai rapportée dans ma 9e. Queft. p. 75, & que perfonne n'a contefté depuis, fi ce n'eft peut-être, celui qui trouve mauvais que j'aye dit que *les corps légers n'échapent pas toujours, mais prefque toujours* à l'action de la matiére effluente. (*a*)

En vain me répondra-t-on que *fi l'on préfente à la fois plufieurs corps légers comme de la pouffiere, la diverfité de leurs*

____

(*a*) Voyez M. Allamand dans fa lettre à M. Folkes, phénom. 8. & 9. M. Jallabert, Exp. fur l'Elect. p. 14. &c.

mouvemens appartient à d'autres caufes dont on differe la recherche. Voilà ce qu'on peut appeller, *éluder une difficulté* ; & *l'expérience* ne prouve pas comme on le prétend, que les corps légers préfentés l'un après l'autre, foient *toujours* attirés par un corps *affez* électrique : elle prouve la contradictoire de cette propofition ; & ce qui paroîtra fans doute un étrange paradoxe à mon Critique, c'eft que s'il arrive qu'un corps léger foit repouffé d'abord, c'eft ordinairement dans le cas d'une forte électricité. On *attefte* contre moi *les obfervateurs de ces phénoménes ;* c'eft un tribunal où je ne ferai point condamné fi l'on va à la pluralité des voix; & ce que j'avance ici, je l'ai fait voir dans mes Leçons publiques, à plus de fix cens témoins : il ne faut que des yeux pour prendre connoiffance d'un fait auffi fimple.

Jufqu'ici il ne paroît pas que l'Auteur du *Mémoire fur l'Electricité*, ait lû autre chofe que le *Poftfcriptum* de mon *Effai*, pages 217 & 218. Mais le voici maintenant qui me pourfuit d'après mes réponfes, dont

il ne paroît pas satisfait ; & *pour ren-dre*, dit-il, *mes idées autant intelligi-bles qu'il est possible*, il rapporte ce que j'ai dit à la page 149 de mon Ou-vrage. « Si le corps léger est d'un
» très-petit volume ou d'une figure
» tranchante, comme une feuille de
» métal ; il est chassé vers le corps
» électrique par la matiére affluente ;
» & la matiére effluente ne l'empê-
» che pas d'y arriver , parce que ses
» rayons qui sont divergens, ne lui
» opposent que des obstacles acci-
» dentels , à travers desquels il se fait
» jour. »

Je ne conviendrai point assûré-ment que cet extrait suffise , pour rendre mes pensées *autant intelligi-bles qu'il est possible ;* je veux qu'on y joigne ce qui précede immédiate-ment. « Comme les deux courans
» de matiére électrique se meuvent
» en sens contraires, le corps léger,
» qui se trouve dans la sphère d'ac-
» tivité du corps électrisé, doit obéir
» au plus fort, à celui qui a le plus de
»prise sur lui. » Je demande encore qu'on ne perde point de vûe ce principe d'expérience dont j'ai fait

I.
D I S C.
Réponse à l'Auteur A-nonyme.

uſage en expliquant le quatriéme fait
page 157, & le huitiéme, page 167.
ſçavoir, « que la matiére électrique,
» tant celle qui émane des corps
» électriſés, que celle qui vient à eux
» des corps environnans, eſt aſſez
» ſubtile pour paſſer à travers des
» matiéres les plus dures & les plus
» compactes, & qu'elle les pénétre
» réellement. » Avec ces vérités
fondamentales (qui giſſent en fait,)
on comprendra mieux mes penſées,
qu'on ne le pourroit faire ſur l'ex-
poſé de l'Auteur anonyme à qui je
réponds : il faut que je les retrace ici
en peu de mots, avant que de répondre à ſes objections.

Lorſqu'une plume, une petite
paille, une feuille de métal, &c.
ſe trouve plongée dans la ſphère d'a-
ctivité d'un corps électrique, je la
conſidere comme étant ſollicitée à
ſe mouvoir par deux puiſſances directement oppoſées l'une à l'autre :
ces deux puiſſances ſont d'une part
la matiére électrique effluente, &
de l'autre la matiére affluente : il
faut qu'elle obéiſſe au plus fort de
ces deux courans, où qu'elle demeure

meure comme immobile entre l'un & l'autre, si les deux forces opposées font en équilibre : ce dernier cas est rare, il arrive pourtant quelquefois. (*a*)

Celui des deux courants qui demeure le plus fort, n'entraîne donc jamais le corps léger, felon toute l'intensité de fa force abfolue, mais fuivant l'excès de fon effort fur celui de fon antagonifte ; la plume qui vient au tube électrifé, y eft portée par la matiére affluente, entant qu'elle eft plus forte que la matiére effluente qui s'oppofe à cet effet, & qui le retarde toujours plus ou moins.

Mais d'où dépend là force de ces deux courans, & la fupériorité de l'un fur l'autre ? Cela vient de plufieurs caufes qui influent en même tems ; mais quoiqu'on les connoiffe pour la plûpart, il eft très-difficile de démêler combien chacune y met du fien, & ce qui doit en réfulter.

L'effort de chaque courant de matiére électrique, dépend fans doute

(*a*) Effai fur l'Elect. p. 73. Jallabert, Exp. fur l'Elect. p. 20.

B.

de la denſité, ou du nombre des
rayons qui agiſſent ſur le même
corps, & de la vîteſſe actuelle qu'ils
ont : mais il n'eſt guéres poſſible de
meſurer cette vîteſſe, ni de connoître au juſte la quantité des rayons
qui agiſſent efficacement : je dis qui
agiſſent efficacement ; car comme
la matiére électrique pénétre les
corps les plus durs, on ne doit pas
douter qu'il n'y ait un grand nombre de rayons de chaque courant,
qui enfilent les pores du corps léger, & dont l'action ſoit comme
nulle, à moins que ces pores fort
étroits, ou tortueux, n'oppoſent
une certaine réſiſtance à leur paſſage.

On doit encore faire attention
que cette pénétration qui diminue
l'effort de la matiére électrique ſur
le corps léger, ſe fait d'autant mieux
qu'il y a plus de vîteſſe dans les
rayons ; & comme nous avons lieu
de croire que le courant de la matiére effluente eſt plus rapide que celui
de la matiére affluente, * on doit s'attendre, toutes choſes égales d'ailleurs, que ſi l'un & l'autre agiſſent

* Eſſai ſur
l'Elect. p. 89.

en même-tems fur un corps d'un certain volume, le premier perdra,
par proportion, plus de fa force,
que l'autre.

Enfin puifqu'une plus grande vîteffe dans le courant de matiére électrique, peut occafionner deux effets contraires, augmenter fon effort, par rapport aux rayons qui rencontrent les parties folides du corps
léger, ou l'affoiblir; en faifant paffer librement un plus grand nombre
de ces rayons à travers les pores, on
doit être moins furpris de trouver
des variétés affez confidérables dans
les réfultats de certaines expériences,
fuivant que l'électricité a plus ou
moins de force, ou que l'on préfente le même corps, plus ou moins près
du corps électrifé.

En voilà affez & même trop pour
rendre raifon d'une expérience, qui
détruit, dit-on, mon explication,
c'eft-à-dire, celle que j'ai donnée de
l'attraction électrique. On a préfenté
un tube nouvellement frotté au feuillet d'un livre ouvert ; ce feuillet a
été attiré, & l'on s'écrie victorieu-
fement : *Il n'eft pas poffible de dire qu'il*

ait échappé aux rayons divergens ; à quoi on ajoute : *Ils ne font donc pas répulfifs.*

Non, dans cette occafion comme dans bien d'autres, ils ne le font pas efficacement ; & l'on peut dire que le feuillet du livre a échappé à leur action, puifque cette action n'a point empêché qu'il ne parvînt jufqu'au tube : mais un corps léger peut échapper de différentes manieres à l'effort des rayons effluens, 1°. En gliffant entr'eux, comme il lui arrive probablement, quand il eft d'un très-petit volume & d'une figure convenable ; 2°. en offrant des pores affez ouverts, & en affez grand nombre, pour laiffer paffer une certaine quantité de ces rayons répulfifs, & donner par-là occafion à la matiére affluente d'agir avec avantage. J'avoue qu'il n'y a que la premiere maniere indiquée dans le petit extrait de mon Livre, que l'Auteur anonyme a rapporté à la page 10 de fon fecond Mémoire ; mais eft-ce ma faute s'il s'en eft tenu là ? que ne lifoit-il au moins les 9 ou 10 pages auxquelles je l'avois renvoyé ?

M. l'Abbé Nollet, dit mon Critique, *a cherché à tirer avantage de quelques particularités, & il y est parvenu à force d'esprit.* On me fait bien de l'honneur; mais croiroit-on que ce grand effort d'esprit dont on me fait compliment, se borne à avoir remarqué qu'une feuille de métal, ou quelqu'autre corps léger qui est attiré, arrive rarement au corps électrique par une voie bien directe; & d'en avoir tiré cette conséquence, que le corps léger qui souffre ces déviations, rencontre apparemment des obstacles en son chemin? Cette *particularité* qui se voit autant de fois qu'on essaye d'attirer des fragmens de feuilles de métal, ou autres choses semblables, a fait faire à notre Auteur les frais d'une explication qui suit immédiatement après sa remarque; je ne la trouve pas fort naturelle, cependant je ne puis pas dire qu'il l'ait trouvée *à force d'esprit*; mais ce qui lui donne un grand avantage sur moi, & je pense, sur tous les autres Physiciens, c'est qu'il paroît qu'il est en possession d'un *microscope avec lequel il peut observer les pores du*

I.

D I S C.
Réponse à
l'Auteur Anonyme.

verre, & les variétés qui s'y trou-vent. * Quelles découvertes ne doit-on pas faire avec un pareil inſtru-ment ?

J'ai dit à la page 150 de mon *Eſſai*: « Quand l'étendue du corps léger » égale ſeulement celle d'un petit » écu , il eſt fort ordinaire que le » premier mouvement de la feuille » ſoit de s'écarter du corps éle-» ctrique qu'on lui préſente; ou » ſi elle commence par s'en appro-» cher, elle ne parvient pas juſqu'à » lui, &c. »

On répond à cela, qu'on a eſſayé cette expérience, qu'on a trouvé le réſultat différent du mien; & l'on veut m'apprendre *ce qui m'a induit en erreur.*

Et moi, je réplique qu'on peut ſe diſpenſer de cette peine, parce que je ſuis bien ſûr de ne m'être pas trompé ; que cette obſervation m'eſt très-familiere ; que d'autres que moi l'ont faite, & que nommément M. Du Tour de Riom qui s'applique depuis long-tems aux expériences de ce genre, m'en a adreſſé un grand nombre dont j'ai rendu compte à l'Académie, & qui pour la plûpart avoient été faites à deſſein de véri-fier le fait dont il eſt queſtion. (*a*)

On a demandé à l'Auteur du *Mémoire ſur l'Electricité*, pourquoi les métaux & quelques autres matiéres, ne s'électriſent point par frottement, & en général par quelle raiſon les unes s'électriſent mieux que les autres par cette voie. Il va réſoudre cette grande queſtion dans une ſeule page; mais il faut auparavant qu'il en employe neuf à me réfuter, & ſur quoy ? ſur un principe que je poſe, dit-il, & dont Gilbert, Otto Guerik, Gray, du Fay & Boyle, ne *s'étoient point aviſés* : & ce principe le voici : *La matiére électrique pénétre plus aiſément, & ſe meut avec plus de liberté dans les corps les plus compacts.* Et l'on cite les pages 115, 143, 168, 169, &c. de mon Eſſai. Si je répondois à cela que je n'ai jamais avancé cette propoſition générale, je dirois vrai, & toute la diſpute ſeroit finie. Mais comme les objections tombent

(*a*) Voyez de plus l'Ouvrage de M. Boze, qui a pour titre *Recherches ſur la cauſe & ſur la véritable théorie de l'Electricité*, §. 26.

en partie sur celle même qui est rapportée peu après, * & que je reconnois bien pour être la mienne, je
suivrai la critique d'un bout à l'autre.

Je suis trop bon physicien, dit-on,
pour n'avoir pas *pressenti* la difficulté
insurmontable qui s'oppose à ce systême; c'est-à-dire, apparemment, à
l'opinion dans laquelle je suis, que la
matiére électrique pénétre plus aisément les métaux & les corps animés,
que d'autres matiéres qui sont cependant moins compactes. Pour prouver
combien je me trouve embarrassé,
on rapporte p. 18, un lambeau de mon
Ouvrage qu'on appelle *un effort d'esprit*, & que j'ai tout lieu de croire
qu'on n'a point compris, pour deux
raisons; premierement, parce qu'il
est si mal rendu par mon Critique,
que je ne l'entendois pas moi-même, quand je l'ai lu pour la premiere
fois; secondement, parce que dans
l'explication du huitiéme fait, page
69, d'où on l'a tiré, il ne s'agit point
de rendre raison de la facilité avec
laquelle la matiére électrique pénétre les métaux ou d'autres matiéres
aussi.

auſſi compactes, mais de concilier avec ce fait, (que je tiens de l'expérience,) un autre fait également conſtaté, ſçavoir, que le métal ſemble donner plus de priſe que les autres corps, à la matiere Electrique, quand il s'agit d'être attiré ou repouſſé. Si l'on prend la peine de jetter les yeux ſur cet endroit de mon ouvrage, non-ſeulement on reconnoîtra que l'Auteur du Mémoire s'eſt trompé, & qu'il n'a point du tout ſaiſi l'objet dont j'étois occupé ; on verra de plus qu'il n'a tenu qu'à lui de trouver dans cet endroit les raiſons par leſquelles un corps léger d'un certain volume, une feuille de papier, par exemple, peut échapper à l'action des rayons effluens.

Le Critique anonyme, après m'avoir reproché cet *effort d'eſprit*, dont je vois bien qu'il n'a pas pénétré le ſens, ajoute *qu'il lui en coûtera moins pour me réfuter par un raiſonnement ſimple* : on ſera peut-être curieux de me voir aux priſes avec un homme qui *raiſonne ſimplement*. Voici la diſpute qui commence.

C

I.
D i s c.
Réponſe à l'Auteur Anonyme.

D'après le principe que M. l'Abbé Nollet pose lui-même, qu'il n'est pas permis de douter en Physique de l'impénétrabilité de la matiere, il ne peut pas ignorer absolument quelle est la véritable grandeur des pores de différentes matieres. Si la premiere de ces deux connoissances a dû nécessairement me conduire à l'autre, j'ai bien mal cheminé ; car j'avoue ingénuement que j'ignore, on ne peut pas davantage, *quelle est la véritable grandeur des pores de différentes matieres ;* peut-être l'apprendrai-je, si l'Auteur à qui j'ai affaire veut bien me prêter le microscope dont il fait encore mention ici. Continuons : *Dès que la matiere est impénétrable, il s'enfuit que les corps moins-compacts ont des pores en plus grand nombre, ou plus grands ; & de cette conséquence il résulte, qu'ils sont plus perméables à quelque matiere que ce soit.* Par exemple, on bouche communément les bouteilles avec du liége, pour empêcher l'évaporation de la liqueur, on feroit donc mieux de faire les bouchons avec du chêne ; ce bois est plus compact : & si l'eau forte pénétre le cuivre, & qu'elle n'entre pas dans la cire , c'eſt une marque, apparemment, que la cire eſt plus compacte que le métal. On ſçait combien tout ceci quadre avec l'expérience. Ce ſont pourtant ces deux ou trois phraſes miſes bout à bout l'une de l'autre, qu'on appelle auſſi-tôt une *démonſtration des plus évidentes* ; comme l'Auteur des deux Mémoires employe ſouvent ce grand terme, je ſuis bien aiſe de faire voir par un exemple combien il en connoît la valeur, & juſqu'à quel point on doit l'en croire , quand il dit qu'il a *démontré*.

On continue ainſi : *M. L. N. allégue auſſi l'expérience ; c'eſt elle , ſi on veut l'en croire, qui lui a fait admettre ce principe étrange qu'il revêtit du nom de propoſition fondamentale tirée de l'expérience :* mais ſi l'on ne veut pas m'en croire, il y a une choſe bien ſimple à faire, puiſque j'indique la ſource d'où je le tiens, (l'expérience ;) il n'y a qu'à voir dans ma quatorzieme queſtion, page 107, les faits que je cite pour garants de ma propoſition, les vérifier , examiner ſi je les ai bien ou mal interprétés ; & leur donner une

I.

Dɪꜱᴄ.

Réponſe à l'Auteur Anonyme.

meilleure interprétation, si la mienne
ne vaut rien. C'est aussi ce que prétend faire mon Critique; mais *qu'au-
ra-t-il à répondre*, dit-il, en parlant
de moi, *si j'explique sans ce principe,
qui est contraire aux principes démon-
trés & reçus, toutes les expériences
dont il dit l'avoir tiré : je ferai plus ;
& après avoir expliqué ce phénoméne
par le principe opposé, qui est un des
plus évidens qu'il y ait en Physique,
je rapporterai une expérience de l'Electricité même, qui renverse la proposition
fondamentale de M. N. & qui remet la
vérité dans le plus grand jour*. Voilà
de grandes menaces & de magnifi-
ques promesses. Ne perdons point
de temps; écoutons d'abord ce qui
concerne le premier objet, c'est-à-
dire, la nouvelle interprétation des
expériences que j'ai mal entendues.
Voici la réfutation qui commence.

*Il n'est pas besoin de répéter ici toutes les
expériences dont M. l'Abbé Nollet a tiré
cette proposition, d'autant plus qu'elles
appartiennent aux Mémoires suivans.*
Voilà un début bien judicieux; c'est-
à-dire, qu'il n'y a qu'à toujours me
condamner, sauf à examiner mes rai-

fons quelque jour : & pourquoi donc cette abbréviation de procédure ? c'eſt que, ſi l'on en veut croire mon adverſaire, tout ſe réduit, (& il prétend que je l'ai dit moi-même,) à cette obſervation qui ſuit : » Les rayons » électriques qui partent d'un tube » ou d'un globe de verre électriſé, » & qui ne s'étendent dans l'air qu'à » quelques pieds de diſtance, ſe pro- » longent prodigieuſement, quand » on leur donne lieu d'enfiler une bar- » re de fer, une corde, une piéce de » bois. » En effet, voilà une de mes preuves ; mais je voudrois bien ſçavoir où j'ai dit, comme on le prétend, que *je réduis toutes les autres à celle-là ?* Je proteſte contre cette allégation, & je prie le Lecteur de conſulter les faits rapportés dans mon *Eſſai*, depuis la page 107, juſqu'à la page 115.

Pour expliquer ces phénoménes, c'eſt-à-dire, toutes mes preuves, qu'on ſe perſuade pour plus de commodité être renfermées dans celle qu'on vient de voir, on avertit d'abord qu'on va poſer un principe tout contraire au mien, & *qu'on ne dira*

I.
DISC.
Réponſe
à l'Auteur A-
nonyme.

rien de merveilleux ; après quoi on
procede ainsi : *Il est naturel que la matiere qu'on nomme électrique , pénétre
plus aisément , & se meuve avec plus
de liberté dans les corps moins compacts,
dans l'air , que dans les métaux.* A
quoi je réponds : Il n'est rien de plus
naturel que ce que fait la nature ;
or c'est un fait, & un fait aussi constant que naturel , que la matiere
électrique se meut avec plus de liberté dans le métal, que dans l'air;
donc, &c. On me nie sans façon la
mineure de mon syllogisme, & l'on
dit : » Il est si vrai que la matiere éle-
» ctrique pénétre plus aisément l'air
» que du métal , ou tout autre corps
» compact, qu'elle s'y étend à quel-
» ques pieds de distance *en tout sens*;
» *ce qui équivaut bien à un plus grand*
» *nombre de pieds , qu'elle parcourroit*
» *en ligne droite* dans une barre de fer.
Pour finir cette contestation , je propose à mon Critique l'expérience suivante que je n'ai point faite , mais
dont je veux bien courir les risques :
qu'il électrise en même tems un mil-
lier de chaînes ou de fils de fer de 100
toises de longueur chacun, & disposés

en étoile de maniere que le globe
électrique en soit le centre ; si la vertu électrique ne s'étend point, & ne
se propage point en même tems par
tous ces rayons, je lui donne gain
de cause.

Je lui conseille de ne pas manquer une si belle occasion de me
prouver par l'expérience, que je me
trompe, en disant que l'Electricité
va plus loin dans du métal, que dans
l'air de l'atmosphere : c'est de cette
maniere qu'il pourra me convaincre,
& non pas par les faits qu'il rapporte
à la page 24 de son second Mémoire ;
faits que je trouve si peu concluants,
quand ils seroient aussi réels qu'ils me
paroissent douteux, que je ne crois
pas devoir employer mon tems à les
discuter.

Présentement que j'ai répondu à
la Critique de l'Auteur anonyme des
deux *Mémoires sur l'Electricité*, je
pourrois le suivre à mon tour sur son
propre terrein, & faire voir qu'il est
peu d'accord avec lui-même ; mais
je regarde cela comme une chose assez inutile : j'aime mieux le laisser
jouir paisiblement du *succès* avec le-

quel il croit avoir expliqué le *Mécha-*
nifme de l'Electricité : j'ai promis de
me défendre ; rien ne m'oblige d'attaquer. Je rendrai juftice à l'Auteur,
en convenant avec lui qu'il a eu raifon de dire au commencement du fecond Mémoire, *que ceux qui ont cher-*
ché à développer la caufe de l'Electrici-
té, fe font trop abandonnés au plaifir
de l'imagination; .... *qu'ils fe font*
efforcés d'affujettir les refforts de la na-
ture au jeu de leur efprit, &c. J'ai
pris cela d'abord pour des lieux
communs, des reproches vagues ;
mais j'ai bien reconnu depuis qu'on
pouvoit en faire aifément l'application.

Réponfes à quelques endroits d'un
Livre publié par Mr. LOUIS,
Chirurgien de la Salpétriere, fous
le titre d'OBSERVATIONS
SUR L'ELECTRICITE'.

PRÉSENTEMENT ce n'eft plus à un
Anonyme que j'ai affaire, mais à un
homme dont je connois le mérite ;
c'eft à M. Louis, Chirurgien de
l'Hôpital général de Paris, à la Sal-

pétriere, qui publia en 1747. un ouvrage fous le titre d'*Obfervations fur
l'Electricité*, où il paroît avoir eû ces
deux objets en vûe: 1°. De raffembler
fous les yeux du Lecteur les Phénoménes électriques.les plus confidérables, & les plus connus. 2°. D'examiner les effets de la vertu électrique
fur des paralytiques, ou autres malades, & en général fur l'œconomie
animale.

Que vous importe, me dira-t-on,
que M. Louis ait publié cet ouvrage? L'Electricité eft-elle votre do-
maine? D'autres que vous n'ofe-
roient-ils entamer cette matiere?
Il s'en faut bien que j'aye des prétentions auffi peu raifonnables : &
de peur qu'on ne me faffe l'injuftice
de le croire, je me hâte de dire mes
raifons.

M. Louis, en annonçant dans fa
Préface une expofition abrégée des
principaux faits qui concernent l'E-
lectricité, & de leurs manipulations,
dit qu'on peut regarder cette partie
de fon ouvrage comme un extrait
qu'il a fait des *Mémoires de l'Académie
Royale des Sciences*, & de mon *Effai*.

Je lui rends graces très-fincerement de la maniere obligeante dont il s'exprime à mon égard ; mais comme j'ai trouvé dans fon Livre quelques-uns de ces Phénoménes rendus différemment de ce qu'ils font dans les fources qu'il a indiquées , je me crois obligé de relever ces fautes , bien moins par amour propre , que pour conferver la vérité des faits , fi necef-faire dans une matiere auffi nouvelle & auffi obfcure ; & fi mon attention eft portée jufqu'au fcrupule dans cette occafion , c'eft que je fçai combien l'erreur fait de progrès , quand elle part d'une plume pour laquelle on eft favorablement prévenu.

En fecond lieu M. Louis a dit au Public , (au moins c'eft l'idée qui m'eft reftée de la lecture de fon Livre :) *M. l'Abbé Nollet a propofé d'électrifer des paralytiques ; il a commencé à en électrifer lui-même ; fes premiers effais lui ont paru affez heureux, pour lui faire beaucoup efpérer de la guérifon de fon malade. Je n'ai pas crû devoir douter du fait après fon témoignage ; engagé par état à effayer tout ce qui peut guérir , je me fuis mis à électrifer des pa-*

ralytiques, & je n'ai point réuffi. Non-feulement je n'ai point réuffi ; mais je vois clair comme le jour par toutes les connoiffances que j'ai & de l'œconomie animale & de la nature du mal & du pouvoir électrique, que bien loin de guérir, je ne pouvois que nuire aux pauvres malades qui ont eu la complaifance de fe prêter à mes épreuves. (a) Le Public aujourd'hui peut me demander compte du tems mal employé de M. Louis, & du danger auquel fes malades ont été expofés fur ma parole : il faut bien que je me juftifie.

Enfin M. Louis a examiné quelques-unes des explications qui fe trouvent dans mon *Effai* ; il ne les a pas trouvées bonnes : il en a fubftitué d'autres ; cela eft très-permis : mais comme il n'eft guéres vrai-femblable, qu'en penfant tout différemment l'un de l'autre fur le même fujet, nous ayons raifon tous deux, & qu'il eft naturel à un Auteur de défendre fes penfées, je prendrai la li-

_____

(a) Voyez furtout le commencement de l'article fecond de la troifiéme fection, p. 96. & fuiv.

berté à mon tour, d'examiner celles de M. Louis, pour voir ſi je dois leur accorder la préférence ſur les miennes.

A la page 21 du Livre de M. Louis on lit ce qui ſuit : *on élcElriſe l'eau par l'immerſion d'une verge de fer (électrique) dans un vaſe de porcelaine ou de verre ;* cela eſt exactement vrai ; mais l'on ajoute immédiatement après : *la nature du vaiſſeau eſt eſſentielle ; car on ne parviendroit jamais à communiquer l'électricité à un fluide dans un vaiſſeau de bois ou autre matiere non électrique :* voilà ce qu'il y a de trop, & l'on ne doit point me rendre garant de cette fauſſe doctrine, parce que j'ai dit à la page 52 de mon *Eſſai*, que pour électriſer une liqueur, il falloit la placer dans une capſule *de verre;* les mots ſuivants, *ou dans quelque autre vaſe fort ouvert, comme une jatte de fayance, de porcelaine, &c.* marquent bien que je n'avois point en vue la condition qu'on exige, & qui n'eſt néceſſaire que dans l'expérience de Leyde.

En parlant de la loi établie par Meſſieurs Gray & du Fay, d'iſoler ou de poſer ſur des matieres électriques

par elles-mêmes , les corps à qui l'on
veut communiquer l'électricité , &
des exceptions que peut fouffrir cette
loi , M. Louis avance un fait qu'il attribue à M. Le Monier d'après un
extrait du Mémoire de cet Académi-
cien inferé dans un journal ; ce fait
eft que *la bouteille en partie pleine d'eau,
dont on fe fert dans l'expérience de Leyde,
reçoit abondamment l'électricité , lorfqu'elle eft portée dans la main , & n'en
reçoit pas du tout , lorfqu'on la préfente
au globe , tandis qu'elle eft portée fur un
guéridon de verre bien fec.* Que la bouteille s'électrife fortement , quoique
foutenue à pleine main par une perfonne qui n'eft point ifolée felon la
regle ordinaire ; c'eft une vérité inconteftable, & une particularité digne de remarque dont j'ai rendu compte moi-même au Public (a) plus de 6
mois avant la lecture du Mémoire cité
par M. Louis. * Mais je ne puis conve-
que cette même bouteille *ne s'électrife
point du tout* quand elle eft pofée fur
du verre , ou, ce qui eft la même
chofe , fufpendue avec un fil de foye ;

(a) Mémoire lû à l'Affemblée publique de
l'Acad. après Pâques 1746.

* P. 154

j'ai toujours vû le contraire d'une maniere très-marquée : l'exactitude de M. Le Monier, qui m'eft connue d'ailleurs, me fait croire qu'il y a du mal entendu ; & je ne crois pas qu'on doive le charger de cette erreur, jufqu'à ce qu'on la trouve dans quelque Ecrit imprimé par fes foins, ou avoué par lui-même.

Le fait de la bouteille qui s'électrife entre les mains de celui qui la tient, ne *contredit* pas felon M. Louis, la regle établie par Mrs. Gray & du Fay. S'il difoit que cet exemple & quelques autres dont j'ai fait mention dans mon *Effai*, ne *détruifent* pas la loi générale, qu'ils n'en font que des exceptions, je ferois volontiers de fon avis ; mais il va plus loin, & il me femble qu'il s'égare, je ne dis pas dans les raifonnemens que je lui abandonne, chacun étant libre de raifonner fuivant fes lumieres, dans une matiere obfcure ; mais dans les faits qu'il avance, & qu'il n'a certainement pas pris la peine de vérifier : *dans cette expérience, dit-il, ce n'eft pas la bouteille qui eft devenue électrique, c'eft l'eau qu'elle contient ; …*

on touche en vain la bouteille sans en tirer l'étincelle ; .... quel est le support de l'eau ? c'est la bouteille qui la renferme, &c. Mais ce support, cette bouteille lance des aigrettes lumineuses, & attire fortement les corps légers qu'on lui présente ; que faut-il davantage pour être électrique ? Et si vous n'êtes pas content de ces raisons ; présentez la bouteille vuide, & je vous garantis qu'elle s'électrisera, moins à la vérité, & plus lentement que s'il y avoit de l'eau ; mais il ne s'agit point ici du plus ou du moins.

Dans les Remarques sur la pénétration de l'Electricité, page 32 ; on lit ceci : *Les corps animés sont ceux qu'on électrise le mieux : ..... on électrise plus facilement un homme de vingt-cinq ans, qu'un enfant ou qu'un vieillard ; & dans le même état, le temperament & la constitution particuliere, apportent des changemens considérables.* Voilà des décisions qui ne se trouvent point dans les *Mémoires de l'Académie*, ni dans mon *Essai* ; s'il y a quelque chose d'approchant, on ne le donne que comme conjecture ou apparence. Il est bien vrai que toutes perfonnes ne font pas également propres aux expériences de l'électricité, foit pour exciter cette vertu, foit pour la recevoir, foit enfin pour en reffentir les effets; mais eft-ce à l'âge, ou au fond du tempérament, qu'il faut s'en prendre, ou bien à quelque autre caufe tout-à-fait différente, c'eft ce qu'on ne pourra fçavoir d'une maniere décifive, qu'après une longue fuite d'obfervations & d'expériences.

M. Louis fait ici une remarque dont je ne fens pas bien la juftefle : *on obferve*, dit-il, *que les corps qui font abondamment fournis de matiere électrique .... ne reçoivent point l'électricité par communication ; les corps animés paroiffent former une exception à cette regle ; car ils font pleins de cette matiere : il y a quantité de perfonnes qui étincelent en fe faifant frotter le dos avec une ferviette échauffée.* C'eft que pour raifonner jufte il ne faut rien changer aux principes établis ; celui fur lequel on argumente ici, n'eft point tel qu'on l'a énoncé. Voici ce qu'on obferve conftamment, & dont tout le monde convient ; c'eft que les corps qui s'électrifent le moins par frottement,

font

font ceux à qui l'électricité fe communique le mieux ; on a beau frotter un
corps animé, proprement dit, il ne
s'électrife pas plus qu'une barre de
fer mife à pareille épreuve ; ainfi
quand un corps animé reçoit par
communication, autant ou plus d'é-
lectricité que le métal ; tout eft dans
la regle. Mais *les corps vivans contien-*
nent plus de matiere électrique , que
ceux même qu'on électrife par frottement.
Qui vous a dit cela ? A peine fçait-
on ce que c'eft que la matiere électrique ; & quand on fçauroit pofi-
tivement que c'eft celle du feu ,
comme il y a toute apparence , d'où
fçavez-vous qu'il y a plus de feu dans
un corps vivant que dans un morceau de bois ou de fer ; me le prou-
vez-vous par *la ferviette chaude qu'on*
fait étinceler en frottant le dos d'un
homme ; examinez le fait avec plus
d'attention , vous verrez que le feu
fort du linge, & qu'il n'y a auffi que
le linge qui s'électrife dans cette occafion : voilà pourquoi j'ai dit plus
haut , qu'on n'électrife jamais un
corps animé *proprement dit*, en le frottant ; le poil du chat devient électri-

D

que, & communique fa vertu à l'animal; mais s'il eft rafé; c'eft peine
perdue que d'effayer, le chat ne deviendra plus électrique.

Mais *ces corps vivans*, dit M. Louis,
*ne pourroient - ils pas devenir électri-
ques . . . . fans être réellement pénétrés de
cette matiere ?* Si l'on m'eût propofé
cette queftion avant que j'euffe con-
fulté l'expérience, j'aurois été fort
embarraffé d'y répondre; car dans
une matiere que l'on ne connoît point
à fond, rien ne doit paroître impoffible : mais en m'en tenant au fait,
j'ai décidé, & je crois avoir fuffifamment prouvé, que la matiere électrique pénétre à travers les corps vivans comme à travers les autres ; M.
Louis penfe au contraire *qu'elle ne fait
que gliffer fur leur furface, & que cet enduit électrique empêche l'émanation d'une
matiere analogue diffipée continuellement
par le jeu des vaiffeaux dont elle eft le
mobile.* L'opinion doit paroître fin-
guliere à quiconque a vû électrifer
des animaux ; fans doute qu'on ne fe
contentera pas de la mettre en avant,
on en donnera apparemment des
preuves, & nous les examinerons :
voici la premiere.

Ce qui favorise, dit-on, *ce sentiment, c'est qu'on ne peut jamais tirer qu'une étincelle d'un corps vivant électrisé, au lieu qu'on en tire cinq ou six d'une barre de fer qui a acquis beaucoup d'électricité.* Je nie le fait abfolument, & cela parce que j'ai fait étinceler dans cent occafions la même perfonne cinq à fix fois de fuite ; avant qu'elle eût perdu toute fon électricité acquife : fi M. Louis ne veut pas m'en croire, qu'il interroge ceux qui font dans l'ufage de faire ces fortes d'expériences. Paffons à une autre preuve.

Si la matiere électrique pénétroit le corps humain, la douleur qui fuit une étincelle tirée du jet de fang d'un homme électrifé qu'on vient de faigner, devroit caufer une commotion beaucoup plus violente que dans l'expérience de Leyde, puifqu'on ébranleroit tout le fyftême vafculeux, par la continuité du fluide qui y eft contenu : ce qui produiroit une expérience mortelle. Cette raifon eft-elle bien concluante ? Quoi ! parceque les expériences électriques ne tuent pas les gens qui s'y foumettent, elles ne paffent pas la fuperficie du corps ? mais M. Louis n'ignore pas que j'ai tué des petits oiſeaux, en leur faiſant reſſentir la commotion électrique. Il doit avoir appris auſſi que d'autres animaux plus gros & plus robuſtes, ont été depuis la victime de cette épreuve en différens endroits ; il faut donc qu'il convienne au moins que ces animaux-là ont été atteints intérieurement.

Non, M. Louis n'en conviendra pas ; il aimera mieux croire que l'échymoſe & le ſang épanché dans la poitrine du petit oiſeau que je fis ouvrir & viſiter par M. Morand, étoient des accidens cauſés plutôt *par la compreſſion de l'air, par l'interruption de la circulation du ſang*, que par la rupture des petits vaiſſeaux forcés par une prompte & exceſſive raréfaction du ſang, à quoi je les ai attribués ; & pourquoi cela ? pour deux raiſons que voici : Premierement, c'eſt que le petit oiſeau a péri préciſément comme un ſoldat frappé de la foudre, dont M. Louis a ouvert le cadavre, & qu'il eſt clair comme le jour que ce ſoldat eſt mort, parce que l'air comprimé l'a étouffé, en arrêtant la cir-

culation du sang. Secondement, c'est
que la raison que je donne de la
mort subite du petit oiseau, est *inu-*
tile, & que cette prompte & exceffive raréfaction du sang que j'allégue,
auroit plutôt lieu dans les gros vaiffeaux que dans les petits. Si la compreffion de l'air occafionnée, felon
M. Louis, par la matiere électrique,
& dont je protefte cependant qu'il
n'y a aucun veftige, paroît au Lecteur une caufe plus vrai femblable
de l'échymofe du petit oifeau, que
la raréfaction du fang à laquelle je
l'ai attribué, j'efpere qu'on voudra
bien me pardonner d'avoir produit
des raifons *inutiles* & peu fatisfaifan-
tes, je ne prévoyois pas celles qu'on
a données depuis, & M. Morand à
qui j'en ai fait part, devoit bien
m'avertir que le fang ne peut pas fe
raréfier dans les vaiffeaux capillaires,
comme dans les grands.

Je ne fuivrai pas M. Louis dans
l'explication qu'il donne de la nature
& des effets du tonnerre ; quoique
cette matiere concerne la Phyfique,
& que j'aye trouvé dans cette partie
du Livre, bien des nouveautés di-

gnes de remarque, je regarde cette matiere comme étrangere au fujet qui m'occupe, puifque je n'y fuis point attaqué : par la même raifon, & parce que je ne veux point me mêler des chofes qui ne font pas directement de mon reffort, je laifferai l'Auteur differter tout feul, & fans le troubler, touchant les différentes efpéces de paralyfie, les caufes de chacunes, l'impuiffance ou les reffources de la nature affligée de cette maladie ; je m'arrêterai feulement aux motifs qui ont déterminé M. Louis à faire fes épreuves, aux procédés qu'il a fuivis, & à l'idée qu'il prétend donner du pouvoir électrique.

Quand on parla d'appliquer l'Electricité à la paralyfie, M. Louis *ne crut point d'abord qu'il s'agiffoit de la commotion ; les idées qu'il s'étoit formées de la nature & des caufes de la maladie,* idées qu'il faut voir dans fon livre depuis la page 81, jufqu'à la page 96, *ne l'avoient point difpofé en faveur du remede.* Pourquoi cela ? c'eft qu'on n'apperçoit dans la commotion électrique dont il s'agit, *qu'une caufe extérieure contondante, dont l'action im-médiate se fait sur les solides & dans un point déterminé : . . . . une percussion extérieure & subite pourroit-elle être une ressource dans une maladie invétérée & chronique ? un agent extérieur dont l'ef-fet est si prompt, seroit-il capable, &c.*

Comment ! dans l'expérience de Leyde , la commotion est *une per-cussion extérieur r ?* M. Louis n'a donc pas eu le courage de l'essayer une seu-le fois sur lui-même; que n'en croit-il au moins la voix publique ? & quand il a dit à la p. 40 en parlant de cet ef-fet : *on ressent à l'instant dans les deux bras , les deux épaules , & la poitrine , & souvent dans le reste du corps , une secousse si subite & si violente , qu'il sem-ble qu'on soit frappé d'un coup de fou-dre ;* il n'en croyoit donc pas un mot ? Voilà qui est plus que singu-lier : avec des idées telles que celles-là, quoique fausses , avec la certi-tude que M. Louis avoit de l'inuti-lité & du danger d'appliquer la com-motion électrique, comme il le dit plus loin , c'étoit cruauté à lui de faire éprouver à ses malades une es-pece de torture dont il sçavoit bien qu'ils ne retireroient aucun fruit.

Malgré ces raisons, & contre ses propres lumieres, M. Louis se détermine pourtant à électriser des paralytiques ; mais il prend soin d'avertir qu'il ne l'a fait, que parce que M. l'Abbé Nollet ayant commencé de pareilles épreuves , avoit déja annoncé des succès *qui faisoient beaucoup espérer de la guérison des malades.* Par-là M. Louis met prudemment son honneur à couvert, & me rend responsable des événemens. Où en étois-je, si M. Jallabert moins éclairé que lui, sur l'impossibilité de ressusciter le mouvement dans des membres perclus, en les électrisant, n'avoit été assez patient , pour essayer comme il faut, & assez heureux pour prouver par une guérison bien authentique , contre les sçavantes spéculations de M. Louis, *que la vertu électrique ne s'en tient point à la surface du corps animé, qu'elle agit sur les fluides, comme sur les solides, qu'elle attaque jusqu'aux nerfs privés d'action , qu'elle peut être autre chose qu'inutile ou nuisible ; en un mot qu'elle peut guérir d'une paralysie invétérée de 15 ans.*

Il me reſtoit pourtant une reſſource vis-à-vis des gens équitables ;
j'aurois dit qu'en propoſant de faire
l'expérience de Leyde ſur des paralytiques, ou en rendant compte des
premiers eſſais que nous en avions
faits M. Morand, M. de la Saone &
moi, je n'avois rien ajoûté qui dût
faire concevoir ces grandes eſpéran-
ces, qui paroiſſoient avoir déterminé
M. Louis, & je l'aurois prouvé par
mes propres paroles que voici :
» Nous avons déja électriſé des pa-
» ralytiques & des gens perclus de
» quelques membres ; c'eſt une idée
» qui s'offre aſſez naturellement à
» l'eſprit, qu'une ſecouſſe telle qu'on
» la reſſent dans l'expérience de Ley-
» de, pourroit bien reſſuſciter le
» mouvement plus ou moins interdit
» dans une partie malade ; je ſup-
» prime ici le détail d'un Eſſai qui
» ne fait que commencer, *& dont*
» *le ſuccès eſt encore trop douteux,*
» pour mériter qu'on l'annonce. (*a*)
M. Louis, après avoir rapporté
une douzaine d'expériences qu'il a

(*a*) Extrait des Regiſtres de l'Académie des
Sciences pour l'année 1746.

E

faites fur trois ou quatre malades, finit ainfi fon récit : *Enfin je n'ai retiré aucun fruit de la commotion électrique fur les paralytiques.* Et pouvoit-il raifonnablement en attendre, après fi peu de travail, après des épreuves faites fans aucun efpoir, & comme par maniere d'acquit ? Que l'on confronte la narration du Chirurgien de Paris, avec celle du Phyficien de Genève, & l'on verra ce qui peut avoir caufé la différence de leurs fuccès. Ce n'eft pas que je croye l'Electricité un remede fûr contre la paralyfie ; j'ai éprouvé le contraire, après un travail de deux mois, prefqu'aufli infructueux qu'affidu : je penfe encore moins ; *qu'on doive négliger les remédes connus & ufités, renoncer aux fecours dirigés par les maîtres de l'art,* pour électrifer les malades : à qui cette penfée extravagante peut-elle venir ? c'eft combattre un phantôme que de s'élever contr'elle.

Je n'ai plus qu'un mot à dire à M. Louis ; c'eft fur l'opinion dans laquelle il eft, que la commotion qu'on reffent dans l'expérience de Leyde, n'eft point *un effet propre de la matiere électrique*, mais d'un air comprimé qui fe débande. Ce qui paroît avoir conduit l'Auteur à cette *prétention*, c'eft qu'il a trouvé, (& avec raifon,) quelque reffemblance entre la foudre & la commotion électrique , & qu'il croit être parvenu à expliquer le tonnerre & fes effets , par la compreffion *d'un noyau d'air enveloppé d'exhalaifons enflammées* : mais fuppofons que fon explication du tonnerre foit auffi peu recevable , qu'elle eft nouvelle : y a-t-il quelque raifon d'ailleurs , qui porte à croire que ce qu'on reffent dans l'expérience de Leyde , eft un effet de l'air comprimé ? Ecoutons M. Louis : *Cette commotion ne peut venir que de la détente d'un reffort extraordinairement bandé;* voilà une décifion bien hardie, c'eft dommage qu'on en ait fupprimé les preuves. J'ai plus d'intérêt que perfonne à les fouhaiter ; car j'ai dit quelque part, comme par conjecture , que dans l'eau électrifée de cette expérience, la vertu électrique me paroiffoit être *comme concentrée.*

Si l'on ne confidére, (continue M. Louis,) *que la matiere électrique foulée*

& comprimée dans là bouteille, l'approxi-
mation du doigt ne doit pas en procurer la
détente, fur-tout s'il en fortoit une ma-
tiere analogue que M. L. N. nomme af-
fluente. L'approche du doigt me paroît
au contraire une nouvelle caufe compreſ-
five. Je ne fçais fi la matiere électrique eſt foulée ou comprimée dans
la bouteille ; j'ignore encore parfaitement, fi lorfqu'elle en fort, cela
fe fait à la maniere d'un reſſort qui
fe détend ; & je me garderai bien
de rien décider à cet égard, jufqu'à
ce que l'expérience m'ait fourni des
lumieres que je n'ai pas ; mais ce que
je fçais à n'en pouvoir douter, c'eſt
que la bouteille avec l'eau qu'elle
contient, eſt un corps très-électrifé ;
que de tout corps actuellement electrique, il s'élance des émanations
au-dehors ; que ces émanations que
j'ai nommées *matiere effluente*, re-
doublent & de viteſſe & de quantité,
lorfqu'il s'en approche un corps non
électrique; & qu'en même tems de
ce corps non électrique, il part vers le
corps électrifé, un torrent de matiere
que j'appelle *affluente* ; ce font autant de faits que je crois avoir fuffi-

famment prouvés dans mon *Essai*,
& par le moyen defquels j'ai prétendu expliquer les étincelles piquantes qu'on reffent, en approchant le doigt d'un corps électrifé ;
parce qu'alors les deux matieres s'en-
flamment, & fe repercutent en s'en-
trechoquant : voyez l'explication
du fecond fait de la feconde claffe. *
Or dans l'expérience de Leyde, la
bouteille, l'eau & la verge de fer
qui conduit l'électricité, ont une
matiere effluente, qui doit frapper,
comme dans toute autre occafion,
la matiere affluente qui vient du
doigt non électrique ; & fi ce choc
produit des effets plus violens que
d'ordinaire, c'eft apparemment parce qu'une maffe d'eau contenue dans
du verre s'électrife plus fortement
qu'autre chofe, & que la matiere
électrique de la perfonne qui foutient ce vaiffeau, frappée fortement
& par deux endroits oppofés, reçoit
une commotion plus grande & plus
étendue, qu'elle fait reffentir aux
parties organiques qui la contiennent. Voyez l'explication du fixiéme
fait de la feconde claffe. *

E iij

I.
Disc.
Réponfe à
M. Louis.

* *Effai fur
l'Elect.* page
181.

* *Ib.* p. 193.

M. Louis peu satisfait apparemment de cette explication, dans laquelle j'ai cependant toujours cotoyé l'expérience, sans me permettre aucun écart, y substitue celle-ci : *Je présume*, dit-il, *que la matiere électrique qui occupe la circonférence de l'eau du vase, & qui y est contenue par la pression de l'air extérieur, comprime dans son centre l'air qui étoit dans les pores de l'eau, & que l'approche du doigt à un des points de la verge électrique, en rompant l'équilibre, procure la détente de cet air emprisonné, sur lequel la matiere électrique agit en tout sens par sa vertu élastique. Qu'on ne dise point que, &c. . . . . .* Non, je ne dirai rien sinon que dans tout ceci, il y a presque autant de suppositions que de mots ; & que quand tout ce que l'on suppose, seroit autant prouvé, qu'il est peu probable, il ne s'ensuivroit encore aucune explication qui pût quadrer avec ce que l'expérience fait voir aux observateurs les moins·attentifs : je m'en rapporte aux connoisseurs.

Comme la compression de l'air paroît être le cheval de bataille de M. Louis ; je ne veux pas finir sans l'entretenir encore un moment sur ce sujet. Voici ses paroles : *La compression de l'air extérieur qui pese sur la surface de la liqueur, peut beaucoup augmenter la force de la commotion : pour s'en convaincre, il faut se servir d'une phiole exactement bouchée avec du liége, au travers duquel passera la verge de métal qui reçoit l'électricité ; la commotion est très-forte par ce moyen, & ce n'est que par lui que M. le Monnier a pu dans ses curieuses expériences transmettre l'électricité à des distances aussi éloignées qu'il a faites : l'électricité est plus forte dans ce cas, parce que l'air qui presse sur la surface de l'eau, (n'ayant point de communication avec l'air extérieur de la bouteille) est comprimé par la matiere électrique que l'on communique à l'eau, &c.* ..... De l'air comprimé par une matiere assez subtile pour passer à travers les pores du vaisseau ? de l'air comprimé dans une bouteille fragile, bouchée avec du liége : quelle physique ! Mais abrégeons, & apprenons à M. Louis, s'il ne le sçait pas, que l'expérience de Leyde se fait aussi bien avec une jatte ouverte & en partie pleine d'eau, qu'avec une bouteil-

I.
DISC.
Réponse à
M. Louis.

E iiij

le bouchée ; & que si M. le Monnier s'est servi de ce dernier vaisseau plûtôt que d'un autre ; c'étoit par des raisons de commodité, & non de nécessité : pourquoi ne se pas mettre mieux au fait d'une matiere dont on veut entretenir le Public ?

Réponse à M. BAMMACARE, *Professeur de Philosophie à Naples, touchant quelques endroits du Livre qu'il a publié sous ce titre :* TENTAMEN DE VI ELECTRICA EJUSQUE PHENOMENIS.

J'AI reçu depuis très-peu de tems de M. Bammacare, Professeur de Philosophie dans l'Académie Royale de Naples, un Ouvrage assez considérable sur l'Electricité. Dans cet Ouvrage qui est écrit avec élégance & avec méthode, je me suis trouvé cité très-souvent, & j'ai vû avec satisfaction, que l'Auteur & moi, nous étions d'accord sur bien des points ; mais il y en a plusieurs aussi qui nous partagent, & surtout celui de la

matiere *affluente*, dans le fens que je
l'entends, car on convient qu'il faut
bien qu'il y en ait une pour expliquer ce qu'on appelle *attraction*. » Je
» ne penfe point, dit l'Auteur, (*a*)
» comme M. Boze qui convient dans
» une de fes Lettres, qu'on explique
» beaucoup mieux les phénoménes
» électriques, en admettant une ma-
» tiere affluente venant des corps en-
» vironnants au corps électrifé, qu'en
» faifant revenir par la réaction de
» l'air, la matiere effluente au corps
» dont elle eft fortie, comme fi,
» (continue M. Bammacare,) on de-
» voit préférer à l'action de l'air am-
» bient, la matiere affluente de M.
» Nollet; matiere purement fuppo-
» fée, & qu'il demande qu'on lui
» accorde comme par grace, *preca-*
» *ria, & ex hypothefi petita.*

Pour mettre mon Lecteur au fait
de cette Note, il faut que je rappelle
ici en peu de mots ce qui a donné occafion à la Lettre de M. Boze dont
on a cité un paffage. A la fin de l'année 1745. ce célébre Profeffeur de

____

(*a*) *Tentamen de vi Electricá ejufque Pheno-*
menis, p. 124. ad litteram a.

Wittemberg m'ayant fait l'honneur
de me communiquer un Ouvrage
qu'il faisoit imprimer sous ce titre :
Recherches sur la cause, & sur la véritable théorie de l'Electricité ; je trouvai
que pour expliquer les mouvemens
d'attraction il avoit recours à la
réaction de l'air extérieur. Je lui répondis que ses explications & les
miennes (*a*) s'accordoient dans bien
des articles , mais qu'au lieu d'emprunter de l'air la cause du retour
de la matiere électrique, (cause qui
ne pourroit pas satisfaire dans tous
les cas,) je me servois d'une matiere
que je sçavois venir des corps environnants , & dont je lui indiquois des
preuves en peu de mots. M. Boze
frappé , ou des raisons que je lui
donnois de cette matiere affluente,
ou de celles qu'il trouva lui-même ;
(car par combien d'endroits ne se
manifeste-t-elle pas à un homme qui
fait lui-même ces sortes d'expériences , & qui n'a point interêt de la

(*a*) Le 25 Avril précédent, j'avois lû à
notre rentrée publique, le Mémoire qui a
pour titre : *Conjectures sur les causes de l'Electricité.*

méconnoître ?) ne balança point de
l'admettre ; il fit même imprimer ma
Lettre par forme d'appendice à fon
Ouvrage ; & quand il en a parlé depuis, ce n'a été que pour marquer fes
regrets de ce que cette caufe fi féconde des phénoménes électriques avoit
échapé à fes recherches : *Nefcio quo
infaufto natus fidere huic principio non
majore ftudio incubuerim, quod Nolleti
inter manus fœcundiffima mater omnium
electricorum factum eft phenomenorum.* (a)
Ce n'eft point par un fentiment de
vanité que je rapporte ceci ; mais
feulement pour l'intérêt d'une vérité
fondamentale que je crois être la véritable clef des effets de l'Electricité.

C'eft cette matiere affluente,
adoptée par M. Boze & par bien
d'autres depuis, que M. Bammacare
appelle *precaria, & ex hypothefi petita.*
Voyons maintenant fur quoi il fonde
ces deux qualifications ; voici la raifon qu'il nous donne de la premiere.

A la page 21 de fon Livre dans la
note. *On fçait,* dit-il, *que M. Nollet
admet autour des corps électrifés, deux
matieres, l'une qu'il nomme* effluente,

____

(a) *Tentam. Elect. part. poft.* p. 33.

I.
D i s c.
Réponfe à
M. Bamma-
care.

& l'autre qu'il appelle affluente ; *mais il donne cela comme une chofe dont il n'eft pas fûr :* & pourquoi ? *C'eft qu'il dit lui-mê-me dans fa Préface :* » Si j'étois affez » heureux pour avoir trouvé la caufe » générale de l'Electricité dans l'ef-» fluence & l'affluence. fimultanées » d'une matiere très-fubtile , préfen-» te par-tout, & capable de s'en-» flammer par le choc de fes propres » rayons, & que j'euffe bien prouvé » ces principes qui font la partie la » plus effentielle de mes explications, · » &c. » Comment? Eft-ce qu'il ne fera plus permis à un Auteur d'être mode-fte ? Faudra-t-il donc étaler fes idées avec beaucoup de confiance, pour en infpirer aux autres ? Mais outre que cela n'eft point de mon goût, je fçais qu'un Lecteur délicat n'aime point qu'on le prévienne ainfi ; & fi je defire fes fuffrages , ce n'eft point après la lecture de ma Préface que je les at-tends ; je ferai fuffifamment flaté , fi je puis les obtenir après la lecture en-tiere de l'Ouvrage.

Au refte , fi ce paffage qui vient d'ê-tre cité pouvoit prouver, comme on le prétend, que je propofe la matiere

électrique affluente, comme une chose dont je suis incertain, il prouveroit donc aussi mon incertitude & mes
doutes sur la matiere effluente, sur les
mouvemens contraires de ces deux
matieres, sur leur collision, en un
mot, sur tout ce que j'ai dit dans le
corps de mon Ouvrage ; car ce peu
de mots en est comme le précis. Voilà une étrange façon d'argumenter
contre un Auteur ; & si je faisois des
Livres à Naples, je vois bien qu'il
faudroit écrire mes Préfaces sur un
autre ton qu'à Paris, où l'on ne prend
point les gens au mot quand ils parlent d'eux-mêmes.

Mr. Bammacare alléguera sans
doute quelque raison plus solide que
celle qu'on vient de voir, pour rejetter cette matiere affluente qu'il ne
peut se résoudre à admettre. A la
page 166, après avoir exposé en peu
de mots le fond de ma théorie, il
avoue qu'on ne peut pas se dispenser
de reconnoître une matiere qui re-
tourne au corps électrifé, & qu'on
peut nommer affluente ; mais que
cette matiere n'étant autre chose que
les émanations du corps électrifé,

repouffées par l'air ambient, on peut se paffer de celle que je fuppofe *gratuitement* venir des corps environnans ; ainfi il lui donne l'exclufion, 1°. Parce qu'elle eft inutile ; 2°. Parce qu'elle n'eft connue que par ma fuppofition ; 3°. Parce qu'il y a une contradiction manifefte à faire venir une matiere électrique des corps qui ne font point électrifés. Voilà donc trois argumens auxquels il faut que je réponde.

Je conviens de bonne grace que la matiere affluente telle que je l'entends, doit être rejettée comme inutile, (au moins quand il s'agit d'expliquer les attractions électriques,) s'il eft vrai qu'elle ne foit fondée que fur une hypothèfe, & que la feule matiere effluente repouffée par l'air extérieur ou ambient, fuffife pour rendre raifon de tous les Phénoménes dans l'explication defquels j'employe le jeu des deux matieres. Mais ce n'eft qu'à ces deux conditions que je me rendrai ; car quand bien même on pourroit attribuer à d'autres caufes, les effets qui me paroiffent appartenir à la matiere affluente dont je fais uſage, ſi cette matiere n'eſt pas, comme on me le reproche, une pure hypothèſe, mais un fait bien établi & bien prouvé ; dût-elle paroître à M. Bammacare encore plus inutile, je ne la rejetterai pas. Examinons maintenant ces deux points.

Quand je vois ſortir de mes doigts, d'un morceau de métal, d'un bâton préſenté à peu de diſtance d'un corps qu'on électriſe, des jets continuels d'une matiere enflammée, tout-à-fait ſemblables pour la couleur, pour l'odeur, &c. à ceux qui s'élancent d'une barre de fer électriſée ; quand je vois la même choſe arriver à tous les corps qui s'approchent de même & tous enſemble d'un globe de verre que l'on frotte ; * eſt-ce donc faire une hypothèſe, que de dire d'après ce que j'ai vû & ſenti, qu'il vient des corps environnants, au corps électriſé, une matiere, & que cette matiere reſſemble à la matiere électrique ?

Si je me fais électriſer fortement, & qu'une perſonne non électrique me préſente ſon doigt, une épée, &c. à quelques pouces de diſtance, ou j'en

I.
Dɪsc.
Réponſe à M. Bamma-care.

* Eſſai ſur l'Elcẟ. p. 78.

vois venir une aigrette lumineuſe, ou je ſens un vent très-marqué qui ſort de ces corps ; (a) ferai-je encore une ſuppoſition gratuite , ſi je dis qu'il ſort de-là une matiere qui eſt affluente à mon égard ?

Qu'eſt-ce qui ſouleve la ſurface d'une liqueur que l'on préſente à quelques corps électriques ? Qu'eſt-ce qui la ſouleve cent fois de ſuite, ſi l'on ſe donne la peine de l'éprouver ? n'eſt-ce pas une matiere qui fait effort pour en ſortir ?

Par quelle raiſon plus naturelle , que par les efforts d'une matiere affluente , les feuilles légeres que je tiens ſur ma main , s'élévent-elles rapidement vers le tube électrique ?

Et pourquoi des corps légers font-ils attirés plus rapidement de deſſus ma main, de deſſus une plaque de fer , que de deſſus un gros gateau de réſine ? N'eſt-ce pas parce que ce dernier ſupport fournit moins de matiere affluente, que les corps animés & les métaux ? & ſi cette derniere

(a) Cette expérience réuſſit immanquablement; mais il faut que l'électricité ſoit un peu forte.

raiſon

raifon paroiſſoit imaginée à plaiſir, il n'y a qu'à préſenter un morceau de cette matiere réſineuſe au globe de verre électriſé, on remarquera bien qu'il n'en fort pas, comme des doigts & du métal, de ces jets lumineux dont j'ai fait mention ci-deſſus.

Enfin, ſi l'on attribue d'un commun accord les évaporations ou les écoulemens accélérés des liquides qu'on électriſe, à la matiere effluente, qui en entraîne les parties, quel moyen de ne point attribuer à la matiere affluente ces mêmes accélérations, quand on les obſerve, comme je l'ai fait, & comme tout le monde le peut faire, dans des corps non électriſés, mais ſeulement placés à une certaine proximité de ceux qui le font. *

M. Bammacare n'auroit-il donc aucune connoiſſance de tous ces faits? les a-t-il trouvés ſi peu concluans en faveur de la matiere affluente, qu'il ſe ſoit encore cru en droit de la regarder comme une pure ſuppoſition, pour laquelle je devois demander grace; *precaria & ex hypotheſi petita?* Ou bien enfin a-t-il

I.
Disc.
Réponſe à
M. Bamma-
care.

* Voyez le quatrieme & le cinquieme Diſcours ci-apres.

penſé que tous ces phénoménes s'ex-pliqueroient mieux par la réaction de l'air par le *vortex aëreus* qu'il ſup-poſe ?

Mais ſi je demandois à mon tour des preuves de cette cauſe à qui l'on donne ſi libéralement la préférence ; n'en ai-je pas acquis le droit main-tenant ? On dit bien que les émana-tions électriques doivent refouler l'air des environs ; le comprimer , tendre ſon reſſort ; mais je ne vois dans aucun endroit du Livre que cela ſoit prouvé , comme un fait ; par conſéquent , juſqu'à ce qu'on le faſ-ſe , je dirai librement que le *vortex aë-reus* eſt une hypotheſe.

J'examinerai enſuite cette hypo-theſe, pour voir comment elle qua-dre avec les principes de phyſique , & avec les phénoménes que l'on ne peut pas révoquer en doute. Pour ne point perdre de vûe , ou plutôt pour pénétrer autant qu'il me ſera poſſible, le ſens de mon Auteur , (car je le trouve un peu obſcur en cet endroit ,) je traduirai littérale-ment le quinziéme §, où il établit ſon ſyſtême. *Ce qu'il y a*, dit-il , *de*

remarquable touchant les émanations
électriques, c'eſt qu'elles ne pénétrent pas
auſſi loin dans l'air, & ne s'y répandent
pas autant que celles des autres corps ;
mais en le repouſſant & en le ſéparant,
elles ſe meuvent autour des corps électriques, & reviennent ſur elles-mêmes :
c'eſt pourquoi j'appelle atmoſphere électrique, un eſpace d'air ſéparé, (aëris
ſeparati,) dans lequel les plus grandes
émanations s'étendent, juſqu'à ce qu'elles ſoient arrêtées par l'air ambient non
ſéparé, (à vortice aëris non ſeparati.) Or il faut remarquer avec attention ce que je dis ici de l'air ambient ;
car c'eſt lui qui en faiſant effort pour ſe
rétablir, devient cette matiere affluente
ou revenante qui opere l'attraction éle-
Ctrique.

Je ne comprenois pas d'abord ce
que l'Auteur entendoit ſous les noms
d'air ſéparé & d'air non ſéparé ; mais
ayant conſulté avec attention les §§
41, 53 & 93, où il renvoye, je me
ſuis mis au fait de ſa penſée. Il entend qu'un corps électrique nouvellement frotté, exhale de toutes
parts une matiere ſubtile qu'il ap-

F ij

I.
DISC.'
Réponſe à
M. Lamma-
care.

pelle, *aër igneus*; que ces émanations qui vont, dit-il, & reviennent continuellement forment autour de ce corps, & jufqu'à une certaine diftance, une atmofphere qui oblige l'air environnant de s'éloigner; & c'eft cet efpace vuide d'air, & rempli par les émanations électriques, qu'il nomme *aër feparatus*. L'air qui enveloppe de toutes parts l'atmofphere électrique, à laquelle on fuppofe une figure arrondie : c'eft ce qu'il appelle *vortex aëris non feparati*, dans d'autres endroits, *vortex aëreus*.

Voilà l'idée que M. Bammacare fe fait des atmofpheres électriques. Quant aux fonctions qu'il leur donne, les voici : Comme les émanations électriques vont & reviennent continuellement, l'air ambient qui les fuit, à caufe de fon reffort, entraîne avec lui, foit en allant, foit en revenant, les corps légers qu'il rencontre en fon chemin : & c'eft ainfi qu'il prétend expliquer les attractions & les répulfions.

Des exhalaifons qui reviennent fur elles-mêmes, & dont les mouvemens

alternatifs égalent en vîteſſe ceux
que nous repréſentent les corps légers qui ſont attirés & repouſſés
par un tube électrique ! Des exhalaiſons qui repouſſent l'air devant
elles, comme pourroit faire un corps
ſolide, & qui s'y trouvent emboîtées
comme ſous une voute ! Voilà, je
crois, ce qu'on doit appeller des ſuppoſitions, & des ſuppoſitions qu'on
ne peut recevoir qu'en leur faiſant
beaucoup de grace : *precaria, & ex
hypotheſi petita* : parce qu'il n'y a rien
dans la nature qu'on puiſſe citer
pour exemple, ſi ce n'eſt peut-être
la flamme qui occupe autour du corps
qu'elle conſume, un eſpace envi-
ronné d'air, mais qui ne revient
pas ſur elle-même, ou plutôt ſur
le corps embraſé d'où elle émane ; les
exhalaiſons empoiſonnées (*méphi-
tis*) qui rampent ſur le terrein dans
la *grotte du chien*, la fumée qui re-
tombe dans le vuide, ſont viſiblement des effets de la peſanteur
qui n'ont rien de commun avec la
vertu électrique qui agit dans tous
les ſens ; & je croirois perdre mon

I.
Disc.
Réponſe à
M. Bamma-
care.

tems, que de l'employer à réfuter
de pareils argumens.

Mais cette hypotheſe qui ne reſſemble à rien de ce que nous offrent les
effets naturels, recevons-la pour un
moment, & voyons ſi elle quadre
avec les faits. Si c'eſt l'air repouſſé &
comprimé par les émanations électriques, qui doit amener en vertu de ſon
reſſort, les corps légers vers celui qui
eſt électriſé, pourquoi ces mouvemens ſont-ils ſi vifs dans le vuide de
Boyle ? dira-t-on qu'il reſte toujours
de l'air dans le récipient ? la reſſource
eſt bien foible : il faudroit donc que
les effets de l'électricité y paruſſent
auſſi affoiblis que le reſſort de l'air
qui peut y être reſté. C'eſt pourtant
ce qu'on ne voit pas; & ce ſeroit éluder miſérablement la difficulté, que
de le ſuppoſer, contre tout ce que
les obſervateurs ont vû.

Quand une petite feuille de métal
électriſée ſe tient & flotte en l'air au-
deſſus du tube de verre qu'elle a touché, comment ne nous montre-t-elle
pas par un million de mouvemens
alternatifs ceux de la voute d'air que

l'on prétend qui eſt pouſſée, & qui
ſe rétablit continuellement.

Enfin pourquoi dans l'atmoſphere d'air ſéparé, que M. Bammacare
nous fait regarder comme le vuide
de Boyle, les animaux reſpirent-ils à
leur aiſe ? pourquoi le feu & la flamme y ſubſiſtent-ils ſans s'éteindre ,
&c ? eſt-ce que les émanations électriques qui rempliſſent cet eſpace ,
ſont de la même nature que l'air groſ-
ſier de notre atmoſphere ? Qui voudra le croire ?

Il eſt inutile que j'en diſe davantage , pour faire voir le peu d'accord
qui ſe trouve entre l'hypotheſe que
j'attaque , & les faits pour l'explication deſquels on l'a imaginée ; & je
puis dire en général , qu'on ne par-
viendra jamais à donner une explication plauſible des phénoménes électriques , par aucune hypotheſe ,
dans laquelle on fera entrer l'action
de l'air , au moins de celui que nous
reſpirons, & qui ne paſſe point à
travers les corps compacts , comme le
verre , le métal, &c. C'eſt en partie
par cette raiſon que M. Boze a aban-
donné ſes premieres idées ſur le mé-

I.
DISC.
Réponſe à
M. Bamma-
care.

chaniſme de l'Electricité, qui avoient quelque reſſemblance avec celles dont je viens de faire la critique ; & je ne doute pas que M. Bammacare n'en fît autant, ſi, comme M. Boze, il avoit fait lui-même les expériences, qu'il les eût vûes & examinées comme lui avec loiſir, & par toutes les faces ; car il paroît par la maniere dont notre Auteur s'exprime dans ſon avant-propos, qu'il s'en eſt beaucoup rapporté aux yeux d'autrui, & qu'il a recueilli de divers Auteurs ce qu'on a écrit ſur cette matiere pour en former un ſyſtême d'explication. Mais de quelque maniere & avec quelque ſoin que l'on s'étudie à rendre par écrit des phénoménes auſſi ſinguliers & auſſi nouveaux ; on a bien de la peine à les repréſenter tels qu'ils ſont. C'eſt autre choſe de les voir ou de les lire ; & quand on les a vûs, ce n'eſt qu'après y avoir longtems réfléchi, & avoir bien conſidéré la liaiſon qu'ils peuvent avoir les uns avec les autres, qu'un Auteur prudent doit ſe permettre de diſſerter ſur leurs cauſes.

M. Bammacare, en me reprochant

une

une contradiction, parçe que je dis
que la matiére *électrique* affluente vient
des corps environnans qui ne font
pas *électrifés*, s'amufe à difputer fur
les mots; j'avoue que pour parler
plus correctement, il faudroit dire
la matiére qui produit les phénoménes
de l'électricité : mais tout le monde
dit *matiére électrique*, & l'on s'entend;
cela ne fuffit-il pas pour m'autorifer,
je dis plus, pour m'obliger à parler
le langage reçû? La matiére effluente, à prendre les chofes à la rigueur,
n'eft pas plus *électrique*, que celle
à laquelle on me reproche d'avoir
mal à propos donné ce nom ; cependant je la trouve ainfi nommée, (*ef-*
fluvia electrica,) dans tous les endroits du Livre de M. Bammacare,
où il en eft queftion.

Pour terminer toute difpute à cet
égard, il n'y a qu'à s'entendre fur
ce qu'on appelle *Electricité;* pour
moi, comme je l'ai dit, je fais confifter cette vertu dans les mouvemens
oppofés & fimultanés des deux matiéres effluente & affluente, & je ne regarde l'état du corps frotté ou électrifé, d'où procedent les émanations

G

I.
D ı s c.
Réponfe à
M. Bamma-
care.

électriques, que comme une condition, ou si l'on veut, comme la cause
prochaine qui donne lieu à ces deux
mouvemens : & en considérant l'é-
lectricité sous ce point de vûe, il n'y
a pas de contradiction, que l'une
des deux matiéres électriques, vienne des corps non électrisés, s'il suffit
pour cela qu'il y ait dans le voisinage quelque corps frotté qui s'é-
puise par ses effluences, comme je
l'ai expliqué dans mon *Essai*, page
148 & suiv.

Voici encore un petit mot contre
la matiére affluente que l'on trouve
toujours *inutile : les étincelles*, dit-on,
*ne sortent pas d'elles-mêmes d'un corps
électrisé ; il faut les provoquer avec
le bout du doigt, ou avec un morceau
de métal, &c. mais ce n'est point,
comme le dit Mr. Nollet,* « parce
» que le doigt fournit une matiére
» affluente, dont le choc allume
» celle qui vient du corps électrisé, »
*c'est qu'en présentant ainsi un autre corps,
on divise le peu d'air qui peut être resté
dans l'atmosphere électrique, & par-là
on donne occasion au feu allumé intérieurement dans le corps électrique, de*

passer au-dehors & de se manifester.

I
DISC.
Réponse à
M. Bamma-
care.

Combien d'objections ne s'attire-t-on point ici de la part de ceux qui sont au fait de cette matiére! Je n'en veux faire qu'une qui suffira pour montrer que M. Bammacare n'a pas bien concerté l'explication qu'il veut substituer à la mienne ; au lieu de présenter le bout du doigt au corps électrisé, approchez-en un bâton de cire d'Espagne, ou de soufphre, cela sera sans doute aussi bon que toute autre chose pour diviser l'air ; vous verrez cependant qu'il ne sortira plus d'étincelles, & que vous ne ferez naître tout au plus qu'une petite lueur morne & rampante : & quand je dis qu'en pareil cas il sort du doigt une matiére qui va au-devant de celle qui sort du corps éle-ctrique, est-ce donc une supposition, un *peut-être* qu'on puisse combattre par des probabilités ? n'est-ce point un fait qui se montre aux yeux ? il n'y a qu'à faire l'expérience dans un lieu obscur, & porter la vûe sur le bout du doigt qu'on présente au corps électrisé.

Réponse à M. MORIN, Professeur de Philosophie à Chartres, sur plusieurs endroits de son Ecrit, intitulé : NOUVELLE DISSERTATION SUR L'ELECTRICITE'.

JE finissois d'écrire ces réponses, lorsqu'il se présenta un nouvel athlete à combattre : j'appris par les Journaux qu'il paroissoit une *nouvelle Dissertation sur l'Electricité, par M. Morin, Professeur de Philosophie à Chartres ;* j'en fis la lecture, & je vis que l'Auteur n'étoit poit d'accord avec moi, sur quantité de faits, & qu'il désapprouvoit les explications qui se trouvent dans mon *Essai.* Ce qu'il dit contre ma théorie, ne m'embarrasse que médiocrement : ce qui me paroît bon à moi, peut fort bien n'être pas goûté par d'autres. Je n'ai qu'à rapporter ici les objections de M. Morin, & y joindre mes réponses ; le Lecteur qui n'a d'autre intérêt que celui de connoître la vérité, jugera sans prévention, & par conséquent mieux que les parties belligérantes, de quel côté elle peut être ; & si l'on trouve les raisons de mon antagoniste meilleures que les miennes, je me rendrai de bonne grace, je conviendrai de mon tort, & mon excuse sera, *errare humanum est*

I.
D I S C.
Réponse à
M. Morin.

Mais à l'égard des faits, quel parti prendre ? Dire que M. Morin s'est trompé, c'est presque dire qu'il a voulu tromper les autres, parce qu'il n'est guères possible qu'un habile homme comme lui, un Professeur de Philosophie, ait pris le change sur des effets aussi simples & aussi faciles à démêler, que la plûpart de ceux dont il s'agit : & quoique je n'aye pas l'honneur de le connoître personnellement, je suis persuadé qu'il a de la candeur, & qu'il n'a voulu en imposer à personne. D'un autre côté, après avoir enseigné tout le contraire de ce que nous apprend aujourd'hui M. Morin, faut-il que je dise que mes yeux m'ont trompé tous les jours pendant 15 ans, ou que, de dessein formé, j'ai donné de fausses apparences pour des réalités ? Outre que

cela me paroît bien dur, ma conf-
cience me dit qu’il n’en eſt rien.

Je n’y vois d’autre expédient, que
de faire promptement ſçavoir ceci
à tous ceux, qui s’appliquent comme moi, à l’étude des phénoménes
électriques, & qui, depuis nombre
d’années comptent avec ſécurité ſur
des faits qu’on vient aujourd’hui
nous conteſter. Ainſi, Meſſieurs Boze, Winkler, Gordon, Lieberkuyn,
Muſchenbroek, Allaman, Watſon,
Wilſon, Waitz, du Tour, Jallabert,
Le Roi, Darcy, Menon, &c. je vous
invite à lire inceſſamment l’ouvrage
de M. Morin, & à bien examiner,
comme je le vais faire de mon côté,
ſi tous ces faits que nous avons don-
nés pour réels dans nos écrits, & que
ce ſçavant Phyſicien nous conteſte,
ne ſont pas des *ſyſtêmes*, *ou des Ro-
mans Philoſophiques.*

Voyez, par exemple, ſi un enduit de
maſtic de *trois ou quatre lignes* d’épaiſſeur, appliqué ſur une planche, n’eſt
pas *auſſi bon*, pour iſoler les corps
qu’on veut électriſer par communication, que ces gâteaux de poix ou de
réſine, auxquels *le préjugé ou l’ignorance*

nous fait donner jufqu'à fept pouces d'épaiffeur. Effayez de frotter vos globes & vos tubes, avec tout ce que vous voudrez, fût-ce avec un *carreau de bois*, & voyez fi cela ne fait pas *tout auffi bien* que la main nue, ou tous les couffinets, pour exciter promptement & fortement la vertu électrique. Examinez fi au lieu de tenir fcrupuleufement nos globes & nos tubes bien fecs, tant en dedans qu'en dehors, il ne faut pas au contraire *mouiller la main qui les frotte*, ou la couvrir *d'un gand trempé dans l'eau*, pour ranimer l'électricité, lorfqu'elle languit. Eft-il bien vrai que l'humidité ne nuit point à la propagation de l'électricité, ou qu'elle la facilite comme M. du Fay a prétendu nous l'apprendre par fon expérience de la corde mouillée? N'eft-il pas néceffaire plutôt, comme vous le verrez par les découvertes de M. Morin, quand on veut tranfmettre la vertu électrique par une barre de fer, *d'en chaffer la vapeur humide*, en approchant la flamme d'une chandelle? Voyez fi un fimple bâton, un rofeau, une paille, ne mon-

G iiij

tre pas *autant d'électricité*, que toutes ces chaînes & ces barres de fer dont l'ufage s'eft tant accrédité parmi nous. Examinez encore fi l'électricité d'un globe qui contient de l'eau, n'a pas *autant de force & d'activité*, que fi ce même vaiffeau étoit parfaitement féché en dedans & en dehors. En place d'une barre de fer, électrifez des bâtons de réfine, & voyez s'il n'en fortira pas des *étincelles vives & bruyantes*, malgré la certitude que nous croyons avoir du contraire. En voilà affez pour vous rendre attentifs : la lecture du Livre que je vous dénonce, vous en apprendra davantage.

Voilà je penfe tout ce que je puis faire pour le préfent ; c'eft-à-dire, demander la révifion des faits : mais comme fur ces faits, je fuis d'accord avec tout le monde, excepté avec M. Morin, en attendant le jugement, je me flate que la préfomption fera pour moi. Je demande donc que les phénoménes électriques dont j'ai fait mention dans cet ouvrage ou ailleurs, foient reçûs tels que je les ai expofés, nonobftant la réclamation

» de M. Morin, jusqu'à ce que je sois
» condamné à la pluralité des voix.

Je passe maintenant à la critique de mes explications. C'est dans la réponse à la sixiéme question * que M. Morin rassemble toutes ses forces contre moi : c'est là qu'il prétend faire voir que je n'ai pas *raisonné juste* dans l'endroit de mon *Essai*, où j'ai enseigné que l'air proprement dit, n'est point cette matiére qu'on nomme électrique, que j'ai eu tort de donner la préférence au feu élémentaire, & que le systême d'une matiére éthérée effluente & affluente, *n'est pas bien physique.*

* *Nouvelle Dissert. sur l'Elect. p. 180.*

Comme on ne dit pas en quoi péche mon raisonnement, je suis obligé de le remettre ici sous les yeux du Lecteur, afin qu'il en juge lui-même. A la page 69. de mon *Essai*, après avoir rapporté trois expériences qui prouvent d'une maniere assez décisive, selon moi, qu'il y a des phénoménes électriques auxquels l'air n'a point de part, j'observe de plus que le fluide, quel qu'il soit, qui opére ces effets, porte avec lui une odeur que l'air n'a point, qu'il paſſe à travers les vaiſſeaux de verre, qu'il devient lumineux, qu'il s'enflamme & qu'il brûle, & je finis par conclure, que la matiére électrique n'eſt point l'air de l'atmoſphère, mais un fluide diſtingué de lui, *puiſqu'il a des propriétés eſſentiellement différentes* ; & plus ſubtile que lui, *puiſqu'il pénétre dans un récipient de verre.* Je demande en quoi ce raiſonnement eſt vicieux. M. Morin veut-il entreprendre de prouver que l'air par lui-même eſt ſenſible à l'odorat, qu'il peut éclairer, brûler, pénétrer le verre ? Quand tout cela ſera fait, je conviendrai que j'ai mal raiſonné.

Mais ce feu élémentaire, dit-on, à qui vous attribuez les effets de l'électricité ; cette matiére céleſte n'a pas plus d'odeur que l'air.

Auſſi n'ai-je pas dit que le feu élémentaire ſeul, & dépouillé de toute autre ſubſtance, fût la matiére de l'électricité ; j'ai dit au contraire * (& comment peut-on le diſſimuler ainſi ?) qu'il falloit bien que cet élément fût uni *à certaines parties du corps électriſant, du corps électriſé, ou*

* *Eſſai ſur l'Elect. page 136. & ſuiv.*

du milieu par lequel il a paffé, & j'ai appuyé cette conjecture fpéciale-ment fur l'odeur que l'on remarque à la matiére électrique.

Au refte, je fçais mieux ce que la matiére électrique n'eft pas, que ce qu'elle eft; je crois être en état de prouver que ce n'eft point l'air grof-fier que nous refpirons : mais quand je dis que cette matiére eft au fond la même que celle du feu & de la lumiere, je ne prétens avancer qu'une conjecture (très-probable à la vérité, & prefqu'univerfellement reçûe,) mais une conjecture qui ne tient au-cunement au fond de mon fyftême ; il me fuffit d'avoir prouvé que le fluide dont il eft queftion, eft capa-ble de pénétrer les matiéres les plus compactes, & de s'enflammer par le choc de fes propres rayons : on lui peut donner tel nom qu'on vou-dra, cela n'intereffe point mes ex-plications.

Mais quand on voit M. Morin s'élever ainfi contre moi, parce que j'ai dit que l'air n'étoit point la ma-tiére propre de l'électricité, ne croi-roit-on pas, qu'il eft à cet égard d'un avis bien différent du mien ? En un mot, n'a-t-il pas l'air de quelqu'un qui défend la contradictoire, & qui prétend que l'air & la matiére électrique ne font qu'un ?

Non, ce n'eſt point cela : M. Morin admet bien autour d'un corps électriſé une ſorte d'atmoſphère, qu'il nomme *Moffette ;* mais cette atmoſphère eſt un compoſé d'une infinité de matiéres différentes entr'elles, & différentes de l'air : ce fluide n'y entre tout au plus que pour une *milliéme partie ;* ainſi, je vois qu'en m'attaquant ſur cet article, il n'avoit d'autre deſſein que celui de redreſſer mon raiſonnement, *qui ne lui paroiſſoit pas des plus juſtes.*

C'eſt préſentement ſur l'effluence & l'affluence de la matiére électrique, que va rouler la diſpute ; écoutons le premier argument qu'on m'oppoſe : *Que le feu élémentaire contribue, comme cauſe efficiente & éloignée à l'accenſion, à la fulguration des moffettes, comme il contribue à l'accenſion, à la fulguration de notre feu ordinaire ; c'eſt une vérité à laquelle perſonne ne s'opposera. Mais cette vérité n'établit en aucune façon l'affluence & l'effluence de cette même matiére, & ne la rend point du tout le sujet de l'électricité.*

• Tout cela veut dire, je crois, (car je n'en suis pas bien sûr), que j'ai eu tort de déduire l'effluence & l'affluence de la matiére électrique, de ce que cette matiére est capable d'enflammer. Je conviens qu'un raisonnement de cette espéce, ne feroit point honneur à ma Logique; mais je défie M. Morin, qui me l'impute, d'indiquer aucun endroit de mes écrits où l'on puisse le trouver : si l'on veut çavoir au juste ce qui m'a fait conclure que la matiére électrique étoit en même-tems effluente & affluente, il faut lire ce qui est contenu dans la neuviéme question de mon *Essai*, p. 75. & suiv. Passons à un autre argument.

L'affluence du feu élémentaire au globe comme à une source, répugne, ce me semble, aux loix du méchanisme : car enfin les corps ne peuvent jamais affluer qu'aux endroits où ils trouvent moins de résistance, c'est-à-dire, où il y a plus de repos : (voilà un, *c'eſt - à - dire,* de trop ; eſt-ce que la moindre réſiſtance, ſe trouve toujours où il y a plus de repos ?) *Or il eſt clair,* continue-t-on, *que* la rotation *&* le frottement *du globe, bien loin de procurer un repos, une eſpéce de ſtaſe, d'inertie, ou une moindre réſiſtance, met au contraire les parcelles du verre, la matiére céleſte incluſe, dans une agitation, dans une oſcillation, dans une vibration très-grande, laquelle loin* d'attirer *les corps, doit plutôt* les écarter.

La majeure de cet argument eſt un principe reçû : bien loin de le conteſter, c'eſt ſur lui que je m'appuye pour dire qu'il y a moins de réſiſtance dans le verre frotté, qu'il n'y en avoit auparavant; car puiſque les corps ſe portent toujours vers l'endroit où il y a moins de réſiſtance, & que la matiére électrique des environs, prend ſon affluence vers le corps électriſé, (ce qui git en fait)*, je penſe qu'après le frottement, il y a moins de réſiſtance dans le verre, & je le penſe, non pas parce qu'il a été frotté, mais parce que mes yeux

apperçoivent alors une matiére qui
se précipite vers cet endroit-là.

Ensuite si je veux porter mes recherches plus loin, & que je me demande à moi-même d'où vient cette
moindre résistance dans du verre frotté, j'en apperçois la cause dans les effluences sensibles, dans ces émanations qui s'élancent continuellement
du corps électrisé, & qui doivent y
laisser un vuide; ce vuide, au milieu
d'une matiére qui tend à l'équilibre,
comme tous les fluides, ne doit-il
pas la déterminer à se porter vers
l'endroit où il est, & où l'on continue de le faire naître?

L'affluence & l'effluence de la matiére électrique sont deux faits qui
suivent nécessairement l'un de l'autre, & qu'on ne peut nier qu'en
prouvant ou la fausseté, ou l'invali-
dité des expériences sur lesquelles je
les ai appuyés; * comment donc M.
Morin peut-il les dissimuler, comme
il fait, ces expériences, ou leur préférer des raisonnemens *à priori*, qui
n'ont nulle force?

Je dis qui n'ont nulle force; car
1°. quel avantage prétend-il tirer

I.
Disc.
Réponse à
M. Morin.

* Essai sur
l'Elect. 9.
Quest.

du mouvement de *rotation* ? Quand ce mouvement feroit pour l'électricité, tout ce qu'on prétend qu'il fait, quand tout ce qu'on prétend qu'il fait, suffiroit pour rendre raison des phénoménes électriques, (deux articles sur lesquels j'ai gardé le silence jusqu'à présent, parce que je me suis renfermé dans les bornes d'une simple défense, mais dont je ferai voir l'abus, quand on voudra,) je demande à M. Morin s'il est permis de s'arrêter à une cause particuliere, quand il s'agit d'une explication générale ; si l'électricité d'un globe de verre dépend de sa *rotation*, d'où vient celle d'un tube, d'un morceau d'ambre, d'un bâton de cire d'Espagne ? 2°. Si le frottement ne faisoit autre chose qu'*agiter la matiére célefte incluse*, comme dit M. Morin ; en effet, je ne vois pas ce qui détermineroit la matiére électrique des environs, à se porter vers le corps frotté : mais pourquoi faire gratuitement cette supposition, quand tous nos sens de concert, nous disent que la matiére électrique fort réellement & continuellement du corps électrifé ?

&

& pourquoi le Philosophe à qui je réponds, voudroit-il me restraindre au seul mouvement intestin de la matiére électrique, tandis qu'il en tire au dehors autant qu'il veut, pour fournir à toutes ses moffettes?

Au reste, l'effluence de la matiére électrique ne seroit peut-être pas l'article qui auroit le plus de peine à passer; mais c'est la matiére affluente qui scandalise le plus M. Morin; & pourquoi? c'est que je tire de-là la cause des attractions apparentes: & pour faire voir qu'il n'en est rien, on se hâte de prévenir le Lecteur, en disant: *Si l'on voit les plumes, les fils, les feuilles d'or ou d'argent, s'élancer vers le globe, cela ne vient que de la résistance de l'air, que la rotation & le frottement compriment & écartent, à peu près comme le fer se précipite vers l'aiman.*

S'il ne faut que cela pour nous mettre d'accord, je conviendrai volontiers avec M. Morin, que l'air pousse une feuille d'or vers le globe électrique, *comme il porte un morceau de fer vers l'aiman;* l'un me paroît aussi vrai que l'autre: mais je ne

H

lui réponds pas que cet aveu de ma part, lui donne gain de cause vis-à-vis des Physiciens, touchant l'explication des phénoménes électriques ; car il n'y a pas jusqu'aux Ecoliers qui ne se donnent les airs aujourd'hui de refuser à l'action de l'air toutes les fonctions qu'on avoit essayé de lui attribuer dans le magnétisme.

Après les grands argumens auxquels je viens de répondre, M. Morin ne m'oppose plus que des exclamations : *Mettre* tout l'Univers *en mouvement pour un simple pétillement d'une petite étincelle électrique, ou pour former au bout de la barre une aigrette lumineuse, ... c'est en vérité se* tourmenter beaucoup pour pas grandchose. *Faire pénétrer & fureter la matiére électrique dans l'intérieur des métaux les plus compacts, l'en faire sortir par des rayons saillans, sans cause manifeste : c'est peut-être dire de belles choses, mais que tout le monde n'accordera pas.*

Vraiment, je ne sçavois pas que *tout l'univers* dût se ressentir ainsi des expériences que je fais dans un petit coin du monde ; comment !

cette matiére affluente que je détermine à venir vers mon globe, de
proche en proche ; feroit fentir fon
affluence à la Chine, par exemple !
mais voilà qui eft d'une grande conféquence. Hé ! que deviendroient,
comme le remarque fort bien M.
Morin, les corps vivans, les fpectateurs ! *ils perdroient bientôt cet efprit de
vie, ce principe de lumiere & de feu qui
les anime.*

Comme tout cela n'arrive pas,
on conclut fans façon, qu'il n'y
a point de *matiére affluente* : mais
moi qui crois qu'il y en a une, la
remarque de M. Morin me fait trem-
bler ; & je crois déja appercevoir
les funeftes effets de ces affluences
meurtrieres. Quand je lis *le Journal
de fes plus curieufes expériences*, &
que je vois à tout inftant des *diflo-
cations, des palpitations, des fueurs
générales, des gens qui ont les extrémités
froides, & qui font pâles comme la mort,
d'autres qui jettent les hauts cris, des
douleurs au coccis, des convulfions d'un
quart d'heure, des crampes douloureufes, des engourdiffemens, des immobili-
tés,* &c. je ferois prefque tenté de

renvoyer l'Auteur à ses propres faits, pour le convaincre de la réalité de cette matiére affluente, qu'il me con- teste.

Mais si je me suis *beaucoup tour- menté pour pas grand-chose*, oserois-je demander à M. Morin, s'il a trou- vé sans se *tourmenter*, tout ce qu'il expose dans son Livre, pour rendre raison de ces petillemens, de ces étincelles & de ces aigrettes, dont il fait si peu de cas? S'il me répond que oui, je lui dois un compliment sur la fécondité de son imagination, ne fût-ce qu'en reconnoissance de celui qu'il me fait sur la *vivacité* de la mienne, à qui il fait tout l'honneur des effluences & des affluences simul- tanées, en les regardant toujours comme une *hypothése ingenieuse*. Il faut avoir bien plus imaginé encore pour trouver presqu'autant de *mof- fettes*, qu'il y a de phénoménes élec- triques tant soit peu remarquables, *moffette premiere & radicale, moffette dérivée & secondaire, moffette dérivée subalterne, moffette sympatique, moffet- te lumineuse, moffette étincellante, mof- fette fulgurante, moffette rayonnante, moffette embrasante, moffette concentrée, moffette foudroyante* : & où prendre tant de moffettes ? l'Auteur y a pourvû jusqu'au nombre de 1000 : passé cela, l'étoffe pourroit bien lui manquer : mais il assure dans plusieurs endroits de son livre, que la moffette radicale, (qui me paroît être le fond de son trésor,) *est composée de mille parties héterogénes, célestes, sulphureuses, aëriennes, &c.*

Je finirai ceci par quelques remarques sur la *nouvelle Dissertation*, (& pourquoi n'en ferois-je pas à mon tour ?) ce ne sera cependant que sur certains points qui m'interessent en quelque façon ; car je le répéte encore, je n'ai ni le tems ni la volonté d'attaquer ; je ne pense qu'à me défendre, & je crains que ce plaidoyer qui commence à m'ennuyer, ne fasse le même effet sur un grand nombre de mes Lecteurs, sans compter ceux qui s'y trouvent nommés.

1°. Parmi *les plus curieuses expériences* du Journal historique, je vois qu'une mouche exposée aux étincelles électriques, n'a perdu la vie qu'au troisiéme coup, & qu'un limaçon a fouffert cette torture environ une demi-heure avant que de tomber *en fyncope & en convulfion.* Quand je compare ces effets avec ceux que nous voyons communément depuis plufieurs années fur des animaux plus forts, fur des moineaux, fur des pinçons, fur de jeunes pigeons, qui périffent promptement, quand on les applique à pareilles épreuves ; l'électricité de Chartres me paroît affez foible, & telle que je l'aurois attendue *d'une phiole commune de trois pouces de diamettre* montée en guife de globe. Mais d'un autre côté quand je confidére ce qui eft arrivé à tant de monde dans le laboratoire de M. Morin, tous ces accidens périlleux dont j'ai rapporté une partie ci-deffus ; l'électricité de Chartres me femble exceffive. Comment donc concilier tout cela ? Eft-ce que dans le pays Chartrain la complexion des hommes, feroit à proportion plus foible que celle des infectes ? ou bien M. Morin n'auroit-il porté fes épreuves que fur des perfonnes *à poil roux ? (a)*

(*a*) Page 93, l'Auteur dit qu'il a fouvent

2°. Je remarque ici tant pour moi que pour ceux qui se trouveront critiqués dans le Livre de M. Morin, qu'il ne faut pas prendre à la lettre tout ce qu'il dit contre l'opinion des autres; ce ne sont souvent que *des.* *expressions forcées* * *que lui extorque* un certain zéle; mais qui se trouvent bien adoucies, & même quelque chose de plus, par d'autres endroits de son ouvrage. Par exemple, il dit bien *qu'il ne reconnoît pas l'ingrez de matiére affluente, ni la sortie de cette autre matiére qu'on appelle effluente;* mais dans toutes ses explications depuis le commencement du Livre jusqu'à la fin, il fait perpétuellement usage d'un fluide qui part du corps électrisé, & d'une autre matiére qui vient à sa rencontre de la part du corps non électrique; & c'est par le choc & la collision de ces deux matiéres, muës en sens contraire, qu'il essaye d'expliquer les aigrettes lumineuses, les étincelles, les inflammations. S'il vouloit seu-

I.
DISC.
Réponse à
M. Morin.

* *Dissert.*
sur l'Elect.
Pref. p. 16.

remarqué que les personnes d'un poil roux étoient beaucoup plus sensibles à l'électricité que les autres.

lement avoir la complaifance d’appeller cela *matiéres effluente & affluente*, nos deux opinions fe rapprocheroient un peu ; mais la fienne perdroit d’autant de fa nouveauté ; & l’on eft bien aife d’avoir dit quelque chofe de neuf.

Voici encore une preuve de ce que j’ai avancé au commencement de cette remarque. A la page 28. M.Morin parlant des globes de verre qu’on employe dans les expériences, dit que *le fcrupule fur le choix, n’eft pas des mieux fondé ;* c’eft encore une *expreffion forcée* dont on trouve le correctif à la page 187. *Il eft des globes*, dit l’Auteur, *dont le verre eft plus fenfible au frottement, dont les parties font plus mobiles, plus élaftiques, &c.* Il ne s’agit que de connoître fon Auteur, & de fçavoir aprécier fes expreffions.

Je regarde auffi comme des *expreffions forcées*, mais dont je n’ai pas encore trouvé le correctif, cette *préférence* que j’ai tant *recommandée*, dit-on, de donner aux cordons de foye & aux gâteaux de réfine, pour fupporter les corps qu’on veut électrifer par communication. Si l’on eft

curieux

curieux de sçavoir jusqu'à quel point
cela est vrai, il faut lire ces paroles
de la page 35 de mon *Essai* : » On
» a appris de l'expérience, que le
» souphre, la soye, la résine, la poix,
» & *généralement tout ce qui s'électrise*
» *aisément en frottant*, est très-propre
» à cet effet (à porter les corps qu'on
» veut électrifer ;) ainsi l'on choisit
» de ces matieres *celle qui convient le*
» *mieux*, suivant le poids, la figure,
» ou les autres qualités du corps que
» l'on veut soutenir ; ....ou bien la
» personne peut être assise..... sur
» une planche suspendue avec des
» cordons de soye ou de crin ; » si je
n'ai point ajouté, *ou de laine*, c'est
que ce mot ne s'est pas trouvé au bout
de ma plume, car on sçait que cette
petite découverte, dont M. Morin
paroît se glorifier un peu, a dix-huit
ou vingt ans de date. Mais je ne lui
en fais point un reproche, il peut
fort bien l'avoir ignoré ; comme je
suis persuadé qu'il n'auroit pas compté au nombre *de ses plus curieuses ex-*
périences, celle de la tabatiere étince-
lante, celle du métal électrifé entre
les dents, & quantité d'autres faits

I.
Disc.
Réponse à
M. Morin.

I

aussi généralement connus, que j'y vois avec quelques légers changemens, s'il avoit sçû que le peuple de Paris s'en divertissoit à la foire il y a trois ans.

3°. Il s'en faut bien que je regarde comme une expérience triviale celle du chat, dont M. Morin fait mention à la page 171. Il y a quelques années que je rendis compte à l'Académie, d'un chat électrisé en frottant, par le P. Gordon, jusqu'au point de transmettre son électricité par des chaînes de fer, au bout desquelles on allumoit de l'esprit de vin. Il faut que eet habile Physicien ait frotté l'animal assez rudement, pour produire de tels effets ; cependant il n'a rien éprouvé d'aussi périlleux que ce que nous raconte Mr. Morin : peut-être que le chat de Chartres étoit *de poil roux*, & que celui d'Erford étoit noir ou blanc. Quoi qu'il en soit, M. Morin récite son avanture en homme qui a eu peur ou qui en veut faire aux autres; mais dussai-je tomber en *défaillance*, comme lui, *& batailler avec la syncope*; je frotterai mon chat sur ma couverture, & je le frotterai de bonne grace : *il faut bien faire quelque chose de hardi en faveur de sa profession.*

4°. A la page 118, M. Morin tranche net au sujet des paralytiques que j'avois imaginé d'électriser. Cette épreuve, selon lui, eft plus propre à leur faire du mal qu'à les foulager. Comme ce langage eft précifément celui de M. Louis, on peut voir plus haut ce que j'y ai répondu : il faut obferver de plus que M. Morin s'adoucit un peu à la page 196 ; cela ne viendroit-il pas de ce que pendant le cours de l'impreffion, il auroit appris que l'Electricité avoit *fait fortune* à Genève ? Son Livre étoit forti des mains du Cenfeur Royal le 5 Octobre 1747, & de fon aveu il apprit la guérifon du paralytique de M. Jallabert, par le Journal du mois de Mai 1748. Ma conjecture eft-elle vrai-femblable ? C'eft tout ce que je prétends.

5°. Je ne puis m'empêcher de remarquer que partout où M. Morin parle de frotter le verre, il affecte, ou de dire ou d'infinuer que la main nue n'opere pas un frottement plus efficace que tout autre corps, fans exception, & il garantit toujours le

I.
D I S C.
Réponfe à
M. Morin.

fait par ses propres expériences ; mais si c'est moi qu'il prétend attaquer par ces répétitions affectées, je lui déclare que ses coups portent à faux. Partout où j'ai dit que le frottement de la main nue faisoit mieux que celui d'un autre corps, je n'ai jamais prétendu parler que de la mienne, mon intention n'a point été d'établir une loi générale ; rien ne le prouve, & je suis prêt à convenir, par exemple, si cela fait plaisir à M. Morin, que sa main n'est pas aussi bonne que celle d'un autre pour ces fortes d'expériences.

Je ne connois pas d'autres critiques de mon ouvrage que celles auxquelles je viens de répondre : s'il prend envie aux mêmes Auteurs de revenir à la charge, ou à d'autres qu'eux de m'attaquer sur le même sujet, je les prie de faire attention à deux choses : La première, qu'il s'agit ici de Physique purement expérimentale ; c'est donc par des faits bien constatés, par des observations bien suivies, qu'on doit soutenir la dispute, & non pas par des hypothèses, par des probabilités simplement

imaginées. 2°. Que les explications
renfermées dans la troisiéme partie de
mon *Essai*, roulent, & sont appuyées
sur des propositions fondamentales
que je compte avoir déduites de l'expérience : ainsi pour me faire voir que
je me suis trompé, ce n'est point assez de le dire avec les termes les plus
expressifs, il faut prouver ou que les
faits rapportés dans la deuxiéme partie sont faux, ou que je les ai mal interprétés. Pour faciliter l'examen
qu'on en peut faire, j'ai pris soin de
distinguer par la différence des caracteres, ce qui appartient à l'expérience, d'avec ce qui n'est que de raisonnement; mais malgré cette précaution & l'avis que j'en ai donné,* je
vois que l'on m'a attaqué indistinctement sur l'un & sur l'autre, sans as-
sortir les armes à la nature du combat ; c'est-à-dire que l'on m'a souvent
opposé des raisonnemens à des faits
dont on ne peut pas douter : je souhaite qu'on veuille bien doresnavant
disputer avec plus de regle, afin que
les discussions que j'aurai à soutenir,
sur une matiere à laquelle le Public
s'intéresse, puissent être de quelque

* *Essai sur
l'Elect. pag.
140.*

utilité pour fon inftruction, & pour le progrès des fciences; autrement, on m'ôteroit le motif le plus capable de m'engager à répondre, & peut-être ne me refteroit-il aucune envie de le faire.

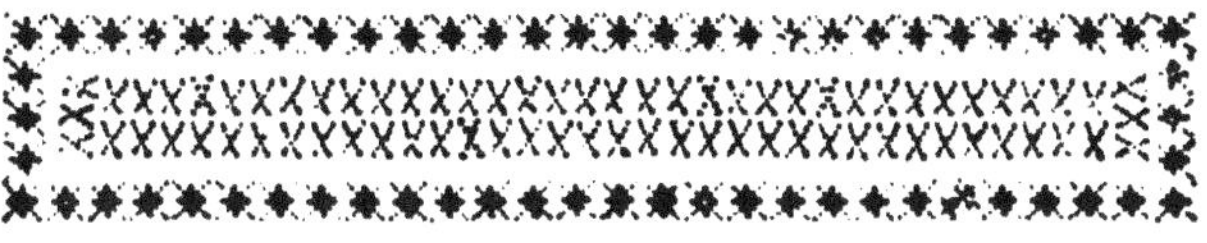

SECOND DISCOURS.

Sur les régles qu'on doit suivre pour juger si un Corps est électrique, ou s'il l'est plus ou moins.

DANS l'Electricité, comme dans toute autre matiére de l'hysi-que, c'est sur le rapport de nos sens que nous jugeons des choses ; & nous ne sçavons que trop combien nos sens peuvent nous tromper : nous devons donc nous en défier & suspendre notre jugement, jusqu'à ce que nous ayons suffisamment vérifié la fidélité de leur témoignage. Pour voir & annoncer ce que j'ai vû, je dois chercher à le voir plusieurs fois & dans les mêmes circonstances ; & si le fait est difficile à distinguer, comme il arrive souvent dans les Phénoménes électriques, il est à propos que d'autres yeux se trouvent d'accord avec les miens : d'ailleurs comme la vûe n'est pas le seul moyen

I iiij

que nous ayons, pour juger des
objets fenfibles ; il ne doit pas me
fuffire d'avoir vû ce que j'ai cru
voir, s'il eft de nature à fe laiffer
faifir par d'autres fens ; car pourquoi
ne pas entendre tous les témoins qui
peuvent dépofer d'un fait, fi l'una-
nimité de leur voix doit donner plus
de certitude à nos connoiffances ?
Tout homme qui ne veut ni fe tromper, ni tromper les autres, fe ren-
dra volontiers à ces maximes ; mais
avec beaucoup de bonne foi, l'on
peut prendre le change fur un fait,
parce qu'on en aura changé les circonftances fans le fçavoir , ou fans y
faire attention. Tel croira répéter
une expérience connue , qui en fera
une toute nouvelle, parce qu'il aura regardé comme fans conféquence
quelque changement de procédé qui
eft effentiel , & les réfultats comparés fe trouveront différens.

Deffein de
ce Difcours.

C'eft pour éviter de pareilles erreurs que j'ai réfléchi fur certains phénoménes d'électricité , la plûpart déja connus, mais qu'il eft important
de ne point perdre de vûe , quand on
veut fçavoir fi l'électricité d'un corps

est par elle-même plus ou moins grande : ces réflexions m'ont ouvert les yeux sur des difficultés qui m'arrêtoient depuis longtems : j'ai lieu de croire qu'elles pourront être de quelque utilité à ceux qui auront le même examen à faire.

II.
Disc.

Attirer & repousser des corps légers, qui sont à une distance convenable ; faire sentir sur la peau une impression semblable à peu près à celle du coton légerement cardé, ou d'une toile d'araignée qu'on rencontreroit flotante en l'air, répandre une odeur qu'on peut comparer à celle du phosphore ou de l'ail, lancer des aigrettes d'une matiére enflammée, étinceler avec éclat, piquer très-sensiblement le doigt ou toute autre partie du corps qu'on présente de près ; enfin communiquer à d'autres corps la faculté de produire ces mêmes effets pendant un certain tems ; voilà les signes les plus ordinaires sur lesquels on a coutume de juger si un corps est actuellement électrique, & sa vertu passe pour être d'autant plus forte, que chacun de ces phénoménes se mani-

Signes auxquels on réconnoît si un corps est plus ou moins électrique.

Le concours de tous ces fi- gnes ne peut gueres trom- per , fi l'on conçoit l'é- lectricité fous une certaine idée.

fefte davantage & avec plus de durée.

J'avoue qu'en jugeant avec toutes ces preuves enfemble , il fera diffi- cile de fe tromper , tant que l'on confiderera l'électricité comme l'a- ction d'une matiere à qui l'on fait prendre un certain mouvement, non- feulement dans le corps électrifé , mais auffi dans ceux qui l'environ- nent ou qui le touchent , fuivant l'i- dée que j'ai tâché d'en donner dans mon *Effai* : * car tous ces effets ex- térieurs étant l'action de la matiere électrique , on ne rifquera rien de conclure que l'électricité eft plus ou moins forte , quand on verra aug- menter ou diminuer cette action mê- me dans laquelle on la fait confifter ; mais fi l'on regarde le corps électrifé comme un agent capable d'operer au dehors , en vertu d'un certain état qu'on lui a fait prendre , & d'une matiere qu'il anime de fon pro- pre fond , je vois qu'il y aura bien des cas où l'on pourra porter un faux jugement ; car je crois être en état de prouver que prefque tous ces phé- noménes , dont je viens de faire l'é- numération , & que l'on prend com-

* *P.* 148. *& fuiv. & P.* 166.

On rifque de fe tromper même avec tous ces fi- gnes , fi l'on conçoit l'éle- ctricité com- me une vertu réfidente dans le corps éle- ctrique.

munément comme des marques d'une électricité plus ou moins forte, peuvent s'augmenter ou s'affoiblir, quoique le corps électrisé persévere d'ailleurs dans le même état, ou du moins fans que l'on ait des raifons fuffifantes pour croire qu'il en ait changé : je puis faire plus ; il m'eft poffible de montrer qu'un corps que l'on n'a eu nullement intention d'électrifer, & que l'on regarde communément comme ne l'étant pas, fait quelquefois d'une maniere très-marquée, tout ce qui annonce une forte électricité, acquife par frottement, ou communiquée, attractions, répulfions, attouchemens d'émanations invifibles, aigrettes lumineufes, étincelles, piquûres, inflammations ; on connoît déja une grande partie des faits qui peuvent fervir de preuves à ce paradoxe ; je vais les rappeller en peu de mots, & j'y en joindrai quelques autres, dont j'ai fait la découverte depuis la publication de mon *Essai*.

II.
Disc.

Parce que toutes ces apparences extérieures peuvent s'augmenter ou s'affoiblir, fans que le corps électrifé en ait ni plus ni moins de vertu.

Examen des attractions & répulfions confiderées comme fignes d'électricité.

PREMIERE EXPERIENCE.

Qu'une perfonne qu'on électrife fur un gâteau de réfine, étende le bras, & foutienne fur fa main un carton couvert de petits fragmens de feuille d'or ; qu'une autre perfonne non électrifée porte le bout du doigt à 5 ou 6 pouces au-deffus du carton, vous verrez toutes les feuilles de métal s'élancer vers ce doigt non électrique , (ou regardé comme tel,) & rejaillir comme elles ont coutume de faire lorfqu'étant pofées fur une table, on leur préfente un tube de verre nouvellement frotté.

II. EXPERIENCE.

Laiffez tomber fur un tube électrifé, une très-petite feuille de métal ; dès qu'elle aura touché le tube, devenue électrique elle-même elle s'élevera au-deffus, & demeurera fufpendue en l'air, comme je l'ai rapporté à la page 78. de mon *Effai* : préfentez alors le doigt à ce petit corps flottant, & vous pourrez re-

marquer que non-feulement il fe jet-
te avec précipitation fur le doigt
non électrique qu'on lui préfente,
mais auffi qu'il rejaillit immédiatement après, comme lorfqu'il eft
repouffé par le tube qui l'a électrifé :
ce dernier effet eft encore plus fenfible, fi au lieu du doigt, vous préfentez à la petite feuille un écu ou
quelqu'autre morceau de métal, au
bout d'un bâton de cire d'Efpagne.

III. EXPERIENCE.

On peut faire un petit carillon,
en laiffant pendre au bout d'un fil,
une groffe aiguille à coudre, entre
deux timbres, ou entre deux verres
à boire, dont un eft électrifé par
communication, tandis que l'autre
ne l'eft pas : car tant que dure l'é-
lectricité, l'aiguille ne ceffe d'aller
d'un verre à l'autre, & de les heurter tous deux alternativement.

IV. EXPERIENCE.

Si l'on électrife un baffin plein
d'eau, dans lequel on a mis flotter

de petites boules de bois ou de verre soufflé, ces petits corps électrisés par communication, sont attirés & repoussés sensiblement partout ce qui n'est point électrique, comme on sçait qu'ils le seroient par un corps électrisé, s'ils ne l'étoient pas eux-mêmes.

Ces expériences, & une infinité d'autres que je m'abstiens de rapporter, prouvent, comme on voit, qu'un corps sans être électrisé, peut attirer & repousser les corps légers qu'on lui présente, & que ces mouvemens alternatifs, qu'on peut regarder pourtant comme des marques certaines d'électricité, ne nous apprennent pas toujours par eux-mêmes le sujet où réside cette vertu.

On me dira peut-être que ces prétendues attractions & répulsions, que j'attribue au corps non électrifé, en présence de celui qui l'est, ne font que de fausses apparences ; que l'électricité qui réside alors dans le plus libre des deux, lui fait faire le mouvement, dont l'autre est incapable, à cause de son immobilité, comme l'aiman qui attire le fer, pa-

roît en être attiré lui-même, quand
sa maffe est plus mobile que celle du
métal qu'on lui préfente.

L'exemple de l'aiman ne peut rien
éclaircir ici : tant que l'on ignorera
par quel moyen la nature opere les
phénoménes du magnétifme, on ne
pourra pas décider fi c'est l'aiman,
qui attire le fer, ou le fer qui attire
l'aiman, ou fi l'action de l'un fur
l'autre est réciproque.

Mais comment me prouvera-t-on
que ces apparences dont il est ici
queftion, font trompeufes? que le
corps non électrifé, n'attire pas réellement celui qu'on a rendu électrique par frottement ou par communication ? Eft-ce parce qu'il paffe
pour conftant que la vertu électrique
ne fe manifefte pas, fans être excitée
par quelque préparation ? Eft-ce parce que dans le cas dont il s'agit, le
corps non électrifé ne donne d'ailleurs aucune marque d'électricité ?
Enfin eft-ce parce que tout corps actuellement électrique, annonce fon
état par des émanations fenfibles ?

A la premiere de ces raifons je réponds, premierement : Qu'en matie-

re de phyſique, il n'eſt point de regle établie, qu'une expérience déciſive ne puiſſe abolir ou reſtraindre. Il eſt vrai qu'il paſſe pour conſtant qu'un corps ne s'électriſe point de lui-même, ou ſans certaines préparations que l'uſage a fait connoître ; mais ſi l'on voyoit faire à ce corps qui ſemble n'avoir été nullement préparé, tout ce que fait celui qui a été électriſé par les voyes ordinaires, l'évidence du fait n'obligeroit-elle pas à mettre au moins une reſtriction à la loi générale ? Secondement : Je ne conviens pas que dans le cas préſent, le corps qui attire, n'ait reçû aucune préparation, j'en apperçois une : dès qu'on l'approche du corps électriſé, cette proximité me paroît ſuffiſante, pour déterminer la vertu électrique à ſe manifeſter ; & elle ſuffit en effet, comme je le ferai voir ci-après.

Réponſe
à la ſeconde
inſtance,

Quelle conſéquence pourroit-on encore tirer contre moi, de ce que la perſonne non-électriſée, n'attire que par le bout du doigt ſeulement les feuilles d'or qu'on électriſe & qu'on lui préſente ? Cela prouve

tout

tout au plus que son électricité ne
se manifeste que par cet endroit, &
je ne prétends pas autre chose. Mais
est-il démontré en quelque endroit
qu'un corps ne peut jamais devenir
électrique sans l'être de toutes parts?
Et qui sçait si ce même homme non
isolé, dont la main attire & repousse,
ne feroit pas la même chose par
toutes les autres parties de son
corps, si l'électricité du corps isolé,
qui fait naître la sienne, devenoit
beaucoup plus forte, ou duroit plus
longtems?

Si j'avois un parti à prendre sur
cette question, j'inclinerois beaucoup, & je déciderois presque pour
l'affirmative : parce que depuis qu'on
est dans l'usage de communiquer l'é-
lectricité par le moyen des globes de
verre dont l'action est continuelle
& bien plus forte que celle des tubes, plusieurs Physiciens ont observé, & je l'ai vû moi-même plusieurs
fois, que des personnes qui n'étoient
pas tout-à-fait isolées, s'électrisoient
entierement en plongeant la main
dans la sphere d'activité du corps
électrique.

K

Quant à la troisieme raison, sçavoir qu'un corps actuellement électrique devroit annoncer son état par des émanations sensibles, on ne doit pas la produire pour prouver que la main, ou une verge de fer qu'on présente, sans être isolée, à des corps électrisés, n'est point électrique elle-même. Si ces émanations sont des preuves certaines d'électricité, comme tout le monde en convient, je puis citer des expériences, qui m'ont fait sentir & voir de la part de ces corps qu'on regarde comme n'étant pas électriques, tout ce que j'apperçois à la surface & aux environs de ceux qui sont reconnus pour l'être. De ce nombre, sont tous les faits que j'ai rapportés dans mon *Essai*, pour établir l'effluence & l'affluence simultanées de cette matiere subtile qui produit les phénoménes électriques : car en faisant voir que ce fluide vient au corps électrisé, non-seulement de l'air qui l'entoure, mais aussi, & avec plus de force, des corps solides qui sont placés aux environs, je crois avoir suffisamment prouvé qu'en préfence d'un corps électrifé, celui qui ne l'a pas été, & qui n'eft point ifolé pour l'être entierement par communication, devient comme une fource d'émanations fenfibles qui tendent au corps électrique : il me fuffira donc d'ajouter ici un fait que je regarde comme une preuve fans replique de l'exiftence de ces écoulemens électriques, de la part des corps qu'on confidere comme n'ayant point d'électricité actuelle.

V. EXPERIENCE.

J'électrife fortement par le moyen du globe une perfonne qui fe tient debout fur un gâteau de réfine : en continuant de l'électrifer ainfi, je lui fais étendre la main qui ne touche point au globe, dans une fituation verticale ; une autre perfonne qui n'eft point ifolée de même, mais fimplement debout fur le plancher de la chambre, étendant le bras horifontalement, préfente un doigt vis-à-vis cette main, à une diftance de 7 à 8 pouces, (*voyez fig.* I.) alors il fort de ce doigt une matiere invifible,

Faits qui prouvent que le corps que l'on nomme *non électrique,* l'eft véritablement, on repréfente les mêmes effets que s'il l'étoit.

qui fait contre la main électrifée un souffle très-fenfible, & tout-à-fait femblable à celui qu’on a coutume de fentir au-delà des aigrettes lumineufes d’une barre de fer qu’on éle-ctrife.

Si l’on approche enfuite le doigt plus près de cette main électrifée, comme à la diftance de trois pouces, ou un peu moins, cette matiere invifible qui ne faifoit qu’un fouffle s’enflamme alors avec une forte de bruiffement, & fe fait appercevoir fous la forme d’une belle aigrette, qui ne differe en rien de celles qu’on voit briller au bout de la barre de fer qu’on électrife.

En approchant le doigt encore plus près de la main électrifée, on voit l’aigrette lumineufe dont je viens de parler, fe refferrer, & former un trait de feu fort vif, qui éclate avec bruit & avec douleur de part & d’autre, comme il arrive quand on s’approche pour toucher un corps fortement électrifé.

Enfin l’aigrette de matiere enflammée & le fouffle qui la précéde, font fentir l’odeur de phofphore ou d’ail,

absolument de la même maniere que
les extrémités d'un corps qu'on électrise pendant un certain tems par
communication : & l'on observe tous
les mêmes effets, si, au lieu du doigt,
on présente le bout d'une verge de
fer, ou de quelqu'autre métal, à la
main, au visage, & quelquefois aussi
à tout autre endroit du corps de la
personne qu'on électrise, malgré l'interposition des habits.

On reconnoît donc par le détail de
cette expérience, qu'il est des cas où
l'on voit faire à un corps qui est con-
sidéré comme non électrique, tous
les effets que l'on prend communément pour les signes les plus certains
d'une électricité bien décidée : de sorte qu'en pareille occasion, si l'on appercevoit ces phénoménes par une
porte ou une fenêtre entr'ouverte,
qui empêchât de voir l'appareil, &
qui ne découvrît que les effets, il seroit bien difficile, je pourrois dire impossible de décider à coup sûr quel est
celui des deux corps sur qui l'on fait
agir immédiatement le globe, & que
l'on doit regarder comme possédant
en soi la vertu électrique, en sup-

pofant qu'on ne la voulût reconnoître que dans l'un des deux feulement.

Doit-on conclure de-là que ces effets dont je viens de parler font des fignes équivoques d'électricité ? non : ce que je prétends feulement, c'eft que dans les cas dont j'ai fait mention, & dans tous ceux qui leur reffemblent, on doit confiderer comme électrifé, au moins en partie, celui des deux corps que l'on a coutume de nommer *non électrique*, & qu'on a toujours regardé comme tel jufqu'à préfent ; car je viens de prouver que la matiere électrique eft effluente & affluente pour lui comme pour l'autre, puifqu'il attire & repouffe comme lui ; & ce double mouvement me paroît être le premier effet fenfible qui réfulte des moyens qu'on employe pour faire naître l'électricité. En corrigeant ainfi les idées, je ne veux cependant rien changer aux expreffions reçues, & je continuerai d'appeller le *corps non électrique*, celui qui n'eft point ifolé, & fur qui l'on ne fait point agir immédiatement le globe ou le tube.

Je voudrois que l'on fît bien atten-

Fig. 1.

Gobin S.

tion à l'électricité de ce corps, toutes les fois qu'il s'agit de juger de celle de l'autre ; car puisqu'elles se manifestent toutes deux en même tems, par des signes qui leur sont communs, on court risque d'attribuer à cette électricité qu'on a dessein d'exciter, & dont on est uniquement occupé, des effets qui pourroient appartenir à celle que l'on fait naître sans y penser : & le corps qu'on aura électrisé, paroîtra faire des effets plus grands, sans cependant avoir acquis plus de vertu, si par *vertu* l'on entend quelque chose qui lui soit propre : les exemples que je vais rapporter mettront ceci dans un plus grand jour.

Dans mon *Essai* sur l'Electricité, j'ai établi par voye d'expérience, plusieurs principes, parmi lesquels on trouve ceux-ci : *Que la matiere électrique, tant celle qui émane des corps électrisés, que celle qui vient à eux des corps environnans, est assez subtile pour passer à travers les corps les plus durs, les plus compacts, & qu'elle les pénétre réellement ; non pas tous indistinctement & avec la même facilité,*

II.
Disc.
expressions usitées, il faut avoir égard à l'électricité du corps qu'on appelle *non électrique.*

Principes d'expérience qu'il faut avoir en vue.

mais les uns plus aifément que les au-
tres ; que les matieres fulphureufes,
graffes, réfineufes, les gommes, la
cire, la foye, &c. ne la reçoivent, & ne
la tranfmettent que peu ou point du
tout ; enfin que cette même matiere pé-
nétre plus aifément, & fe meut avec
plus de liberté dans les métaux, dans
les corps animés, dans l'eau, &c. que
dans l'air même de l'atmofphere. De ces

Les corps doivent mieux s'électrifer quand ils font pofés fur des appuis d'une certaine matiere.

principes il fuit naturellement, qu'un corps, toutes chofes égales d'ailleurs, s'électrifera mieux fur du métal ou fur la main d'un homme ifolé, que fur une ardoife, une tablette de marbre ou de bois, fufpendue ; c'eft pourquoi quelques Phyficiens fe font fi bien trouvés d'avoir fubftitué une platine de fer blanc ou de taule, à la planche ou au guéridon qu'on employoit précédemment pour ifoler les corps auxquels on vouloit communiquer l'électricité du globe de verre. (a)

Les corps légers doivent auffi être mieux attirés, s'ils

Il fuit auffi des mêmes principes, que les feuilles d'or & autres corps légers feront plus vivement attirés &

(a) Voyez l'Edition Allemande du Pere Gordon dans le Supl. au § 27.

repouffés,

repouſſés, par un corps électriſé, s'ils lui ſont préſentés étant ſur du métal, ou ſoutenus par un corps animé, que s'ils étoient placés ſur une table de bois, de marbre, &c. Car ce qui les porte vers le corps électriſé, c'eſt la matiére électrique qui ſort de l'appui qui les ſoutient, & ce qui les en écarte auſſi-tôt après, ce ſont les émanations qui s'élancent de ce même corps électriſé, & qui ont un mouvement d'autant plus vif, qu'elles trouvent moins de réſiſtance à vaincre pour entrer dans les corps qui s'offrent à leur paſſage.

Quoique je fuſſe aſſez ſûr de cette derniere conſéquence, j'ai été bien aiſe de la voir confirmée par l'expérience ſuivante.

VI. EXPERIENCE.

J'ai électriſé un homme par le moyen d'une chaîne de fer dont je lui fis une ceinture, & qui aboutiſſoit au globe électrique. Cet homme avoit les deux bras étendus, & les mains également élevées au-deſſus de deux cartons couverts de petites

L

feuilles de métal , dont l'un étoit posé sur la main d'un homme qui étoit debout sur le plancher de la chambre, & l'autre étoit suspendu par trois ficelles à un support de bois; comme on peut voir par la *Figure* 2 : les corps légers placés sur celui-ci, ne m'ont point paru avoir des mouvemens aussi vifs que ceux du carton que l'on tenoit sur la main, & cette différence a été également remarquable & constante.

Doit-on dire, pour rendre raison de cela, que l'homme électrisé avoit acquis plus de vertu dans une main que dans l'autre? Outre qu'on voit le contraire en faisant changer de place aux cartons ; il est bien plus naturel de penser que les deux mains également électrisées de la part du globe, ou de la barre de fer, n'ont des effets inégaux, qu'à cause des circonstances plus favorables d'un côté que de l'autre.

Ce n'est donc point assez de voir un corps attirer plus vivement, pour juger qu'il a plus de vertu; il faut être bien assuré que la matiére électrique affluente qui opére cet effet, n'a point reçu quelque augmentation de force à laquelle il n'a point de part ; & cette augmentation de force peut venir non - seulement de l'appui qui porte les corps légers, mais même des autres corps qui sont à une petite distance aux environs. Car j'ai presque toujours remarqué, & je l'ai déja dit ailleurs, * que ces fortes d'expériences réussissent mieux lorsqu'il y a une nombreuse assemblée, ou que les Spectateurs s'approchent pour voir de plus près ; excepté le cas où une trop grande transpiration de leur part causeroit dans l'air de la chambre une humidité trop abondante qui pourroit s'attacher au verre.

* *Essai sur l'Electricité. p. 43.*

Comme les attractions apparentes du corps électrisé deviennent plus vives quand les corps légers sont posés sur des appuis dont il émane beaucoup de matiére affluente ; aussi s'affoiblissent-elles jusqu'à être quelquefois nulles, lorsque ces mêmes corps reposent sur des appuis d'une qualité opposée.

Autre fait qui prouve la même conséquence, par le contraire.

VII. EXPERIENCE.

. Combien de fois n'ai-je pas vû des feuilles d'or ou des duvets de plume, fe gripper & s'attacher à la furface d'une boule de foufre ou de cire d'Efpagne très-polie & très-féche, que je tenois d'une main, tandis que de l'autre je préfentois un tube de verre fortement électrifé ? Si la feuille de métal fe foulevoit un peu, comme pour fe détacher de la boule, en lui préfentant une autre partie du tube, je la voyois fe plifler de nouveau, & fe coller contre le foufre, comme fi j'avois foufflé def- fus. Quand on fçait d'ailleurs que d'un tel appui il émane très-peu de matiére électrique affluente au tube, on devine aifément la caufe de ce phénoméne : on voit bien que la pe- tite feuille n'ayant rien, ou n'ayant qu'une impulfion très-foible qui ten- de à la porter vers le tube, la ma- tiére effluente de celui-ci demeure victorieufe & la tient conftamment appliquée au foufre.

Ce qui rend cette explication plus

que vrai-semblable, c'est qu'un tube moins électrique ne produit pas ordinairement cet effet ; en pareil cas il attire mieux & plus sûrement que s'il étoit fortement électrisé : Paradoxe qu'on auroit sans doute bien de la peine à croire, si ce n'étoit point un fait facile à vérifier, qui doit être connu de tous ceux qui sont dans l'habitude de faire des expériences avec le tube, & qui ne négligent point d'observer les circonstances.

En faveur de ceux qui n'auroient pas fait cette observation, & qui voudroient la vérifier, je dois avertir que pour voir les choses telles que je les annonce ici, on doit prendre garde d'échauffer la boule de soufre ou de cire d'Espagne, soit en opérant près du feu ou au soleil, soit en la frottant ou en la maniant un peu trop. Car je sçai à n'en pas douter, (& c'est un des principes sur lesquels j'ai établi ma théorie,) *que la matiére électrique qui ne pénétre que difficilement les corps sulphureux, résineux, &c. tant pour y entrer que pour en sortir, s'y meut avec plus de liberté quand on les chauffe ou qu'on les frotte.*

II.
D i s c.

Attentions qu'il faut avoir en faisant cette expérience.

* Essai sur l'Elect. p. 145.

Ainſi la matiére électrique qui doit
ſortir du ſoufre pour chaſſer la feuille
d'or vers le tube, & qui n'en ſort pas
ordinairement en ſuffiſante quantité,
acquiert par le frottement ou par la
chaleur, la liberté d'agir efficacement.

Je dois ajouter encore qu'on réuſſit
mieux avec une boule de 3 ou 4
pouces de diametre, qu'avec un cylindre ou avec une plaque de cinq ou
ſix lignes d'épaiſſeur, non pas à cauſe
de la figure, mais parce que la matiére électrique qui vient de l'air,
par le côté oppoſé à celui où eſt la
feuille d'or, ſe fait jour à travers de
l'obſtacle quand il n'y trouve pas une
certaine épaiſſeur.

Ces deux remarques nous font
connoître pourquoi M. du Fay, &
ceux qui l'ont imité, n'ont pas laiſſé
que d'enlever comme ils le déſi-
roient, avec le tube électriſé, les
corps légers qu'ils avoient poſés ſur
des guéridons de verre ou de cire
d'Eſpagne, matiéres peu propres
cependant à fournir cette affluence
d'où procéde tout l'effet; ces guéridons étoient compoſés de platines

peu épaiſſes, & on les faiſoit chauffer quand on vouloit faire l'expérience avec plus de ſuccès ; mais je puis dire en toute ſureté, qu'on réuſſira encore mieux ſi les platines de ces guéridons ſont de métal.

On peut conclure de tout ceci que les attractions & répulſions par leſquelles on juge communément ſi le corps électrique a plus ou moins de vertu, peuvent devenir plus ou moins vives, non-ſeulement par la nature, mais auſſi par la diſpoſition actuelle, & même par certaines dimenſions des ſupports ſur leſquels on poſe les corps légers qu'on veut attirer ; d'où il ſuit qu'on doit avoir beaucoup d'égard à ces circonſtances, puiſqu'elles peuvent être occaſion d'erreur, pour quiconque négligeroit d'y faire attention.

Je dois ſuppoſer qu'un obſervateur qui veut comparer enſemble deux corps électriques, pour ſçavoir celui des deux qui l'eſt davantage, préſente à l'un & à l'autre des corps légers de la même eſpéce, & à peu près du même poids ; car par rapport à la premiere de ces deux précau-

II.
D I S C.

Conſéquences à tirer de ces obſervations.

tions, perfonne, je crois, n'ignore à préfent qu'il y a des matiéres plus fufceptibles les unes que les autres d'être attirées ou repouffées, & que la même barre de fer électrifée, fans que fa vertu augmente ou diminue, enlevera mieux une feuille d'or, par exemple, qu'un fragment de papier qui auroit le même poids; mieux encore un ruban mouillé, que le même ruban fec. Mais ce qu'on pourroit négliger comme chofe indifférente, & qui ne l'eft cependant pas, c'eft que les corps légers qu'on préfente pour être attirés & repouffés, doivent être & d'une grandeur & d'une figure conftante, pendant tout le tems que l'on compare leurs mouvemens; car on fe fouviendra qu'une feuille d'or ou d'argent d'un certain volume, vient plus lentement au tube qu'une autre feuille plus petite du même métal, & que cette feuille un peu chiffonée & ramaffée en paquet, a des mouvemens moins vifs auffi que quand elle eft dévelopée, & libre de fe préfenter de champ. Cette lenteur ne vient pas, comme on le pourroit croire, de ce que la feuille attirée n'a pas aſſez de légereté ; j'en ſuis certain, parce qu'au lieu d'attirer cette feuille de bas en haut je l'ai ſuſpendue à un fil pour la déterminer à ſe mouvoir dans une direction à peu près horizontale, & j'ai toujours vû le même effet, à peu de différence près.

Ne croiroit-on pas qu'il ſuffit pour ne ſe pas tromper, de ne préſenter que des corps de même matiére & de même meſure ? Cela pourroit être en effet ſi ces petits corps ne commençoient pas à s'électriſer eux-mêmes, dès qu'on les préſente au corps électrique dont il s'agit d'éprouver la vertu, ou s'ils s'électriſoient tous & toujours également. Car en s'électriſant, quand ils feront d'un certain volume, ils deviendront moins attirables, & ils le feront d'autant moins qu'ils feront plus électriſés ; cela pourroit aller même juſqu'à leur faire éprouver une répulſion bien marquée. Or il eſt également vrai que tous les corps s'électriſent par communication, avant même que de toucher au corps électriſé, & que les uns s'électriſent par cette voye,

La grandeur & la figure des petits corps qu'on préſente, varient à cauſe de l'atmoſphère inviſible qu'ils reçoivent en s'électriſant.

bien plutôt, & bien plus fortement que les autres. D'où il suit nécessairement que de deux corps également électriques, celui-là fera paroître extérieurement plus de vertu, qui exercera son action sur des corps moins susceptibles de s'électriser par communication; & au contraire: c'est une conséquence qui a été apperçue par M. du Tour, & qu'il a pleinement confirmée par une suite d'expériences qu'on a fait imprimer (*a*) il me suffira d'en citer une qui me paroît décisive.

VIII. EXPERIENCE.

Que l'on suspende avec deux fils de même longueur, une feuille de faux or, qui ait deux pouces de largeur ou environ, & à 5 ou 6 pouces de distance sur la même ligne un disque de cire extrêmement mince, & de la même grandeur que la feuille de

(*a*) L'Académie des Sciences a fait imprimer un premier Volume du Recueil des Mémoires qu'elle a reçûs de ses Correspondans. Les Expériences de M. du Tour se trouvent dans ce premier volume.

métal : qu'on préfente enfuite vis-à-
vis de ces deux corps, & parallelement à la ligne dans laquelle ils font,
un tube de verre bien électrifé, on
verra prefque toujours la feuille de
faux or, ne faire vers le tube qu'un
très-petit mouvement, tandis que
la cire au contraire, paroît conftamment attirée, & d'une maniere très-
fenfible.

M. du Tour attribue cette différence à la facilité avec laquelle on
fçait que l'Electricité fe communique
au métal, & au peu de difpofition
que l'on trouve dans la cire à s'électrifer par la même voye. Cette conjecture eft bien fondée, car en éprouvant ces deux corps auffi-tôt après
l'expérience que je viens de rapporter, on obferve que la feuille de
métal eft électrique, & que la cire
ne l'eft pas.

Mais pourquoi la feuille de métal,
en s'électrifant, devient-elle moins
attirable que le difque de cire qui ne
s'électrife pas? Je crois qu'en voici
la raifon : c'eft que l'électricité augmente en quelque façon le volume
de la feuille d'or; les émanations

invifibles, mais bien réelles qui forment fon atmofphère, la mettent plus en prife aux rayons effluens qui viennent du tube, & cette augmentation de grandeur qui rend une très-petite feuille plus fufceptible d'être attirée, fait tout le contraire à l'égard d'une plus grande, par des raifons que j'ai expofées ailleurs. (a)

Difficultés propofées par M. Allaman.

M. Allaman dans fa Lettre à M. Folkes, (b) ne paroît point d'accord avec les autres Phyficiens fur la difficulté d'attirer des corps d'un grand volume : « J'attire, dit-il, avec mon » tube, une boule de duvet qui a » environ 3 pouces de diametre, ou » une feuille d'or battu, de 4 pouces quarrés, qui s'approche du tu- » be, en lui préfentant fa furface » plane, *& non de côté.*

Réponfes aux difficultés de M. Allaman.

A cette difficulté, je réponds premierement, qu'une boule de duvet, qui n'eft point de nature à s'électrifer auffi fortement que du métal, quoiqu'elle ait 3 pouces de diamétre, peut fort bien avoir moins de volu-

(a) Effai fur l'Electricité p. 48. & fuiv.
(b) Bibliot. Britann. Janv. Fevr. Mars 1746 p. 411.

me, qu'une feuille d'or, moins grande par elle-même, mais entourée
d'une atmosphère électrique. Secondement, quant à la feuille de 4 pouces quarrés, M. Allaman ne dit pas
avec quelle vîteſſe elle s'approche
du tube, ni ſi elle s'en approche juſqu'à le toucher : je ſoutiens ſeulement qu'elle eſt toujours attirée plus
difficilement qu'une plus petite,
qu'elle arrive rarement juſqu'au tube, & qu'aſſez ſouvent elle eſt repouſſée plutôt qu'attirée. Troiſiéme-
ment, enfin s'il arrive par hazard que
cette feuille préſente ſa ſurface plane
au tube, il eſt bien certain que c'eſt
un cas rare, ſur lequel on ne doit
pas établir une loi générale, & qui
s'explique aſſez bien, quand on fait
attention que les émanations d'un
corps électrique, ne s'élancent pas
toujours avec la même force de tous
les points de ſa ſurface, & qu'il peut
arriver qu'une feuille d'or pouſſée
vers le tube, trouve en certains endroits moins de réſiſtance, qu'il n'y
en a le plus communément.

Puiſque l'électricité ajoute au volume de certains corps, & qu'elle

II.
Disc.
Ce qui suit
de ces dernie-
res considéra-
tions.

les rend par-là susceptibles d'être
plus ou moins vivement attirés &
repoussés, il faudra donc, lorsqu'on
éprouvera la vertu électrique d'un
corps, par ces mouvemens, ou
qu'on voudra la comparer avec celle
d'un autre corps, il faudra, dis-je,
lui présenter des matiéres d'un même
genre, & de même volume, & bien
prendre garde qu'il n'y reste aucune
électricité communiquée dans la premiere épreuve, avant que de les
appliquer à une seconde.

On risque-
roit beaucoup
de se tromper,
si l'on ne con-
sultoit que les
attractions &
répulsions.

Par ces précautions, & par toutes
celles dont j'ai fait connoître la nécessité ci-dessus, il est aisé de voir
combien on risque de se tromper,
quand il s'agit de juger par les seules
attractions & répulsions, si l'électricité est plus ou moins grande dans un
corps, ou dans un tems, que dans
un autre. Examinons maintenant si
les autres signes sont moins capables de nous induire en erreur.

Examen des
émanations
sensibles con-
sidérées com-
me signes d'é-
lectricité.

On sçait par les expériences rapportées au commencement de ce
discours que les émanations qui se
font sentir à quelque distance du
corps électrifé, & qui portent avec

elles une odeur d'ail ou de fer diſſous par l'eau forte, viennent pareille-ment des corps ſolides qui ne ſont point électriſés, ou qu'on regarde communément comme ne l'étant pas, mais qui avoiſinent ceux qui le ſont; ce qui pourroit faire prendre les uns pour les autres, ſi l'on igno-roit le fait, & qu'on ne vît pas de quel côté la perſonne qui opére, fait naître l'électricité : mais comme on ſçait ordinairement par les moyens qui ſont employés, quels ſont les corps ſur leſquels on agit immédiatement, on pourra toujours dire infailliblement qu'ils ſont élec-triſés, ſi l'on ſent autour d'eux ces émanations dont il s'agit.

Par ces mêmes écoulemens, on ne pourroit pas juger avec autant de certitude, qu'un corps eſt plus élec-trique qu'un autre, & que le même l'eſt dans un certain tems plus qu'il ne l'a été précédemment, ſans avoir égard à quelques circonſtances dont je vais parler.

Ceux qui ſont dans l'habitude d'électriſer, doivent s'être apperçu, comme moi, que les écoulemens

II.
D ɪ s ᴄ.

Les émana-
tions quivien-
nent d'un
corps électri-

sé par frotte-
ment, se font
communé-
ment plussen-
tir, que celles
qui s'élancent
d'un corps
électrisé par
communica-
tion.

dont il est ici question, sont pour l'ordinaire beaucoup plus forts & plus étendus de la part d'un corps électrisé par frottement, qu'ils ne le sont par une électricité communiquée ; je ne parle ici que de cette étendue sensible, par attouchement, ou par odeur ; (car je n'examine point à présent si l'action de cette matiére sur les autres corps, s'étend plus loin, lorsqu'elle est animée par le frottement, que quand elle n'a qu'un mouvement communiqué : si une barre de fer, par exemple, électrisée par communication, & un globe de verre de qui elle tient sa vertu, attire à des distances égales ou inégales.) Pour sentir la vérité de cette observation, qu'on se souvienne que le globe de verre médiocrement frotté dans un tems convenable, lance au visage des particules de matiére & une odeur qui se font sentir à plus d'un pied de distance, & qu'un homme qui s'électrise en même-tems par ce globe, ne produit pas communément le même effet. Qu'on se rappelle encore qu'un tube de verre, sur lequel

on

t on a fait paſſer la main deux ou trois fois, fait preſque toujours ſentir ſon électricité au viſage par une impreſſion qu'on a comparée à celle d'une toile d'araignée, & il eſt bien rare, comme l'on ſçait, que l'électricité communiquée par un tube, s'annonce de la même maniere.

Cependant à en juger par les autres ſignes, il n'eſt pas douteux qu'un corps animé ou une barre de métal, ne ſoit communément plus électrique que le verre même qui les a électriſés. Se ſert-on des étincelles qui naiſſent à la ſurface du tube ou du globe, pour enflammer l'eſprit de vin ? les piquûres qu'on y reſſent, les aigrettes qu'on y apperçoit, reſſemblent-elles pour la force & pour la grandeur, à celles qu'on voit éclater au bout du doigt d'un homme, ou à la pointe d'une épée qu'on électriſe ?

Les émanations électriques qui ſe font ſentir par leur choc contre la peau, ou par leur odeur, & qui ſont aſſûrément des ſignes d'électricité bien certains, ne peuvent donc ſervir à déterminer ſon dégré de force,

II.
DISC.

Cependant l'électricité d'un corps frotté n'eſt pas ordinairement ſi forte, que la même vertu communiquée.

Ce qui ſuit de cette obſervation.

M

ſi les corps électriſés que l'on compare, ont acquis leur vertu par différens moyens, puiſque ces effets, comme on vient de le voir, ſont communément plus ou moins ſenſibles, ſelon la maniere dont un corps a acquis ſon électricité ?

Mais quand même il s'agiroit de juger par ces attouchemens de matiére inviſible, ſi le même corps électriſé de la même maniere, a reçu plus ou moins de vertu, il y auroit encore quelque attention à avoir pour ne pas ſe tromper : il m'eſt arrivé ſouvent de croire ſur ces apparences, qu'un tube avec lequel j'opérois, étoit devenu plus électrique, qu'il ne l'avoit été quelquetems avant, & cependant les autres effets ne me portoient pas à faire le même jugement ; il n'en attiroit pas plus vivement les corps légers, ſes pétillemens n'éclatoient pas davantage, & il ne communiquoit pas ſa vertu d'une maniere plus marquée ; j'ai reconnu depuis ce qui m'en impoſoit : quand une abondante tranſpiration m'a rendu le viſage tout humide, je ſens plus fortement les

émanations du tube, & cela peut arriver, fans que ces émanations foient
plus fortes par elles-mêmes, mais
parce qu'elles trouvent plus de point
d'appui fur la peau, quand des parties
humides en rempliffent les pores,
ou bien peut-être parce que la peau
alors eft attendrie, & plus fufceptible des impreffions qui s'y font.

Je foupçonne encore une autre raifon pour laquelle la peau devenue humide éprouveroit plus de picotement
en s'approchant d'un tube électrifé,
que lorfqu'elle eft dans fon état naturel; nous fçavons par l'expérience,
que de tous les corps, & fur-tout de
ceux qui font animés, il émane en
pareil cas un fluide fubtil, que j'ai
nommé *matiére affluente*, eû égard au
corps électrifé. Cette matiére ne fe
fait pas fentir ordinairement, quand
elle fort de la peau qui n'eft point
humide; mais elle pourroit bien
avoir un effet tout différent, lorfqu'elle trouve en fon paffage des
parcelles d'un liquide vifqueux,
dont il lui faut vaincre l'adhérence,
& qu'elle n'enléve qu'avec violence.
Si mon foupçon eft bien fondé, une

perfonne qui eft en fueur, reffent au vifage non - feulement les émanations du tube électrique plus fortement que d'ordinaire, par les raifons que j'ai rapportées, mais encore celles qui s'élancent de fa peau, & qui en arrachent, pour ainfi dire, l'humidité.

La matiére électrique en fortant des corps enléve réellement ce qu'elle trouve à la furface.

Je fçais d'ailleurs que la matiére électrique qui fort des corps folides, enléve réellement tout ce qu'elle trouve à leur furface, & fpécialement les liquides dont on les a mouillés.

IX. EXPERIENCE.

Preuve de cette vérité.

J'ai électrifé avec le globe de verre, une verge de fer de quelques lignes d'épaiffeur, & longue d'environ trois pieds, que j'avois légérement mouillée avec de l'eau, d'autres fois avec de l'efprit de vin : en paffant la main à 3 ou 4 pouces de diftance, *Fig.* 3. je fentois tout autour de ce métal électrifé un petit vent frais, qui ne pouvoit être autre chofe que la matiére effluente qui me touchoit plus fenfiblement, qu'elle n'a

coutume de le faire, parce qu'elle
étoit, pour ainſi dire, armée des parties
du liquide qu'elle avoit détachées &
enlevées de la ſurface du fer.

Je ne prétends avancer qu'une
conjecture, quand je dis que les
émanations électriques peuvent ſe
faire ſentir, lorſqu'elles enlevent la
ſueur de la peau; mais c'eſt un fait
dont je ſuis bien certain, qu'elles
emportent réellement les liquides
qu'elles rencontrent à la ſurface, &
même dans les pores des corps d'où
elles ſortent. Pour prouver cette
propoſition d'une maniere complé-
te, à l'expérience de la verge de fer
mouillé, que je viens de citer, je
joindrai celle qui ſuit.

X. EXPERIENCE.

J'obſervois depuis long-tems
qu'en frottant des globes de verre
pour les électriſer, il s'attachoit à leur
ſurface, une grande quantité de petites taches brunes. Je crus d'abord
que c'étoit des ſaletés qui venoient
de mes mains, de mes habits, ou des
autres corps qui avoiſinoient le ver-

II.
D I S C.

Autre fait
très-remar-
quable, qui
confirme la
même vérité.

re électrisé : mais ayant ramassé de cette matiére qui ressemble assez à de la cire, par sa consistance, & l'ayant fait brûler sur un charbon, je trouvai qu'elle avoit l'odeur de poil grillé ; & dès lors je commençai à la considérer comme une substance animale : mais j'étois encore incertain si elle venoit de mon propre corps ou de mes habits. Je me deshabillai donc autant qu'il le fallut, pour décider la question ; & après avoir pris les précautions nécessaires, pour n'avoir rien à attribuer aux autres corps voisins, je frottai le globe, jusqu'à ce qu'étant encore abondamment couvert des mêmes taches, il me fit voir clairement que cette matiére étoit une transpiration forcée, que la matiére électrique affluente au globe, avoit apportée de mon propre corps. (*a*)

Nous devons donc nous défier encore des émanations électri-

(*a*) J'ai déja rapporté ce fait, *Mémoire de l'Académie des Sciences p.* 118. & j'aurai occasion d'en parler encore dans le cinquiéme Discours, où il s'agit des effets de la **vertu** électrique sur les corps organisés.

ques, lorfqu'ils s'agit de juger par leur attouchement, fi le corps d'où elles partent, a plus ou moins de vertu qu'un autre ; car on a dû voir par les expériences que je viens de citer, que fi la furface de ce corps n'eft pas féche & bien effuyée, ou que ce foit un corps organifé, capable de tranfpiration, les écoulemens de la matiére électrique, en peuvent devenir plus fenfibles au toucher; fans que pour cela on foit en droit de conclure que l'électricité de ce corps foit plus forte.

Je paffe maintenant aux aigrettes enflammées, & aux étincelles piquantes, qui font les marques les plus connues & les plus fûres d'une forte électricité, & fur lefquelles cependant j'aurai encore quelques obfervations à faire.

Quant aux aigrettes, on peut dire en général, que les plus grandes, les plus lumineufes, celles qui répandent le plus d'odeur, & qui bruiffent davantage, toutes chofes égales d'ailleurs, font auffi celles qui annoncent une plus forte électricité : mais voici deux faits bien conftatés, & qui tirent à conféquen-ce contre cette regle.

1°. Un corps qu'on électrise, & aux extrémités duquel on n'apper-çoit encore aucune lumiere fponta-née, commence affez fouvent à lan-cer de ces aigrettes lumineufes, fans qu'on l'électrife plus fortement ; mais feulement lorfqu'on en appro-che la main, un morceau de métal, & généralement toute fubftance ca-pable de fournir beaucoup de ma-tiére électrique affluente. Quand ces aigrettes paroiffent d'elles-mêmes, & fans être excitées, comme je viens de le dire, la préfence & la proxi-mité des mêmes corps, qui les al-lument, quand elles ne le font pas, ne manquent pas, quand elles le font, d'en rendre la lumiere plus vive, & les rayons plus allongés : c'eft mê-me un moyen dont je me fers avec fuccès depuis long-tems, & que j'ai déja indiqué pour ranimer, * aux yeux des fpectateurs l'Electricité qui paroît foible & languiffante.

2°. Tel dégré d'électricité, ou pour parler plus exactement, tel globe frotté, avec lequel on fait pa-

roître

roître dès les premiers inſtans de belles aigrettes., au bout d'une ver- ge de fer de quelques lignes d'épaiſ- ſeur, n'en fait paroître aucune, ou ne les produit qu'avec peine, & après un tems aſſez conſidérable, au bout d'une barre plus longue & plus groſ- ſe, quoique les autres ſignes an- noncent une électricité qui n'eſt nullement inférieure à celle de la petite verge, ou qui eſt même ſen- ſiblement plus forte.

Le premier de ces deux faits eſt .aſſez connu ; voici des preuves du ſecond.

XI. EXPERIENCE.

Immédiatement après avoir éle- ctriſé une tringle de lit, qui avoit environ 6 pieds de longueur, & 5 lignes & demi de diametre, au bout de laquelle il parut d'abord une ou pluſieurs belles aigrettes de matiere enflammée, j'eſſayai de produire le même effet avec une barre de fer quarrée, qui avoit la même lon- gueur, & qui peſoit 59 livres, les aigrettes ne parurent qu'après un

Preuves ou confirmation du ſecond fait.

N

tems beaucoup plus long ; elles étoient affez brillantes, elles bruiffoient & répandoient beaucoup d'odeur ; mais elles étoient courtes, les rayons en étoient moins diftincts, & elles s'éteignoient de tems en tems. Cependant les étincelles qu'on excitoit avec le doigt aux angles & dans toute la longueur de cette barre, étoient plus piquantes, & faifoient plus de bruit que celles de la tringle, & le trait de feu qu'elles formoient en éclatant, étoit auffi plus long & plus gros.

XII. EXPERIENCE.

J'électrifai auffi un tuyau de fer blanc, qui avoit environ 5 pieds de longueur, & 2 pouces $\frac{1}{2}$ de diametre, on vit d'abord des aigrettes lumineufes à fon extrémité la plus éloignée du globe, qui étoit ouverte : je ne fis autre chofe que la boucher avec un cylindre de fer, long de 2 ou 3 pouces, & l'on continua d'électrifer près de trois minutes, fans qu'il reparût aucune aigrette. Néanmoins les étincelles,

ſi elles n'étoient pas plus fortes qu'auparavant, étoient certainement auſſi
groſſes, & faiſoient des piquûres auſſi
douloureuſes.

Ces expériences & pluſieurs autres
que je rapporterai ailleurs, me feront
conclure, ſelon toute apparence, qu'une moindre maſſe s'électriſe plus
facilement, mais qu'une plus grande
eſt capable d'acquérir plus de vertu :
ce qui ſervira ſans doute à éclaircir,
& peut-être à terminer une queſtion
dans laquelle je me ſuis trouvé engagé, ſans y avoir penſé ; ſçavoir,
ſi l'électricité ſe communique en raiſon des maſſes, ou plutôt en raiſon des ſurfaces. A préſent, pour
ne me point écarter du ſujet que je
me ſuis propoſé de traiter dans ce
diſcours, je bornerai mes reflexions
aux conſéquences qu'on peut tirer
des deux faits que je viens de prouver.

Le premier nous conduit naturellement à penſer que les aigrettes
lumineuſes qu'on voit briller aux
parties les plus ſaillantes d'un corps
électriſé, ne doivent pas toujours la
vivacité de leur feu à la ſeule vertu
électrique qui en eſt la cauſe premie

N ij

re , puifque le voifinage de certains corps , peut les exciter quand elles font éteintes , & les animer quand elles font foibles ou qu'elles languiffent. Un Obfervateur qui examine de près ces effets , doit donc penfer qu'il contribue par fa préfence à les augmenter , & qu'il rifque de fe-tromper fur l'intenfité de leur caufe , s'il néglige d'avoir égard à cette cir-conftance qui influe plus ou moins, felon la proximité , le nombre & la qualité des corps environnans.

Objection. On dira , peut-être , que ces corps voifins n'augmentent les effets qu'en augmentant la caufe ; c'eft-à-dire que dans le cas dont il s'agit , les aigrettes ne deviennent plus vives , que parce que le pouvoir électrique devient plus fort dans un fujet envi-ronné de certains corps.

Cette raifon a de la vrai-femblan-ce , & je ne voudrois pas la nier ab-*Réponfe.* folument , mais j'en apperçois une autre , qui eft felon moi , plus pro-bable , & qui n'exige pas comme elle que j'admette une augmentation de vertu dans le corps électrifé.

Dans la perfuafion où je fuis que les

inflammations électriques naissent du
choc de deux courans de matiere qui
vont en sens contraires, & instruit par
l'expérience même que les corps environnans dont nous parlons ici,
fourniffent une matiere affluente plus
forte que celle qui se porte de l'air
au sujet électrifé ; je penfe que leur
préfence augmente le feu & la lumiere des aigrettes, fans rien changer à l'état du corps électrifé ; car je
vois que par cette feule caufe, le
choc doit être plus grand, puifque la
vîteffe refpective augmente entre les
deux matieres effluente & affluente ;
or, je fçais que la vîteffe abfolue de
celle-ci eft augmentée, ce qui fuffit
pour l'effet dont il s'agit ; & je ne vois
ni néceffité ni raifon pour croire que
l'autre coule avec plus de force.

Il fuit du fecond fait que la grandeur des aigrettes lumineufes, & leur
promptitude à paroître, n'eft pas
toujours proportionnée au degré d'é-
lectricité du corps d'où elles partent ;
puifque de deux corps de la même
efpèce, électrifés avec le même globe & dans les mêmes circonftances,
l'un brille d'abord de ces rayons en-

N iij

H.
DISC.

flammés, tandis que l'autre n'en fait voir aucuns, ou ne les fait voir que plus tard & moins vifs.

Objection. On pourroit dire que l'électricité ne commence peut-être à être égale dans les deux corps dont on fait la comparaison, que quand les aigrettes se rendent également visibles & brillantes de part & d'autre, & que cet effet annonçant toujours une cause proportionnelle à lui-même, ne signifie rien autre chose par sa lenteur à paroître, sinon que l'un des deux corps est plus long-tems à recevoir un certain degré d'électricité.

Réponse. Mais j'ai prévenu cette objection en disant que ma grosse barre de fer, avant que d'avoir des aigrettes lumineuses, ou lorsqu'elle n'en avoit que de médiocres, & qui brilloient comme je l'ai dit par intermittance, paroissoit d'ailleurs autant & même plus électrique que la petite verge avec laquelle je la comparois : ses étincelles étoient très-fortes ; elle attiroit & repoussoit vivement & de fort loin, elle répandoit une odeur très sensible, &c.

Ce que je viens de dire des aigrettes enflammées par le choc de la matiere électrique affluente au corps
électrisé, & agrandies par les rayons
de cette même matiere, surtout lorfqu'elle vient de certains corps, me
laisse peu de chose à ajouter touchant
les étincelles qu'on voit éclater entre le corps électrisé, & celui qu'on
regarde comme ne l'étant pas. On
sçait maintenant, & je ne m'arrêterai
pas à le prouver davantage, que ces
étincelles ne font autre chose que
les aigrettes mêmes dont les rayons
naturellement divergens, cessent de
l'être, & sortent paralleles, pour ne
former qu'un seul trait, qui, par-là
devient incomparablement plus fort,
& par conséquent capable d'une plus
grande inflammation & d'une explosion plus violente. S'il est vrai, comme il le paroît par des expériences
mille fois répétées, que le voisinage
de certains corps, anime & fortifie
ces aigrettes, on peut croire que ces
mêmes corps lorsqu'ils feront assez
près pour convertir les aigrettes en
étincelles, augmenteront celles-ci
de même, & les feront éclater avec

N iiij

II.
Disc.
Examen des
étincelles
considérées
comme signes
d'électricité.

De quoi &
comment se
forment les é-
tincelles éle-
ctriques.

d'autant plus de force, qu'ils auront animé davantage les rayons enflammés & réunis qui les composent.

Cette conséquence qui se présente d'elle-même, est aussi parfaitement d'accord avec l'expérience. Pour s'en convaincre, il suffit de considérer que les étincelles électriques n'éclatent jamais davantage que quand on les excite avec le doigt ou avec du métal, qu'elles ont beaucoup moins d'éclat & de force quand on se sert pour les faire paroître, d'un morceau de bois, de soufre, de cire d'Espagne; matieres, comme on sçait, plus propres à éteindre les aigrettes, qu'à les rendre plus grandes ou plus vives. Pour sentir combien certaines substances sont moins propres que d'autres à exciter les étincelles d'un corps électrisé, qu'on se souvienne seulement de ce qui a coutume d'arriver aux personnes électrisées qui essayent pour la premiere fois d'allumer l'esprit de vin ou quelqu'autre liqueur inflammable. Si elles trempent le bout du doigt dans la cuilliere, elles ont peine ensuite à réussir, à moins qu'elles

ne préfentent un autre doigt, ou
qu'elles n'ayent effuyé celui qui a
été mouillé par la liqueur.

Si l'on veut donc juger du plus ou
du moins d'électricité d'un corps
comparé avec lui-même, ou de plufieurs comparés entre eux, en prenant pour régle la grandeur ou l'éclat
des étincelles qu'on fait paroître à la
furface, on doit avoir attention d'exciter ces feux toujours avec les mêmes corps : car après ce que je viens
d'expofer, il eft aifé de voir que fans
cette condition, deux corps également électriques pourroient donner
des étincelles fenfiblement inégales ;
je ne voudrois pas même m'en rapporter uniquement aux étincelles qui
feroient excitées par deux perfonnes
différentes ; quoique chacune d'elles
fe fervît de fon doigt pour faire étinceller le corps électrifé. Il eft certain
que tout le monde n'eft pas également propre à ces fortes d'épreuves ;
tel en approchant le doigt au corps
qu'on électrife, fait voir une belle
aigrette de matiere enflammée, lorfqu'il eft encore à deux ou trois pouces de diftance, tandis qu'un autre

L'éclat &
la grandeur
des étincelles,
ne prouve pas
toujours une
plus grande
vertu de la
part du corps
électrisé.

dans les mêmes circonſtances n'opere
rien de ſemblable, ou ne montre
tout au plus qu'une petite lueur ad-
hérente ; le premier, ſi vous l'obſer-
vez attentivement, tirera des étincelles plus fortes que le dernier.

- Cependant je ne parle encore que
de ce qui frappe les yeux & les oreil-
les ; je veux dire la longueur & la
groſſeur du trait enflammé qui précéde l'exploſion, l'éclat de ſa lumiere, & le bruit qui l'accompagne.

La douleur
qu'elles font
ſentir, eſt un
ſigne encore
moins cer-
tain.

A combien d'erreurs ne s'expoſe-
roit-on pas, ſi l'on vouloit régler ſes
jugemens ſur la douleur ſeule que
ces étincelles font ſentir ? J'oſe dire,
que de tous les ſignes d'électricité
dont j'ai parlé juſqu'ici, ce ſentiment eſt le plus équivoque ; il dépend viſiblement de la ſenſibilité du
ſujet qui l'éprouve, & cette ſenſibilité varie autant que les tempera-
mens ; il dépend encore de l'endroit
où tombe la piquûre, & l'on n'eſt
jamais ſûr d'avoir préſenté le même.
Si nous voulions douter de ce que
nous offre ici le raiſonnement le plus
ſimple, l'expérience acheveroit de
nous convaincre. Ne ſçait-on pas que

de plufieurs perfonnes qui font ainfi
étinceler le corps électrifé, les unes
n'en font que légerement affectées, &
recommencent ces épreuves fans répugnance ; tandis que d'autres fe plaignent d'une douleur exceffive & d'un
long reffentiment qui les en dégoute
pour toujours ? Ne fçait-on pas que
les piquûres reçues par le même homme & du même corps électrique, le
plus fouvent ne paffent pas la peau,
& que d'autres fois elles portent une
impreffion douloureufe, très - avant
dans le bras ? Toutes ces différences
viennent-elles d'un dégré d'électricité qui varie ? On auroit tort de le
croire : il eft plus naturel de penfer
que les étincelles électriques ne fe
font pas également fentir à tout le
monde, & que fur un feul & même
fujet, elles ont des effets qui diffe-
rent felon la nature ou la délicateffe
des parties qu'elles attaquent.

Par l'examen que je viens de faire
des principaux phénoménes par lefquels l'électricité fe manifeft, il paroît qu'il n'en eft aucun, qui féparément des autres, ne puiffe nous tromper, lorfqu'il s'agit de fçavoir parmi

II.
Disc.

Excès à éviter.

plusieurs corps électrisés, celui qui l'est le plus, ou si le même a plus ou moins de vertu dans un certain tems que dans un autre. Cependant ce seroit prendre un parti outré, que de regarder comme absolument incertains, tous les jugemens que l'on porteroit en pareil cas : il est possible d'éviter l'erreur en usant de circonspection & en suivant quelques régles qui se présentent pour ainsi-dire d'elles-mêmes.

Première régle qu'il faut suivre pour ne se pas tromper.

La premiere & la principale consiste à ne jamais décider de quel côté est la plus forte électricité, que l'on ne soit sûr d'avoir mis les circonstances bien égales de part & d'autre : je crois avoir exposé les plus essentielles & les plus capables d'influer sur les effets.

Seconde régle.

La seconde régle que je propose, c'est de ne s'en rapporter qu'à des signes bien marqués, à des effets constans que l'on soit sûr de retrouver toutes les fois qu'on opérera dans des circonstances connues. Car si l'électricité en général, consiste, comme on n'en peut plus douter, dans certains mouvemens d'un fluide , qui s'élance d'un corps à l'autre, on conçoit aifément que ces jets ou courans de matiere peuvent avoir quelques irrégularités , dont les caufes nous échapent, d'où il peut arriver des effets fenfibles , mais auffi peu conftans que l'efpèce de hazard qui les fait naître.

Enfin , j'établis pour troifiéme régle de confulter avant que de former aucun jugement, tous les fignes qui peuvent faire connoître l'électricité des corps qu'on examine, & de ne s'en pas tenir à un feul, ni à deux, s'il eft poffible d'en avoir un plus grand nombre ; car fi nous nous permettons de choifir entre plufieurs , il eft à craindre que l'amour propre ne nous faffe donner la préférence à celui qui favorife le plus notre opinion, ou qui s'oppofe d'avantage à celle que nous avons intérêt de combattre.

Dans bien des occafions je me fuis fervi pour connoître les progrès de l'électricité d'un moyen affez fimple, & qui mériteroit le titre *d'électrometre*, s'il étoit généralement applicable, & s'il pouvoit mefurer par des

II.
DISC.

Troifiéme régle.

Efpece d'électrometre , ou inftrument propre à mefurer la force de l'électricité , dans bien des occafions.

quantités bien connues, & dont on ne pût douter, les augmentations ou diminutions qu'il indique. M. du Fay après M. Gray, plaçoit fur une verge de fer fufpendue horizontalement un fil de lin dont les deux bouts pendoient parallelement entr'eux; il électrifoit le fer, & les deux bouts de fil qui s'électrifoient par communication, s'écartoient l'un de l'autre: enfuite il tiroit une étincelle de la verge de fer, ce qui faifoit ceffer fubitement toute électricité, & les deux bouts de fil retomboient l'un vers l'autre jufqu'au parallelifme.

Cette expérience qui ne fervoit alors qu'à faire voir la promptitude avec laquelle la vertu électrique s'anéantit dans tout un corps, quand on le fait étinceller, ou à prouver que deux corps électrifés fe fûient réciproquement, m'a paru propre à faire connoître jufqu'à un certain point, les diminutions ou les augmentations de l'électricité, à comparer celle de plufieurs corps, & à marquer fa durée.

En effet, tant que les deux bouts de fil font divergens entr'eux, il eft certain que le corps d'où ils pendent, est électrique, & l'angle qu'ils forment, en s'écartant l'un de l'autre, est une espece de compas qui marque plus ou moins d'électricité : c'est une chose curieuse de voir cette sorte d'instrument s'ouvrir & se fixer, chaque fois qu'on approche un tube de verre nouvellement frotté, de la chaîne ou de la barre de fer à laquelle il tient.

La difficulté est de sçavoir au juste la valeur de ces différentes ouvertures ; car il n'est pas possible de présenter au bout de ces fils aucune échelle ou régle graduée ; il ne faut pas même qu'aucun autre corps en approche à une certaine distance ; puisqu'ils sont électrisés, ils ne manqueroient pas de se porter à tout ce qui ne le seroit pas comme eux, & par conséquent de se déranger considérablement. J'évite ces inconvéniens en plaçant devant les deux bouts de fil à une distance suffisante, une planche percée d'un trou, vis-à-vis duquel je mets une bougie allumée, & en recevant l'ombre de ces fils sur un carton blanc que j'é-

leve verticalement & parallelement
au plan qu'ils terminent entr'eux :
la bougie & le carton étant bien fixés , je trace sur celui-ci une portion de cercle qui a pour rayons les
deux ombres des fils ; cet arc divisé
en dégrés , me sert à juger de leur
écartement réciproque.

Je ne suis pas le seul qui ait pensé
à estimer l'effort des émanations
électriques par le recul des corps d'où
elles s'élancent; ce moyen s'est pré-
senté à M. Waitz (*a*) quoique d'une
maniere différente , & je vois qu'il en
a voulu porter l'usage plus loin que
moi. Car persuadé que de tous les
corps qui avoisinent les corps électriques , il émane une matiere capable
d'impulsion , cet habile Physicien a
songé non-seulement à rendre sensible l'effort de ces émanations, & à représenter la longueur des jets par la
distance qu'ils entretiennent entre les
corps d'où ils sortent; mais il a encore prétendu qu'il pourroit sçavoir
par là quelle est la valeur absolue de
cet effort, en lui opposant un poids

(*a*) Traité de l'Electricité & de ses causes ,
§. 180. & suiv.

connu.

aconnu. Voici en peu de mots son expérience & les conféquences qu'il n tire.

XIII. EXPERIENCE.

On fufpend à deux fils de foye d'égales longueurs deux lames de métal femblables, longues de 6 pouces, pefant trois onces chacune, & pendant librement affez près l'une de l'autre, pour fe toucher ; on approche enfuite au-deffous & fort près de ces deux lames un tube de verre bien électrifé ; & dans l'inftant même, on voit ces deux corps s'écarter l'un de l'autre, en décrivant deux petits arcs de cercle qui ont pour rayons la longueur du pendule que chaque lame compofe avec fon. fil de fufpenfion, *Fig.* 4.

De cet effet Mr. Waitz conclut. 1°. que de ces deux lames, il fort une matiere, dont l'effluence forme deux courans oppofés entr'eux, & c'eft ce qu'il n'eft guéres poffible de lui contefter, furtout lorfque cette expérience vient à la fuite de plufieurs autres faits qui prouvent l'e-

Expérience de M. Waitz, employée comme électrometre.

O

xiftence de ces émanations. 2°. dit-
il, le dégré d'élévation de chaque
lame dans l'arc de cercle qu'elle dé-
crit, indique la force absolue de ces
courans de matiere invisible, dont
les effets opposés font écarter les
lames & leurs fils de la direction verticale où elles étoient en repos : car
étant donné le poids d'un corps fufpendu par un fil à un point fixe, on
fçait ce qu'il faut de force, pour le
foutenir dans tous les points de l'arc
qu'on lui fait parcourir en montant :
tel eft en fubftance le raifonnement
de M. Waitz.

Cette derniere conféquence quoiqu'ingénieufe, me paroît fouffrir de
grandes difficultés. Sans parler de la
différence qu'il y a entre une lame
de fix pouces fufpendue à un fil, &
un pendule fimple, tel qu'il faut le
fuppofer, pour procurer à l'opération dont il s'agit une fimplicité
fuffifante, il fera toujours néceffaire
d'avoir égard à la direction de cette
matiere effluente vers fon point d'appui, pour conclure la valeur abfolue de fon effort, par le poids qu'elle
foutient : or il me paroît bien diffi-

: cile de fçavoir au jufte la direction
: de ces jets de matiere invifible, par
rapport à la furface des corps d'où
ils s'élancent, & il y a tout lieu de
croire qu'elle eft affez irrégulière.
En général on peut dire qu'un *électrometre* tel qu'il devroit être, pour
mériter de porter ce nom, eft un
inftrument affez difficile à imaginer
pour le préfent, & qu'il eft peut-
être encore trop tôt d'y penfer. Il
faut mefurer, autant qu'on le peut;
c'eft un moyen de mettre de la clarté,
de l'ordre & de la précifion dans nos
connoiffances; mais il faut auffi avant
toutes chofes, que ce que l'on veut
mefurer, foit faififfable de tout
point, fans quoi la mefure ne fait
qu'embrouiller au lieu d'éclaircir :
je crois que l'électricité eft le fujet de
phyfique le plus propre à juftifier cette réflexion.

II.
D I s c.

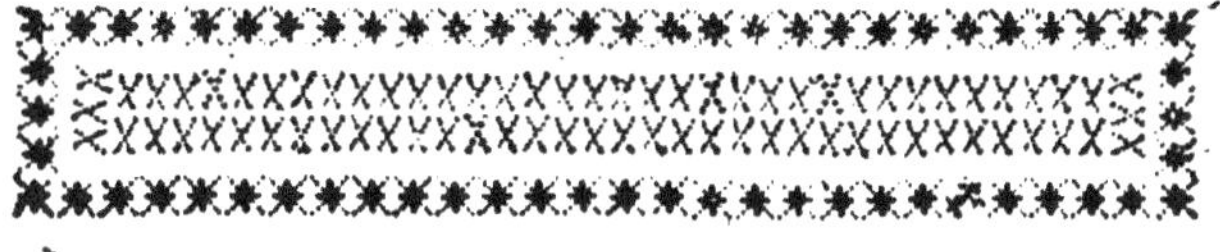

TROISIEME DISCOURS.

Des circonstances favorables ou nui-sibles à l'Electricité.

EN examinant dans le discours précédent les signes par lesquels on peut juger si les corps ont acquis plus ou moins d'électricité , j'ai fait mention de plusieurs circonstances qui peuvent rendre les phénoménes plus ou moins apparens, & occasionner des jugemens peu exacts, si l'on négligeoit d'y avoir égard : j'ai observé, par exemple , que les mouvemens d'attraction & de répulsion , deviennent plus vifs & plus étendus , lorsque les corps légers qu'on présente au corps électrifé , sont posés sur la main d'un homme, ou sur du métal ; que ces mêmes mouvemens sont toujours beaucoup plus foibles, & quelquefois nuls, si le support de ces petits corps qu'on veut enlever, est une

masse de soufre ou de résine ; que
les aigrettes lumineuses se raniment
par la présence & par le voisinage
de certains corps ; que les étincelles
éclatent davantage , lorsqu'on les
excite avec le doigt ou avec du
métal , que si l'on essaye de les faire
naître avec un morceau de verre ou
de cire d'Espagne , &c. Toutes ces
observations que j'ai rapportées ,
& dont j'ai marqué les conséquences, pour prévenir des erreurs, offrent aussi des moyens presque toujours sûrs d'augmenter ou d'affoiblir
à son gré la plûpart des phénoménes
électriques ; elles nous apprennent
des circonstances qui favorisent ou
qui retardent le succès des expériences ; & quiconque en est bien instruit , pourroit , ou par abus faire
paroître l'électricité plus forte ou
plus foible qu'elle n'est en effet ,
ou par des vûes plus raisonnables ,
en modérer l'action.

Mais il est encore d'autres circonstances dont je n'ai point parlé ,
qui influent d'une maniére plus générale sur les phénoménes électriques ,
ou qui ne s'introduisent pas d'elles-

mêmes, comme la plûpart des autres, dans les manipulations ordinaires : tels sont le froid, le chaud, l'humidité, la sécheresse, le dégré de densité, de raréfaction ou pureté de l'air dans lequel on opere ; l'action de la flamme, de la lumiere, de la fumée, des vapeurs ; la grandeur & la figure des corps qu'on électrise ; leur communication, avec ceux qu'on ne prétend pas électrifer : voilà principalement ce que je me propofe d'examiner dans ce difcours.

Avant que d'entrer en matiere, il eft à propos que je m'explique fur certaines diftinctions que j'ai crû devoir faire dans le cours de ces Recherches, & fans lefquelles l'expérience fouvent oppofée à elle-même, ne m'auroit permis de prendre aucun parti décidé.

Premierement je diftingue l'électricité déja excitée de celle qui ne l'eft pas encore, mais que l'on tâche de faire naître, en frottant ou autrement ; car tel obftacle qui retarde, ou telle circonftance qui accélere le moment où cette vertu doit paroître, aftez fouvent ne change rien à fon intenfité ou à fa durée, & réciproquement je fçais des cas où l'électricité s'affoiblit, ou s'éteint plus promptement, & d'autres où elle fe conferve plus longtems & avec plus de vigueur que de coutume, indépendamment du dégré de force qu'elle avoit en naiffant, ou de la facilité avec laquelle on l'a fait naître.

Secondement, je diftingue encore l'électricité une fois excitée dans un corps, de celle que l'on continue de lui faire prendre, ou de lui communiquer ; je confidere l'une comme un état limité, ou plutôt comme une quantité déterminée, fur laquelle une action favorable ou nuifible ne peut s'exercer, fans fe manifefter par quelque augmentation ou affoibliffement. L'autre au contraire fe répare continuellement, & peut fubfifter à peu près la même, quoiqu'elle fouffre des pertes réelles, ou fi elle eft favorifée par quelque caufe accidentelle, on aura peine à s'en appercevoir, parce que fes effets fe confondent avec ceux de la caufe principale, dont on ne fçait jamais

la jufte valeur. Si l'on juge indiftinctement, comme je vois que plufieurs
perfonnes l'ont fait, des corps électrifés par un globe de verre, qu'on
ne ceffe pas de frotter pendant toute
l'épreuve, & de ceux auxquels on
s'eft contenté de communiquer l'é-
lectricité, pour les foumettre enfuite
aux expériences, il me femble qu'on
rifque autant de fe tromper, qu'il
feroit poffible de l'être, fi, pour connoître les caufes qui peuvent faciliter
ou arrêter l'évaporation, quelqu'un
faifoit fes épreuves indifféremment
fur un certain efpace rempli d'eau
dormante, ou fur un pareil efpace,
qui feroit toujours également plein
d'une eau courante.

Troifiémement, quoique la plus
forte 'électricité, ainfi que la plus
foible, foit fujette aux mêmes caufes d'augmentation & d'affoibliffement, cependant comme ces caufes
fe font beaucoup plus fentir fur celle-ci, que fur la premiere, (ce
qui donne lieu à des remarques ou
à des affertions qui ne peuvent pas
être abfolument générales,) je les
diftinguerai l'une de l'autre, & j'ap-
pellerai

pellerai *électricité foible* ou *commune*, celle d'un tube de verre, par exemple, que l'on a frotté par un tems convenable, ou celle d'une sphère creuse de même matiére, que l'on a excitée médiocrement : je nommerai *électricité forte* celle qui naît par les moyens les plus puiſſans, & dans un concours de circonſtances favorables. Je ſens bien que ces définitions ne ſont pas propres à donner des idées précifes ; auſſi ne m'en ſervirai-je que pour établir des *à peu près*, & pour ne pas confondre ce qui arrive communément, avec des effets qu'on ne voit que rarement, & qui dépendent d'un dégré d'électricité, qu'on n'eſt pas maître d'obtenir quand on le veut.

Quatriémement , j'entends par électricité proprement dite , celle qui ſe manifeſte par des ſignes extérieurs, par ces phénoménes généraux, qui ne vont guéres l'un ſans l'autre, ſi ce n'eſt dans le cas d'une électricité trop foible : tels ſont les mouvemens d'attraction & de répulſion, l'attouchement & l'odeur des émanations électriques, les étin-

P

Quatriéme
diſtinction,

celles, les aigrettes lumineuses. Je reconnois sans aucune difficulté, que cette commotion qu'on ressent dans l'expérience de Leyde, part du même principe que tous les autres effets dont je viens de faire mention , & j'avoue que le corps dans lequel elle se passe, est véritablement affecté par la vertu électrique ; mais je ne conviens pas de même qu'on puisse légitimement confondre cette secousse singuliere & instantanée, avec les signes ordinaires, ni qu'il soit permis de dire sans aucune modification, qu'un corps s'électrise, quand il est ainsi frappé, ou que l'électricité parcourt tel ou tel espace, quand ce coup est porté à une certaine distance par des corps contigus.

Ce qui me porte principalement à penser ainsi, c'est que la commotion dont il s'agit, n'est accompagnée d'aucune marque extérieure, nulle attraction, nulle répulsion, nulle apparence de lumiere, après l'explosion de l'étincelle : tout se passe également pour un corps qui fait cette épreuve, sans être isolé, & pour celui qui est posé sur un gâ-

teau de réfine, condition d'ailleurs
fi néceffaire , pour communiquer
efficacement l'électricité à la plûpart
des corps. En un mot, dans ce cas
fingulier, je veux dire dans l'expérience de Leyde, je ne vois rien qui
differe effentiellement de ce qui a
coutume d'arriver , lorfqu'on tire
une étincelle d'un corps fortement
électrifé. Le procédé particulier qui
caractérife cette expérience , eft
fans doute ce qui procure prefque
toujours un effet confidérable , mais
on peut en avoir un prefque femblable, ou qui ne differe que par le
dégré de force, en opérant de la maniere la plus fimple & la plus ordinaire : en excitant avec le bout de mon
doigt, ou avec celui d'une verge de
fer, que je tenois à la main, des
étincelles d'une longue & groffe barre de fer, que j'avois fortement électrifée, j'ai été frappé plufieurs fois
jufques dans les entrailles ; & le Pere
Gordon, avant que d'avoir entendu parler de ce qui s'étoit paffé à
Leyde, avoit reçû, en approchant
le doigt d'une longue chaîne de fer
électrifée, des fecouffes internes qui

l’avoient affecté depuis la tête jufqu’aux pieds, & dont il avoit porté les effets, jufqu’à tuer des oifeaux.

Or, je demande fi jufqu’à préfent l’on a crû électrifer les corps dont on s’eft fervi pour faire étinceller un autre corps électrifé? S’exprimeroit-on avec exactitude, fi l’on difoit, qu’on électrife une épée, lorfque la tenant par la poignée, on porte la pointe vers un corps électrifé, pour en tirer une étincelle, quoiqu’affez fouvent l’on en reffente le contre-coup dans la main ou dans le bras? Ne faudroit-il pas au moins dire en quel fens on entend cette électricité, qui differe beaucoup, comme on le voit, de celle qui fe préfente à l’efprit, lorfqu’on parle de cette vertu en général?

Il me femble qu’on n’a pas plus de raifons, pour croire qu’on s’électrife, à proprement parler, lorfqu’on fait l’expérience de Leyde : le coup à la vérité eft ordinaire-ment plus violent par la circonf-tance de la main appliquée au vafe de verre en partie plein d’eau élec-trifée ; mais tout fe paffe intérieu-

rément comme dans les autres cas,
où l'on ne penſe pas ſeulement avoir
acquis la moindre électricité.

Ces explications préliminaires annoncent que j'établirai peu de pro-
poſitions abſolument générales. En
conſidérant ainſi l'électricité ſous
différens points de vûe, j'ai compté
pouvoir prononcer avec plus de certitude, & j'ai pris ce parti pour tâ-
cher d'éviter deux excès oppoſés
entr'eux, & également contraires
aux progrès de la Phyſique; l'un,
de douter opiniatrément de tout,
& de ne rien conclure; l'autre, de
mériter par des jugemens légers &
précipités la cenſure de ceux qui ſe
plaiſent à dire *qu'on s'eſt trop preſſé*.

Depuis long-tems on ſçait que le
ſuccès des expériences électriques,
dépend beaucoup du tems qu'il fait,
lorſqu'on opére; M.M. Gray & du Fay
l'ont obſervé pluſieurs fois & ce
qu'il nous ont appris à cet égard,
a été contredit par peu de perſonnes;
mais quoique l'on convienne aſſez
généralement que le beau tems
vaut mieux que tout autre pour électriſer, on ne ſçait pas encore d'une

maniere bien décidée, à laquelle des
circonſtances qui font le beau tems,
l'on doit attribuer principalement
le bon ſuccès de ces expériences.
J'ai vû bien des fois l'électricité réuſſir plus que médiocrement, lorſqu'il
pleuvoit avec abondance ; dans d'autres tems, elle m'a preſque manqué,
quoique l'air fût d'une ſérénité parfaite, & je ſçais que la même choſe
eſt arrivée à bien d'autres.

Pour jetter quelque jour ſur cette
queſtion, que je ne prétends pas
encore décider, je rapporterai ſimplement ce que j'ai obſervé par rapport aux influences du tems ; & pour
éviter toute expreſſion vague, je
n'attribuerai rien au beau ni au mauvais tems en général, mais ſeulement
aux différens états dont l'atmoſphère eſt ſuſceptible, & qu'elle peut
communiquer aux autres corps. Je
formai ce deſſein en 1740, & en
conſéquence, lorſque j'ai fait des
expériences d'électricité, ſoit pour
ma propre inſtruction, ſoit pour
contenter la curioſité des autres,
j'ai preſque toujours marqué en
marge de mon Journal, la hau-

teur du baromètre, celle du ther-
momètre, l'état de l'air, par rapport à la féchereſſe ou à l'humidité,
& le vent qui regnoit : ces notes
recueillies après plus de huit années,
m'ont paru propres à fournir quelques éclairciſſemens ſur la queſtion
préſente : cependant je les cite,
moins pour former une déciſion,
que pour faire naître à d'autres,
l'envie de les vérifier par des ſuites
d'obſervations, dont le concours
ſeul pourra nous inſtruire un jour
d'une maniere bien déciſive.

J'ai preſque toujours trouvé l'é-
lectricité foible, lorſque j'en ai fait
des expériences dans un tems pluvieux & doux, le baromètre étant
à ſa moyenne hauteur ou au-deſſous, & le vent étant au ſud, ou
aux environs. Je dis preſque toujours, car je n'ai vû que trois ou
quatre fois le contraire ſur environ
160 obſervations, dont j'ai tenu
compte ; & je diſtingue du tems que
j'appelle *pluvieux*, & qui dure quelques jours, celui pendant lequel il
tombe des pluies paſſageres, ſur-
tout ſi le vent vient des environs de

P iiij

l'eſt, ou du nord, ou qu'il ait été tel quelque-tems avant l'épreuve.

Ce réſultat ſe trouve aſſez d'accord avec le préjugé commun, qu'un tems humide nuit à l'électricité; il nous indique auſſi ce qui a pû déterminer quelques Phyſiciens à ſoutenir que le ſuccès de ces ſortes d'expériences, ne tient en rien aux variations du tems. M. Winkler, & ceux qui, comme lui, ont pris ce dernier parti, auront apparemment fondé leur opinion ſur des épreuves faites pendant des pluies de peu de durée, ou dans des lieux clos & peut-être échauffés par des poëles qui en écartoient l'humidité. Je ſerois même tenté de croire que la nature du climat leur a mis ſous les yeux des effets différens à certains égards, de ceux qu'on apperçoit communément ici, lorſque les autres circonſtances ſont ſemblables de part & d'autre : mais le P. Gordon m'apprend que tout ſe paſſe à Erford à peu près comme à Paris : voici ſes propres paroles traduites de l'édition Allemande.

« J'ai crû autrefois qu'un tems hu-

» mide n'empêchoit pas l'électricité;
» mais j'ai eu dans l'expérience sui-
» vante la preuve du contraire.

I. EXPERIENCE.

» J'ai suspendu la chaîne de 400
» pieds, (c'est toujours le P. G. qui
» parle,) sous le toît de l'église,
» où personne ne peut approcher, &
» j'en ai appliqué un bout au tuyau
» électrisé, les étincelles furent ex-
» trêmement fortes par un ciel se-
» rein, & un tems sec, comme je
» l'ai déja remarqué. Ces observa-
» tions étant faites comme il faut,
» je laissai la machine avec toutes
» ses dépendances dans le même
» état, pour attendre un tems plu-
» vieux, qui étant bien-tôt survenu,
» j'essayai encore la force des étin-
» celles, que je trouvai alors beau-
» coup plus foibles qu'elles n'avoient
» été auparavant par un tems sec &
» beau. Je laissai encore tout dans
» le même état, en attendant le re-
» tour du beau tems, & je trouvai
» alors les étincelles aussi fortes que
» la premiere fois. J'ai refait ensuite

» plus de 20 fois les mêmes expé-
» riences, & ce n'est pas sans fon-
» dement que j'en conclus que les
» effets électriques sont empêchés
» par l'humidité de l'air. »

Quand on sçait en général que l'humidité rend l'électricité plus foible,
ou qu'elle l'empêche de se manifester,
on ignore encore par quel endroit cet
obstacle influe sur les phénoménes.

Par quel endroit l'humidité nuit-elle à l'électricité.

Quel est donc le corps qu'il importe
d'entretenir dans un certain dégré
de sécheresse ? Est-ce celui qui frotte ?
Seroit-ce le sujet à qui l'on a dessein
de communiquer la vertu électrique,
ou bien l'air du lieu dans lequel on
opére ? En réfléchissant sur des expériences déja connues, & sur quelques manipulations qui se font mises
en usage par différentes vûes, je
crois m'être mis en état de répondre
à la plûpart de ces questions.

Le corps qui frotte doit être sec par la partie qui est immédiate-ment appli-quée au verre.

Le corps qui frotte immédiatement
le verre pour le rendre électrique, doit
avoir deux qualités qui me paroissent
également nécessaires & suffisantes.
La premiere, est qu'il puisse glisser
aisément sur la surface du tube qu'il
doit parcourir d'un bout à l'autre,

ou sur celle du globe tournant, à
laquelle il s'applique ; la seconde,
qu'en glissant ainsi, il puisse faire un
frottement qui ébranle, ou qui irri-
te, pour ainsi dire, les parties du
verre ou celles d'une matiére dont
ses pores sont remplis. Voilà sans
doute pourquoi plusieurs personnes
en essayant de tout, se sont bien
trouvées d'avoir frotté le verre avec
des coussinets ou avec des morceaux
d'étoffe couverts de tripoly ou d'ar-
cançon pulvérisé. La main nue, (que
ma propre expérience m'a fait préférer à tout autre usage,) ne frotte
point assez, si la peau en est trop
douce, & elle manque à glisser, si
elle est humide par transpiration ou
autrement. Par cette derniere raison, la partie du corps frottant qui
s'applique au verre, doit être séche ;
mais je ne crois pas que cette nécessité s'étende au reste. Car il m'est
souvent arrivé, à moi & à d'autres,
de frotter très-efficacement le tube
ou le globe dans des tems où j'a-
vois le reste du corps baigné de
sueur ; d'autres fois, je me suis mouillé exprès les bras & le revers de la

III.
DISC.

Les corps que l'on frotte doivent être secs tant en dedans qu'en dehors.

main, & l'électricité que j'excitois, ne m'en a pas paru moins vive.

Mais quand bien même on pourroit suffisamment frotter le verre avec un corps mouillé appliqué à sa surface, ce frottement n'auroit point d'effet, parce qu'en général tous les corps qu'on nomme *électriques par eux-mêmes* ne le deviennent jamais, tant qu'ils font mouillés, foit par dedans, foit par dehors. M. du Fay nous en a donné des preuves, en rapportant des expériences qu'il avoit faites, tantôt avec des tubes de verre, dans lefquels il avoit fait couler fucceffivement de l'eau froide & de l'eau chaude, tantôt avec des boules d'ambre, dont il avoit éteint la vertu, en foufflant deffus un air humide.

Le verre ne devient pas électrique, quand on le mouille, même avec des liqueurs graffes, inflammables, &c.

J'ai eu les mêmes réfultats que lui, lorfque j'ai tenté d'électrifer des tubes de verre, en les frottant avec des morceaux d'étoffe, trempés dans différentes liqueurs, graffes & inflammables, comme l'huile d'olives & l'efprit de vin, &c. ou dans des liqueurs de toute autre nature, comme le vinaigre, l'eau commune, &c.

De tous les liquides que j'ai employés dans ces premieres épreuves, je n'ai trouvé que le mercure dont le frottement fit naître quelque électricité ; & j'avois été prévenu fur cet effet par M. du Tour, qui s'en apperçut en faifant couler de l'argent vif d'une certaine hauteur contre un tube de verre.

Cette exception qu'il faut faire par rapport au mercure, eft un fait qui nous en explique un autre antérieurement connu, & que les Phyficiens ont jugé digne de leur attention ; je veux dire le phénoméne du barometre lumineúx ; il eft comme vifible maintenant que ce trait de lumiere qui éclate en la partie fupérieure de cet inftrument, lorfqu'on l'agite dans l'obfcurité, naît du frottement électrique excité par le mercure qui defcend ; car fi l'on y fait attention, on verra que cette lumiére eft tout-à-fait femblable à celle qu'on apperçoit dans un tube de verre que l'on frotte avec la main d'un bout à l'autre, après en avoir ôté ou fortement raréfié l'air.

Si l'humidité extérieure retarde ou

III.
D I S C.

Le frotement du mercure électrife le verre.

Pourquoi les Barometres font lumineux en la partie qui eft vuide.

arrête l'électricité des corps que l'on frotte, celle qui mouille intérieurement ces mêmes corps, les empêche aussi de devenir électriques, comme ils le deviendroient s'ils étoient bien séchés. Voici quelques expériences qui pourront servir de preuves à cette proposition.

II. EXPERIENCE.

Si l'on souffle avec la bouche dans un tube que l'on a électrisé en le frottant, il perd aussi-tôt toute sa vertu ; il ne la perd pas de même si l'on y fait passer le vent d'un soufflet : & ce qui fait bien voir que ce n'est point à l'air qui parcourt le tube, mais aux parties aqueuses qui s'y introduisent avec lui, qu'il faut attribuer l'extinction de la vertu électrique ; c'est qu'assez souvent cette vertu reparoît, lorsqu'après avoir soufflé avec la bouche, on enléve par le vent du soufflet l'humidité qui s'étoit attachée aux parois interieurs du verre.

Il paroît donc que l'humidité qui s'attache non-seulement à la surface extérieure du verre ou de toute autre matiére qu'on veut électrifer par frottement, mais encore celle qui s'applique intérieurement, fi c'eft un corps creux, retarde ou affoiblit fon électricité, & après un grand nombre d'épreuves que j'en ai faites avec différens liquides, je me croyois prefque en droit de prononcer généralement que tout ce qui mouille produit le même effet, lorfqu'une obfervation que je dois pour ainfi dire au hazard, m'offrit de nouvelles connoiffances qui m'obligent à des reftrictions.

Je faifois fondre du foufre que j'avois mis en poudre & en petits morceaux dans un globe de verre creux que l'on faifoit tourner au-deffus d'un réchaux plein de charbons allumés : je m'apperçus que le verre étoit électrique en dedans & par dehors ; en dedans, parce qu'il attiroit & repouffoit le foufre pulvérifé, qui paffoit, à mefure que le vaiffeau tournoit, d'un point à l'autre de fa furface ; par dehors, parce qu'il attiroit toutes les flammeches & la cendre des charbons :

j'attribuerai ce premier effet au frottement du soufre qui glissoit sur la surface intérieure du verre ; & à la chaleur qui rend comme l'on sçait, ces sortes de vaisseaux plus susceptibles d'électricité : mais je fus fort surpris de voir le soufre devenu liquide & adhérant au verre, sans que cette vertu cessât de se manifester très-sensiblement au-dehors : j'ai vû la même chose depuis, en faisant fondre de la cire d'Espagne ou de la gomme lacque toute pure dans un pareil globe, pour l'en enduire intérieurement ; & par ces observations j'ai été convaincu que ce qui est capable de mouiller le verre, n'est pas toujours un obstacle qui empêche ou qui retarde son électricité.

Mais en admettant cette exception pour certains liquides, je doutois encore si c'étoit à la nature même de ces matiéres liquefiées ou au dégré de chaleur qui les tient en fusion, que je devois attribuer cette propriété qu'elles ont de ne point empêcher l'électricité du verre que l'on frotte : l'expérience suivante me parut propre à lever mes doutes.

III.

III. EXPERIENCE.

Autre e-
xemple.

Je répandis de l'efprit de térébenthine froid fur un morceau d'étoffe
de laine, & j'en frottai un tube ;
auffi-tôt il devint tellement électrique, que je ferois tenté d'offrir ce
nouveau procédé comme un moyen
capable de faire réuffir l'électricité,
dans des tems où l'on auroit peine
à l'exciter par les voyes ordinaires.

Quoi qu'il en foit, le fuccès de
cette épreuve me fait croire que ce
n'eft point par fon dégré de chaleur que le foufre fondu ou la cire
d'Efpagne, conferve au verre le
pouvoir d'être électrifé par frottement ; je croirois plutôt que fi
ces matiéres ne mettent point
d'obftacle à l'électricité, c'eft principalement parce qu'elles font dé-
pouillées des parties aqueufes qu'on
fçait d'ailleurs être fi nuifibles à cette
vertu. Peut-être que l'efprit de vin,
s'il étoit entierement déflegmé, produiroit le même effet que l'efprit de
térébenthine, & que le verre mouillé
& frotté indiftinctement avec l'une

Q

ou avec l'autre de ces deux liqueurs, deviendroit également électrique. Je n'ai point essayé de frotter le verre avec un esprit de vin parfaitement rectifié, & dépouillé de tout humide, parce qu'il est extrêmement difficile, & moralement impossible d'en avoir de tel. Mais j'ai fait quelque chose d'équivalent, relativement à mes vues.

IV. EXPERIENCE.

J'ai mêlé autant que je l'ai pû, quelques parties d'eau avec l'esprit de térébenthine ; le tube mouillé & frotté avec ce mélange, n'a jamais pû devenir électrique.

Ainsi puisque l'esprit de térébenthine mêlé avec l'eau commune, comme l'esprit de vin l'est communément, nuit autant que lui à l'électricité, n'est-il pas probable que l'esprit de vin ne nuiroit pas davantage à cette vertu, que l'esprit de térébenthine, s'il étoit aussi purgé d'eau que cette derniere liqueur a coutume de l'être ?

On peut donc regarder comme

une vérité conſtante que l'humidité proprement dite, c'eſt-a-dire, celle qui tient à la nature de l'eau, retarde, affoiblit, ou éteint entierement la vertu des corps que l'on veut électriſer par frottement, lorſqu'elle s'attache à leur ſurface, ſoit par dehors, ſoit en dedans s'ils ſont creux.

Il n'en eſt pas de même de ceux à qui & par qui l'on communique l'électricité : tout le monde ſçait qu'une corde mouillée tranſmet fort bien cette vertu ; j'ai cité ailleurs pluſieurs expériences dans leſquelles j'ai employé des tubes de verre pleins d'eau, pour faire paſſer l'électricité à d'autres corps ; M. Boze, (a) en faiſant jaillir de l'eau électriſée, par le moyen d'une ſeringue, a porté l'électricité juſques ſur un homme qui étoit placé à une diſtance de 60 pas ſur un pain de réſine ; enfin le P. Gordon & pluſieurs autres Phyſiciens depuis ont étonné grand nombre de ſpectateurs, en allumant des liqueurs inflammables par le moyen d'un jet d'eau électriſé.

Quoiqu'il ſoit vrai en général que

(a) *Tentam. Elect. pars poſterior.* p. 22.

III.
DISÇ.

L'humidité ne nuit point à l'électricité des corps àqui & par qui l'on communique cette vertu.

Exception.

les corps humides reçoivent & tranfmettent très - bien l'électricité, &
fouvent mieux que s'ils étoient fecs ;
il eft pourtant des cas où une certaine humidité, une vapeur, par
exemple, affoiblit ou fufpend les effets : en rapportant les détails de
la fameufe expérience de Leyde,
j'ai dit, il y a plus de deux ans,
(*a*) que la bouteille qui contient
l'eau, attire à elle l'humidité de l'air,
qu'il y a tel tems où cela fe remarque évidemment, & qu'alors cette
vapeur femblable à celle qu'on y jet-
teroit avec la bouche, m'avoit paru
nuire davantage au fuccès de l'expérience, que fi la bouteille avoit
été mouillée à pleine eau. Cette obfervation a été faite depuis par des
perfonnes qui n'en étoient pas pré-
venues ; M. du Tour, en Auver-
gne, & M. Allaman à Leyde, ayant
conçu les mêmes idées que moi, fur
ce phénoméne, ont pris le parti,
pour réuffir plus sûrement & en tout
tems, de plonger la bouteille dans
un vafe de métal, rempli d'eau ;

(*a*) Mémoire lû à la rentrée publique de
l 'Acad. des Sciences, après Paques 1746.

préférant, comme je le ferai auſſi, cette immerſion qui mouille abondamment le verre, à une légere humidité, qui viendroit de l'air s'appliquer à ſa ſurface. Cependant de quelque façon que l'on s'y prenne, on ne réuſſit bien que quand on conſerve ſec, tant en dedans qu'en dehors, la partie de la bouteille qui ne contient point l'eau : au moins voilà ce que j'ai vû de plus ordinaire.

Quant à l'humidité qui regne dans le lieu où l'on opére, il n'eſt preſque pas douteux qu'elle ne ſoit un obſtacle conſidérable au ſuccès des expériences ; cela va même quelquefois juſqu'à les faire manquer dans les rez-de-chauſſée ou dans les ſouterrains, lorſqu'elles réuſſiſſent dans des appartemens plus élevés, où l'air ſe trouve communément chargé de moins de vapeurs. Cependant, je doute encore ſi cette humidité, en tant qu'elle fait partie du milieu dans lequel on électriſe, nuit par elle-même aux effets qu'on veut produire ; je penſerois volontiers qu'elle ne leur fait tort, que parce

Ce n'est peut-être qu'autant qu'elle s'attache à la surface du verre avec lequel on électrise les autres corps.

qu'elle est d'abord attirée par le verre que l'on frotte, & parce qu'en s'attachant à sa surface, elle empêche, comme on l'a vû ci-dessus, qu'il n'acquiere, ou qu'il ne conserve sa vertu ; puisque l'eau même s'électrise, & qu'elle fournit de même que les autres corps une matiére affluente, comme on le voit par cent épreuves différentes. J'imagine que s'il étoit possible de conserver le verre sec dans un air humide, l'électricité n'en iroit peut-être pas moins bien ; à moins que la matiére électrique, comme la lumiere, n'ait plus de peine à pénétrer les milieux hétérogénes, que ceux qui sont composés de parties à peu près semblables par leur densité, & que l'air chargé de vapeurs, comme il est moins transparent, ne soit aussi moins perméable à l'électricité.

Un sçavant Physicien qui a porté fort loin ses recherches sur les phénoménes électriques, a prétendu qu'on ne pouvoit électriser avec succès, lorsque l'air du lieu dans lequel on fait les expériences, se trouve abondamment chargé de certaines

exhalaisons : il en veut surtout aux
fumeurs de tabac, & à ceux qui sortent de quelque exercice violent ; il
prétend que la fumée fait autour des
uns, & la grande transpiration autour des autres, une atmosphère qui
les rend inélectrisables. (a)

J'ose assûrer que M. Boze qui ne
se trompe guéres dans les faits, & à
qui nous en devons un grand nombre qui font aussi certains qu'admirables, a été trompé dans cette occasion, par quelque circonstance qui
aura échappé à son exactitude ordinaire. J'électrise tous les jours des
domestiques qui se font mis en sueur,
à force de tourner la roue qui fait
mouvoir mes globes de verre ; j'ai
électrisé tout autant de fois que je
l'ai essayé, des gens qui fumoient du

____

(a) *Datur tamen quoddam hominum genus
abominandam istam, & cujus nomine ne char-
tam quidem meam commaculare volo, herbam
continuò fumans, hinc tetram mephitim, aut si
quid magis pestilens ad mille passus redolitura :
si praetereà hæ creaturæ, vel nimio motu, vel
ludo forsan conorum æstuantes, & atmosphera
quadam madida, calidave nescio quot ulnarum
obnubilati accedunt, momento vales electricitas.*
Boze, Tentam. Electr. comment. 2. p. 67.

tabac, & qui avoient encore la pipe
à la bouche : je les ai électrifés au
point de leur faire cracher du feu,
c'eſt-à-dire, que ce qu'ils crachoient,
étoit lumineux dans l'obſcurité.

Cette expérience particuliere,
dont le réſultat s'eſt trouvé peu
conforme à celui qu'on m'avoit annoncé, m'a fait naître l'envie d'examiner plus généralement, ſi les vapeurs qui ſont d'une autre nature
que celles de l'eau, affoibliroient,
ou feroient ceſſer l'électricité.

V. EXPERIENCE.

Pour cet effet, je choiſis un tube
de verre, qui, lorſque je le frottois, acqueroit une électricité dont
voici à peu près la force; il attiroit
les petites feuilles de métal à plus
d'un pied de diſtance, il faiſoit ſentir beaucoup d'émanations au viſage, lorſqu'on l'en approchoit, & il
pétilloit très-fort, lorſque je faiſois
gliſſer le bout des doigts, ſelon ſa
longueur. Je portois ce tube nouvellement frotté à 7 ou 8 pouces au-
deſſus de quelque matiere que je

faiſois

faifois fumer, foit en la chauffant fortement, foit en la brûlant, fans faire
de flamme ; lorfqu'il avoit été expofé ainfi pendant quelques fecondes,
j'éprouvois fa vertu, pour voir fi elle
étoit fenfiblement affoiblie où entiérement éteinte. Ayant fait ces épreuves fucceffivement avec la fumée du
foufre, de la cire, de la gomme
lacque, du karabé, du charbon de
terre, de la térébenthine, du fuif,
des os, de la laine, du linge, du
cotton, du tabac, & du bois de
différentes efpéces communes, j'ai
toujours trouvé que l'électricité du
tube étoit beaucoup diminuée; car
il ne faifoit plus entendre aucun pétillement, & à peine me faifoit-il
fentir quelques foibles émanations,
lorfque je l'approchois du vifage :
mais fa vertu n'étoit pas entiérement
éteinte; car il attiroit encore un peu
les corps lorfque je les lui préfentois
à une petite diftance.

J'ai cru remarquer, en répétant
plufieurs fois ces mêmes épreuves,
que l'électricité tenoit plus long-
tems, & avec plus de force, contre
la fumée de certaines matières ; celle

III.
Disc.

En général,
les vapeurs
des matieres
que l'on fait
brûler, nui-
fent lorfqu'el-
les agiffent de
fort près.

Elles nui-
fent plus les
unes que les
autres.

R

de la gomme lacque, de la térébenthine, du karabé & du foufre, m'ont
paru ne pas dépouiller le tube de
fa vertu, ni auffi promptement, ni
auffi fenfiblement que la fumée du
fuif, par exemple, du linge, du bois,
&c. la vapeur de la graiffe fur-tout,
m'a paru d'une efficacité fupérieure
au refte.

VI. EXPERIENCE.

J'ai mis fondre du fain-doux dans
un petit vafe de cuivre, & lorfqu'il
a commencé feulement à exhaler
quelque odeur, j'y ai expofé le tube,
qui, en moins de 6 fecondes, y perdit prefque toute fon électricité.

Cette différence ne viendroit-elle
pas de ce que la graiffe des animaux contient beaucoup de parties
aqueufes, dont l'évaporation porteroit fur le verre quelque humidité
plus nuifible, comme l'on fçait, que
toute autre chofe à la vertu électrique.

Ce qui pourroit donner quelque
force à cette conjecture, c'eft que
j'ai obfervé conftamment que toutes

ces fumées auxquelles j'expofois le
tube, ne lui ôtoient fenfiblement de
fa vertu, que quand je le tenois à
une petite diftance comme de 8 à 10
pouces, ou d'un pied, au-deffus du
réchaud dans lequel je brûlois les matieres; comme fi à une plus grande
hauteur, les vapeurs humides qui s'é-
lévent moins que les autres, n'y euffent pas été en affez grande quantité
pour nuire efficacement.

Au refte, que cette explication
foit vraie ou fauffe, le fait eft certain,
& mérite que j'en faffe mention,
puifqu'il fe rapporte directement aux
vûes que j'avois en faifant ces expériences. Je voulois fçavoir fi l'on
pourroit électrifer avec fuccès dans
un air chargé de vapeurs ou d'exhalaifons non aqueufes, & j'apprens
par l'obfervation que je viens de
rapporter, qu'on le peut très-bien,
pourvû que le corps électrique ne
reçoive pas ces évaporations de trop
près, c'eft-à-dire, à une petite diftance, au-deffus du feu qui les fait
naître.

Les vapeurs
non aqueufes
qui font ré-
pandues dans
l'air du lieu,
ne nuifent pas
fenfiblement
à la vertu éle-
ctrique.

VII. EXPERIENCE.

. Dans une boutique de forgeron, où l'on pouvoit à peine diſtinguer les objets, à cauſe de la grande fumée que la forge y avoit jettée; dans une chambre où j'avois fait toutes les épreuves dont je viens de parler, & qui étoit ſi remplie d'odeur & de fumée, qu'on avoit peine à y reſpirer ; enfin, dans des endroits où il fumoit extraordinairement, ſoit par des cheminées, ſoit par des poëles qui faiſoient mal leurs fonctions, j'ai électriſé cent fois des tubes ou des globes de verre, je n'oſerois dire. autant qu'ils auroient pû l'être dans un air plus pur, mais aſſez, pour n'avoir pas à me plaindre que les effets fuſſent trop foibles : les attractions & répulſions étoient vives, les émanations électriques très-ſenſibles, & les pétillemens ſe faiſoient entendre très-diſtinctement.

Les exhalaiſons ou vapeurs ſubtiles qui s'élevent naturellement des corps odorans, ſi elles nuiſent à l'électricité, ne le font pas d'une ma-

niére aſſez ſenſible , pour être miſes
au nombre des cauſes qui détruiſent
cette vertu.

VIII. EXPERIENCE.

Des tubes de verre nouvellement
frottés , des verges de fer que j'avois
rendues électriques par communication , m'ont paru avoir à peu près
les mêmes effets , ſoit avant , ſoit
après avoir été expoſées pendant
quelques ſecondes au-deſſus de diverſes matieres dont l'odeur étoit
très-forte. J'ai fait ces épreuves avec
l'eſprit de vin , celui de térébenthine , l'eſprit volatil de ſel ammoniac,
&c. dont je mouillois un linge , que
j'étendois enſuite ſur une table ; d'autres fois avec l'eſprit de nitre , du vinaigre diſtillé , ou des diſſolutions
de cuivre , de fer , d'argent, &c.
que je tenois dans des vaſes dont
l'ouverture étoit fort large ; je me ſuis
ſervi auſſi de plantes aromatiques , &
de différentes fleurs , & enfin de vian-
des, & de poiſſons corrompus.

En éprouvant , comme je l'ai dit
ci-deſſus , l'effet des vapeurs ou de la
R iij

fumée de certaines matieres que je faisois brûler, il étoit presque impossible
que je n'apperçusse même sans le chercher, celui de la flamme sur les corps
électriques; un morceau de linge ou
de papier, s'allume souvent lorsqu'on
ne voudroit que le faire fumer, & cette inflammation involontaire suffit
pour donner à l'expérience un résultat nouveau : la fumée seule ne feroit
qu'affoiblir l'électricité; la flamme la
détruit presque toujours entierement.

Cependant, ce n'est point le hazard, ce ne sont pas non plus mes
propres recherches qui m'ont appris
que la flamme étoit capable de cet
effet : je dois cette connoissance à
M. du Tour qui m'en fit part au mois
d'Août de l'année 1745, (a) & qui
me prouva la vérité de cette découverte, par plusieurs expériences,
dont je rendis compte aussi-tôt à
l'Académie. Le même fait se présenta depuis à M. l'Abbé Néedham,
qui se faisoit un plaisir de nous l'apprendre, & qui nous l'auroit appris
en effet, s'il n'eût été prévenu, sans

____

(a) Lettre datée de Riom le 21 Août 1745.

le sçavoir, par M. du Tour avec qui il n'avoit jamais eu jusqu'alors aucune relation.

Rendons aussi à M. Waitz la justice qui lui est due ; cet habile Physicien sçavoit il y a plus de trois ans, qu'un corps électrisé perd sa vertu quand il est touché, ou seulement avoisiné par la flamme d'une liqueur, ou de quelque autre corps que l'on brûle : dans le septiéme Chapitre de sa Dissertation, couronnée en 1745, par l'Académie de Berlin, on trouve plusieurs expériences, qui sont bien propres à prouver le fait, & l'on doit convenir qu'il ne l'ignoroit pas, quoiqu'il en paroisse moins occupé, que des conséquences qu'il prétend pouvoir en tirer. (*a*)

L'expérience la plus simple, & peut-être la plus décisive pour prouver que la flamme détruit l'électricité, c'est d'en approcher un tube de verre nouvellement frotté, ou quelqu'autre corps électrisé par communication ; une chandelle, une bougie ou une lampe allumée, suffit pour

La flamme d'une bougie détruit l'électricité d'un tube à 7 ou 8 pouces de distance.

(*a*) Traité de l'Electricité & de ses causes. §. 208. &c. imprimé en Allemand.

R iiij

cette épreuve : je ne me fouviens pas de l'avoir jamais faite , que je n'aye éteint ou affoibli confidérablement la vertu électrique , & cet effet commence à fe faire fentir à une diftance affez confidérable , comme de 12 ou 15 pouces , & quelquefois plus , quoiqu'il n'y ait que la flamme d'une feule bougie.

Ce fait bien conftaté m'a mis en état d'en expliquer un autre qui m'embarraffoit depuis long-tems. Lorfque je ne me fervois encore que d'un tube de verre , pour faire voir les phénoménes électriques , je réuf-fiffois affez mal aux lumieres ; ce mauvais fuccès fembloit m'être réfervé , furtout pour les occafions où je défirois davantage d'en avoir un bon ; & ce qui achevoit de me déconcerter , c'eft que le plus fouvent ce tube que j'avois frotté à force , & que je fentois très-électrique entre mes mains & en l'approchant de mon vifage , ne faifoit que des effets médiocres , quand je venois à m'en fervir fur la table où étoit le refte de l'appareil , & autour de laquelle la compagnie étoit arrangée. J'en fçais

maintenant la raiſon, elle ſe préſente
d'elle-même ; c'eſt que ſur cette table
il y avoit des bougies allumées, & il
y en avoit davantage quand le nombre ou la dignité des perſonnes le re-
queroit ; & naturellement je m'en
éloignois pour frotter le tube avec
plus de commodité.

Il ſuit de cette explication que toutes choſes égales d'ailleurs, on doit
mieux réuſſir quand on électriſe pendant la nuit dans un lieu peu éclairé,
que dans une chambre fort illuminée ;
& c'eſt auſſi ce qui m'a été confirmé
par une expérience que j'ai faite à deſſein.

IX. EXPERIENCE.

Je me ſuis placé au milieu d'un
cercle d'environ 8 pieds de diametre, formé par trente bougies allumées ; j'y frottai un tube de verre
longtems & avec violence ; il ne devint que foiblement électrique, & le
peu de vertu qu'il avoit, ſe diſſipa en
peu de tems. Il s'électriſa beaucoup
mieux lorſque les bougies furent
éteintes, & ſon électricité dura davantage.

Plufieurs Phyficiens ont effayés d'é-
lectrifer la flamme, & quoique le plus
grand nombre prétende par des raifons très-fortes, que cela ne fe peut
pas, je dois convenir cependant,
que ceux qui foutiennent l'affirmative, peuvent citer en faveur de leur
opinion quelques expériences fédui-
fantes. M. du Fay qui ne fe fervoit
que d'un tube pour communiquer l'é-
lectricité, a décidé que la flamme ne
s'électrife point ; & la raifon qu'il en
donne, c'eft, dit-il, que fes parties
fe diffipent & fe renouvellent trop
promptement : il en auroit pû donner une autre encore plus fûre, s'il
avoit fçû, comme nous le favons
aujourd'hui, qu'un tube de verre
perd toute fa vertu, dès qu'il approche de la flamme ; car comment
communiquera-t-il l'électricité s'il
n'en a pas ?

Mais M. du Fay lui-même fit depuis une expérience, (*a*) que j'ai
fouvent vérifiée, & dont le réfultat
paroît affez difficile à concilier avec
cette décifion de la flamme inélec-

____

(*a*) Mémoires de l'Académie des Sciences,
1733. p. 248.

trifable. Il communiqua l'électricité
d'un corps à l'autre, malgré un intervalle de 10 à 12 pouces dont le
milieu étoit occupé par une bougie
allumée. Cette flamme & fon atmofphere qu'on ne peut point électrifer,
qui ne fe laiffe ni attirer ni repouffer
par un corps électrique (dont on ne
répare pas continuellement la vertu,)
qui lui ôte même communément toute celle qu'il a, quand on l'en approche à une diftance de 8 à 10 pouces ; cette flamme, dis-je, ne met
donc aucun obftacle à la tranfmiffion, & nous offre le fingulier exemple, d'un corps qui tranfmet l'électricité fans devenir électrique.

On pourroit dire que la flamme
qui détruit pour l'ordinaire les mouvemens de la matiere électrique autour d'un corps électrifé, ne fait que
les affoiblir, lorfque cette même matiere s'élance par les extrémités d'u-
ne corde, ou d'une baguette, comme dans l'expérience dont il s'agit :
car on fçait que les émanations y
ont beaucoup plus de force, & que
la flamme d'une chandelle préfentée,
par exemple, au bout d'une barre

de fer qu'on électrise, obéit senfible-
ment aux impulfions de la matiere
qui en fort. Si l'on peut donc confidérer l'interpofition de la bougie
allumée comme un obftacle, mais
un obftacle impuiffant, tout rentre
dans l'ordre, & les contrariétés dif-
paroiffent.

Je n'héfiterois pas un moment à
prendre ce dernier parti, fi je n'étois
arrêté par un fait fur lequel M. Waitz
a fondé une doctrine bien différente :
Ce fçavant dont l'autorité eft d'un
grand poids dans cette matiere, prétend non-feulement que la flamme
n'eft point un obftacle à la communication de l'électricité, mais même
qu'elle la facilite, & pour le prouver , voici l'expérience qu'il propofe.

X. EXPERIENCE.

Pofez fur deux pains de réfine une
regle de bois *AB*, *Fig.* 1. ou une
planche qui ait environ 6 pieds de
longueur ; placez aux deux extrémités de cette régle deux bougies allumées : fufpendez avec des fils de

foye deux verges de fer *C D*, *E F*, longues de 3 ou 4 pieds, & que l'un des bouts de chaque verge, comme *D* & *E*, foit élevé de 7 à 8 pouces au-deffus de la flamme d'une des bou gies ; électrifez enfuite la verge *C D*, l'extrémité *F* de l'autre verge deviendra auffi-tôt électrique ; ce que vous appercevrez, parce qu'elle attirera les feuilles de métal qui feront placées au-deffous, à une diftance convenable.

Jufqu'ici je dis que la vertu électrique fe communique de la verge *C D*, à la regle *A B* par la bougie & par fon chandelier, ou peut-être immédiatement du fer au bois, parce que l'intervalle entre *A* & *D*, n'eft que de 15 à 18 pouces, & que fe tranfmettant de même de *B* en *E*, elle arrive en *F*, où elle fe manifefte. Mais M. Waitz pouffe plus loin fa preuve.

XI. EXPERIENCE.

On éteint les bougies, ou feulement une des deux, & l'électricité qui fe tranfmettoit auparavant jufqu'en *F*, ne s'y tranſmet plus ; & cet effet ne recommence que quand on a rallumé les bougies.

J'ai examiné cette expérience par toutes les faces ; je l'ai retournée de toutes les manieres que j'ai pû imaginer, & quoique je n'aye pas vû des effets auſſi précis que je viens de les énoncer d'après M. Waitz, je conviens cependant avec lui, qu'après un grand nombre d'épreuves, il m'a paru que le plus ſouvent la communication de l'électricité, étoit nulle ou moins ſenſible après l'extinction des bougies ; ce qui ſuffit, pour m'empêcher de conclure définitivement & en général, que la flamme détruit toute électricité, juſqu'à ce qu'on ait trouvé un moyen de concilier ce fait, qui eſt très-embarraſſant, avec une infinité d'autres, qui prouvent évidemment le contraire de ce qu'il préſente.

M. Jallabert occupé depuis long-tems des phénoménes électriques & de tout ce qui peut nous conduire à la connoiſſance de leurs cauſes, vient enfin de tourner ſes vûes ſur la queſtion que je traite ici ; il me fit

.part il y a quelque tems (*a*) d'une expérience ingénieuſe qui paroît favorable à l'opinion de ceux qui ſoutien-
nent que la flamme ne nuit point à
l'électricité ; ſi elle ne prouve pas in-
conteſtablement , qu'on électriſe la
flamme , elle fait voir au moins qu'un
corps enflammé peut devenir électrique , & continuer de l'être. Voici le
fait.

XII. EXPERIENCE.

On électriſe par le moyen d'un
globe de verre une chaîne de fer
au bout de laquelle on attache un
petit vaſe plein d'eſprit de vin qui
s'écoule par le moyen d'un petit ſiphon de verre : la liqueur ainſi électriſée , forme, comme l'on ſçait , pluſieurs petits jets qui s'écartent l'un
de l'autre , & qui s'approchent de la
main, ou des autres corps non électriques qu'on leur préſente. Si l'on
enflamme ces petits jets , en les faiſant paſſer par la flamme d'une bou-

(*a*) Depuis que ce Mémoire eſt écrit , M.
Jallabert a publié ſon Ouvrage ſur l'Electricité , où ſes expériences ſur la flamme ſont
détaillées fort au long , p. 89. & ſuiv.

gie , ils confervent encore & leur
écartement réciproque , & leur difpofition à s'approcher des corps non
électriques : ce qui eft une marque
inconteftable qu'ils n'ont pas perdu
toute leur vertu.

Il y a ici deux chofes à obferver,
1°. que cette électricité vient d'un
globe que l'on ne ceffe de frotter
pendant le tems que dure cette épreuve. 2°. Que ces jets ne font enflammés qu'à leur fuperficie , & qu'il refte toujours au milieu de la flamme
une liqueur moins inflammable , qui
approche de la nature de l'eau , &
qui par cette raifon eft très-propre à
recevoir & à conferver la vertu électrique.

La premiere de ces deux confidé-
rations nous met en droit de croire
que le globe & la chaîne qui communique l'électricité , en réparent plus
à chaque inftant , qu'une flamme
auffi légere n'en peut détruire : & ce
que je dis ici touchant l'expérience
de M. Jallabert , doit s'appliquer à
tous les faits de cette efpèce , c'eft
pourquoi j'ai averti au commencement de ce Difcours, qu'on ne devoit

voit pas confondre l'électricité une
fois donnée à un corps avec celle
que l'on communique sans discontinuer.

En vertu de la seconde considéra-
tion, nous pouvons légitimement
soupçonner que l'électricité qui se
manifeste par la divergence des jets,
& par leur tendance au corps non
électrique, appartient moins à la
partie enflammée qu'à celle qui ne
l'est pas : car nous n'avons pas
d'exemples qui nous montrent d'ailleurs que la flamme proprement dite s'électrise ; & nous en avons beaucoup qui nous prouvent que des
jets de liqueurs reçoivent & gardent la vertu électrique : or comme
les jets électrisés de M. Jallabert sont
composés de liqueur & de flamme,
il est naturel d'attribuer la vertu qui
se manifeste, à la partie qu'on sçait
en être susceptible, plutôt qu'à celle
qui ne l'est pas, selon toute apparence.

J'avois ouï dire à des gens dignes
de foi, qu'on étoit parvenu à électrifer la flamme de deux bougies
placées à côté & fort près l'une de

l'autre, au bout d'une barre de fer
qui reçoit l'électricité d'un globe de
verre, & que cette vertu s'étoit
manifeſtée fenſiblement par l'écartement réciproque des deux flammes,
ce qui feroit une preuve inconteſ-
table ; mais toutes les fois que j'ai
voulu vérifier le fait, dans les circonſtances mêmes les plus favorables, je n'ai jamais trouvé le réſultat
conforme à celui qu'on m'avoit annoncé.

XIII. EXPERIENCE.

Ayant procédé pluſieurs fois ,
comme je viens de le dire ; j'ai feulement obſervé que la flamme s'allongeoit conſidérablement, qu'elle devenoit jaunâtre & fuligineuſe, qu'elle s'agitoit de côté & d'autre , comme ſi elle étoit un peu battue du
vent, que le fuif ou la cire couloient
abondamment, & que la chandelle
& la bougie s'uſoient plus vîte que
de coûtume. Quand je faiſois tenir
cette bougie par un homme qu'on
électriſoit, la flamme, ſi j'en approchois mon doigt, au lieu de s'y

porter (*a*) comme elle auroit dû faire
ſi elle eût été électrique, demeuroit
droite, mais elle devenoit plus courte, & brilloit d'un feu plus pur ;
la perſonne qui tenoit la bougie,
ſentoit ſur ſa main du côté oppoſé
à mon doigt, comme un ſouffle chaud
cauſé vrai-ſemblablement par la matiere affluente, qui paſſant à travers
la flamme en emportoit avec elle
quelques parties, ou y recevoit
elle-même un certain dégré de chaleur.

Fondé ſur des expériences ſimples,
& que je regarde comme déciſives,
je perſiſte donc à croire que la flamme eſt véritablement un obſtacle à
l'électricité ; mais retenu par d'autres faits qui ne paroiſſent pas moins
certains, je dois ajouter que cet
obſtacle n'eſt pas toujours invincible,
& qu'il y a des circonſtances, où
la cauſe qu'il combat eſt tellement

III.
Disc.

Ce que l'on
peut conclure
de ces Expé-
riences.

(*a*) Cependant je trouve dans mon journal,
qu'ayant fait dans d'autres occaſions ces mêmes
épreuves avec une petite bougie, de celles
qu'on met dans les lanternes de papier, & qui
ſont groſſes comme une plume à écrire, la
flamme s'eſt portée vers le doigt ou vers des
morceaux de métal non électriſés.

S ij

supérieure à lui , qu'il n'en altere pas sensiblement les effets.

Mais quand la flamme arrête l'électricité , est-ce par sa chaleur qu'elle agit ? Est-ce par sa lumiere ? Est-ce par les parties subtiles qu'elle dissipe , & qui forment autour d'elle une sorte d'atmosphere ?

M. du Fay , à la fin du second Mémoire sur l'Electricité , (*a*) ayant remarqué que la flamme d'une bougie ne s'électrise point , & qu'elle n'est point attirée par les corps électrisés , ajoute ce qui suit. » Cette singularité mé-
» rite un examen particulier , dans le-
» quel nous entrerons peut-être dans
» la suite ; mais ce que nous pouvons
» assurer , quant à présent , c'est que
» cela ne vient pas de la chaleur ou
» de l'embrasement; car un fer rouge
» & un charbon ardent posés sur le
» guéridon de verre , le deviennent
» extrêmement. »

M. du Fay a fort bien décidé la question : ce n'est point par sa chaleur que la flamme nuit à l'électricité ; mais s'il avoit eu le tems

(*a*) Mémoires de l'Académie des Sciences , 1733. p. 84.

d'entrer dans cet examen plus approfondi qu'il fe propofoit de faire, il
auroit fans doute reconnu que fa décifion, toute bonne qu'elle eft, étoit
appuyée fur des preuves dont on auroit pû lui difputer la validité ; &
je ne doute nullement que fes recherches ne lui en euffent fourni
d'autres qui euffent été hors de toute
conteftation.

L'électricité d'un tube tient à la
vérité contre un charbon ou contre
un morceau de fer médiocrement
gros & ardent; elle s'y communique même ordinairement d'une maniere affez fenfible ; mais on verra
bien-tôt qu'il n'en eft pas de même
fi l'on préfente ce tube au-deffus
d'un réchaud plein de charbons,
nouvellement & bien allumés, ou à
5 ou 6 pouces de diftance d'un large
morceau de fer chauffé jufqu'à un
certain point; ce qui pourroit porter à croire qu'un certain dégré de
chaleur, ou un embrafement d'une
certaine forte, feroit capable de
dépouiller un corps de fon électricité.

Pour diffiper ces doutes, autant

III.
DISC.

Expériences relatives à cette question.

qu'il me feroit poffible, je fis les expériences fuivantes.

XIV. EXPERIENCE.

Je préfentai un tube électrifé à des corps à qui je faifois prendre différens degrés de chaleur, à compter depuis la température moyenne de l'air, jufqu'à l'embrafement du fer; je veux dire ce degré de feu qui le fait paroître blanc, & qui le fait étinceler; je l'approchai à plufieurs reprifes d'un tuyau de poële qu'on venoit d'allumer, & qui s'échauffoit peu à peu : quoique dans les dernieres épreuves ce tuyau fût affez chaud pour diffiper très-promptement quelques gouttes d'eau que j'y jettois, & pour communiquer au tube de verre une chaleur qui permettoit à peine de le manier, l'électricité ne me parut jamais être fenfiblement altérée; elle fe manifeftoit toujours par des pétillemens, par des émanations très-fortes, par des attractions & des répulfions très-marquées.

Voyant donc que la chaleur du fer qui ne va pas jufqu'à le rendre

rouge, ne détruifoit pas la vertu
électrique, je pouffai plus loin mes
épreuves.

XV. EXPERIENCE.

J'empruntai le fecours d'un forgeron, qui me fit chauffer jufqu'au
dernier degré une plaque de fer à
peu près quarrée, dont chaque côté
avoit près de 7 pouces, & qui
avoit à peu près 6 lignes d'épaiffeur.
L'Ouvrier me tenoit cette platine
embrafée dans une fituation à peu
près horizontale, & tandis qu'elle
paffoit par les differens degrés de
refroidiffement, je préfentois à differentes fois le tube de verre nouvellement frotté, pour éprouver enfuite s'il avoit perdu ou confervé fon
électricité. Cette expérience ayant
été faite plufieurs fois, & à différens
jours ; voici quels ont été les réfultats.

1°. Le fer qui eft chauffé jufqu'à
blanchir, *ferrum candens*, & qui pe-
tille de toutes parts, ce que les Ouvriers appellent *bouillir* ; ce fer, dis-
je, ne laiffe pas le moindre veftige

d'électricité à un tube de verre qu'on en approche à 5 ou 6 pouces de distance, feulement pendant 2 ou 3 fecondes.

2°. Le même effet arrive encore, lorfque le fer a ceffé d'étinceler, & qu'il a changé du blanc au couleur de cerife.

3°. Le fer, depuis ce dernier état, jufqu'à ce qu'il foit devenu d'un rouge brun, n'agit ni avec autant de force, ni aufsi promptement fur le tube électrique : après 4 ou 5 fecondes, il arrive affez communément que toute la vertu électrique n'eft pas enlevée.

4°. Enfin quand le fer, en continuant de fe refroidir, a repris fa couleur brune, & même un peu avant, & lorfqu'il a encore une forte de rougeur, à peine s'apperçoit-on qu'il affoibliffe l'électricité.

On voit donc par ces épreuves des degrés de chaleur qui détruifent l'électricité, & d'autres qui n'y caufent aucune alteration fenfible; mais ceux-ci, quoique plus foibles que les premiers, l'emportent encore de beaucoup fur une flamme de bougie,

dont

dont on tient le corps électrique éloigné de 7 à 8 pouces, & qui cependant
lui fait perdre sa vertu. Si cette
petite flamme agit plus efficacement
qu'un gros morceau de fer qui est
presque rouge, seroit-ce donc en
qualité de corps lumineux qu'elle
auroit cet avantage ? Est-ce que le
feu ne seroit nuisible à la vertu électrique, que dans les cas où il fait
fonction de lumiere ?

Si cela étoit, les rayons du soleil
rassemblés en suffisante quantité, soit
par réflexion, soit par réfraction,
devroient produire un effet semblable à celui de ma plaque de fer, chauf-
fée jusqu'à blancheur.

XVI. EXPERIENCE.

J'exposai au soleil un miroir de
métal qui avoit 2 pieds de diamétre,
& au foyer duquel les métaux se fon-
doient fort aisément ; je fis passer le
tube électrisé à l'endroit où les rayons
étoient assez réunis, pour n'occu-
per qu'un espace d'un pouce de diamétre. Cette expérience plusieurs fois
répétée, m'apprit constamment que

T

III.
Disc.

Ce n'est
point comme
jettant de la
lumiere.

la lumiere la plus vive avec un dégré de chaleur très-confidérable, ne fuffit pas, pour détruire l'électricité. Car mon tube, après avoir été plongé dans ces rayons à l'endroit le plus près de leur réunion, ne m'en parut guéres moins électrique qu'auparavant, & je compris alors que les corps embrafés, outre la chaleur & la lumiere qu'ils répandent autour d'eux, pourroient encore agir par une troifiéme caufe, qui feroit peut-être celle que je cherchois.

En effet, quand un corps eft livré à l'action d'un feu violent qui va jufqu'à l'embrafer, il fe fait alors une diffipation de parties, qui forme autour de lui une atmofphère d'une certaine étendue : ces émanations extrêmement fubtiles & animées vraifemblablement par des particules de feu qu'elles enveloppent, & qui s'évaporent avec elles, feroient bien propres à interrompre les mouvemens de la matiere électrique ; ou peut-être, comme l'a penfé M. Waitz, à remplacer avec une furabondance (nuifible,) les vuides qui fe font dans un corps électrifé, par la matiere qu'il lance hors de lui-même.

Mais avant que de se livrer à ces raisonnemens, il falloit s'assurer du fait, & dès-lors j'en trouvai des preuves suffisantes, en réfléchissant sur les expériences de M. du Tour, & sur celles de M. l'Abbé Néedham. Le premier de ces deux Sçavans a observé que si l'on enferme la bougie allumée dans une de ces lanternes cylindriques de verre qui n'ont que 5 à 6 pouces de diametre, & qui sont ouvertes par en haut, le tube électrisé ne perd point sa vertu, lorsqu'on le présente vis-à-vis de la flamme, partout où le verre se trouve interposé; mais seulement lorsqu'on le passe vis-à-vis l'ouverture du vase. Il a remarqué aussi que l'interposition du carreau de verre le plus mince & le plus transparent suffisoit pour conserver au tube son électricité, toutes les fois qu'on l'approchoit de la flamme. M. l'Abbé Néedham a eu les mêmes résultats, lorsqu'il a interposé des feuilles de tole, des cartons, ou tout autre corps mince capable d'arrêter des vapeurs

III.
Disc.

ſubtiles ou des exhalaiſons animées par l'action du feu.

Si l'on ajoute à ces preuves ce que j'ai obſervé plus haut, que le charbon neuf, & qui eſt nouvellement allumé, détruit plus ſûrement l'électricité, que la braiſe uſée & prête à s'éteindre, qui produit certainement moins d'exhalaiſons : ſi l'on fait encore attention que ce fer exceſſivement embraſé, qui enleve au tube toute ſa vertu, eſt dans un état où ſes principes commencent à ſe ſéparer & à s'exhaler, pour ainſi dire, on n'aura pas de peine à ſe perſuader que l'effet de la flamme ſur les corps électriques vient principalement & peut-être uniquement des parties qui ſe diſſipent, & qui forment une ſorte d'atmoſphère autour du foyer qui les anime.

Puiſque la chaleur d'un tuyau de poële communiquée au tube, juſqu'à le mettre preſque hors d'état d'être manié, ne lui fait point perdre ſon électricité, comme je l'ai dit ci-deſſus; puiſque, ſelon les obſervations de MM. Gray, du Fay, &c. le verre & quantité d'autres corps que l'on chauffe, en deviennent plus aisément électriques; enfin puisque certains corps s'électrisent sans frottement, mais seulement lorsqu'ils s'échauffent lentement au feu ou aux rayons du soleil, il semble qu'un tems fort chaud devroit être le plus convenable pour électriser avec succès; cependant il est certain, & tout le monde convient que pendant les grandes chaleurs de l'été, les effets font toujours considérablement plus foibles : & souvent les expériences manquent totalement entre les mains de ceux qui ne font pas munis de bons instrumens, ou qui n'ont pas acquis une habitude suffisante. J'ai eu quelquefois la curiosité de tenter ces expériences dans le fort du jour, lorsque la température de l'air étoit exprimée par 26 ou 27 degrés au thermometre de M. de Reaumur; j'en ai exécuté un grand nombre, & même celle de Leyde, mais ce fut avec beaucoup de peine, & toujours avec un succès au-dessous du médiocre : il n'est peut-être pas inutile de dire que je fis un jour ces expériences, tandis qu'il éclairoit & qu'il tonnoit

prodigieufement , & que je n'apperçus aucune autre différence dans les
effets , que ce qui vient communément d'un tems très-chaud.

En faifant l'expérience de Leyde
pendant les grandes chaleurs, j'ai
prefque toujours remarqué que le
vafe de verre qui contient l'eau, &
qui s'électrife par communication, fe
couvre extérieurement d'une vapeur
humide, affez femblable, comme je
l'ai déja dit ailleurs, à celle qu'on
remarque fur le verre, quand on a
foufflé deffus avec la bouche. Si de
pareilles vapeurs font attirées par le
globe ou par le tube que l'on frotte ,
comme il n'y a pas lieu d'en douter ,
il n'en faut pas davantage pour rendre l'électricité beaucoup plus foible
qu'elle ne feroit fans cet accident.

La chaleur de l'air ne nuit point par elle-même ; il eft probable que ce font les vapeurs fubtiles dont il eft alors chargé.

Cette remarque me fait penfer
que l'air échauffé n'eft peut-être
point par lui-même un obftacle à la
vertu électrique, mais plutôt par la
grande quantité de vapeurs humides
& très-fubtiles, dont il eft communément chargé, lorfqu'il fait chaud.

J'ai fait voir précédemment combien cette caufe peut influer fur les

phénomenes électriques, & l'on ne peut douter que dans les plus beaux jours d'été, il n'y ait dans l'air de l'atmofphère une grande quantité de vapeurs aqueufes; le barometre nous fait voir que l'air eft alors plus pefant que dans un autre tems, & nous apprenons ce qui augmente fon poids, en confidérant la grande quantité de particules d'eau, dont il fe décharge fur la furface extérieure des vaiffeaux dans lefquels on a fait des refroidiffemens.

Ajoutons à ces raifons, qu'un air froid dans lequel on a électrifé avec fuccès, n'en devient pas moins propre aux mêmes expériences, quoiqu'il devienne plus chaud, pourvû qu'en l'échauffant, on ne le rende pas plus humide qu'il n'étoit. C'eft un fait dont je me fuis affuré plufieurs fois pendant l'hyver, en échauffant jufqu'à 20 ou 22 degrés, par le moyen d'un poële, le lieu où j'avois opéré quelques heures avant, tandis que le thermometre étoit au terme de la glace.

Connoiffant donc que les jours les plus chauds font les moins fa-

III.
D I S C,

T iiij

vorables aux phénoménes électriques, foit par les raifons que je viens
de rapporter, foit par d'autres caufes que j'ignore, j'ai voulu fçavoir fi
la bonne opinion qu'on a communément du grand froid pour ces fortes d'expériences, étoit bien fondée.
Le 14 Janvier de l'année 1747, il
fit un tems très-propre à me fatisfaire
fur cet article; le thermometre étoit
à 6 degrés au-deffous du terme de la
glace, & je faifois mes expériences
dans une chambre dont les fenêtres
étoient ouvertes au Nord & au Sud,
à 4 heures après midi.

Le grand froid eft plus nuifible que favorable, à moins que le corps frotté & celui qui frotte, n'ayent une certaine chaleur.

XVII. EXPERIENCE.

Je frottai le globe de verre qui
étoit très-froid avec mes mains
nues, qui l'étoient prefqu'autant;
mais après un frottement affez rude,
& d'une durée qui auroit fuffi dans
un autre tems, les effets furent fi
foibles, qu'à peine put-on faire étinceler très-médiocrement une chaîne
de fer qui répondoit au globe par
une de fes extrémités.

Après m'être obftiné pendant près

d'une demi-heure, mais toujours
avec aussi peu de succès, à frotter
ce globe, & ayant les mains presque glacées, de les tenir appliquées
au verre, qui ne s'échauffoit pas sensiblement, parce qu'il étoit fort
épais, & qu'un vent très-froid dé-
truisoit continuellement le peu de
chaleur qui pouvoit naître du frottement; je fis fermer les fenêtres,
& ayant fait apporter un réchaud
plein de charbons allumés, je chauffai
un peu, & mes mains & le globe, &
je fis ouvrir les fenêtres, pour faire une
seconde épreuve. Tant que dura le
petit degré de chaleur de mes mains
& du verre, l'électricité alla passa-
blement bien : mais le froid ayant
repris le dessus, les effets reparurent
aussi foibles qu'ils avoient été la premiere fois.

Je fis fermer une seconde fois les
fenêtres, & je chauffai à fond mes
mains & le globe; la chambre restant fermée, tandis que je frottois,
la chaleur se conserva très-longtems
& l'électricité fut constamment plus
forte qu'elle n'avoit été dans les
épreuves précédentes.

Dans cette même foirée, je répétai plusieurs fois ces essais, tantôt avec les mains & le globe chauffés, tantôt avec l'un & l'autre refroidis, & il demeura pour constant que si le grand froid de l'air est favorable pour la vertu électrique, il faut au moins que le corps qui frotte, & celui qui est frotté, ayent un médiocre degré de chaleur.

S'il étoit vrai, comme je le soupçonne, qu'un tems chaud ne nuisît à l'électricité, que parce que l'air est alors chargé de vapeurs plus subtilisées, on pourroit dire aussi qu'un tems médiocrement froid ne convient mieux, que parce que les vapeurs qui regnent alors dans l'atmosphère, sont plus grossieres, & moins propres par cette raison à faire obstacle à la vertu électrique.

Quoi qu'il en soit, il y a des phénomenes qui dépendent visiblement de l'électricité, & qui n'ont lieu que dans un tems froid & sec. Ces étincelles qu'on apperçoit sur son linge, lorsqu'on se deshabille dans l'obscurité, celles qu'on fait naître en frottant le poil de certains animaux, ne paroiſſent guéres que lorſqu'il géle , ou au moins lorſque la chaleur eſt au-deſſous du tempéré ; (a) & plus le froid eſt âpre , plus elles ſont nombreuſes & brillantes : je les ai vû pluſieurs fois ſe convertir en petites aigrettes , & les endroits d'où elles ſortoient , attiroient très-ſenſible-ment tout ce qu'on y préſentoit de léger : je ne m'étendrai pas davanta-ge ici ſur ces feux , j'aurai occaſion d'en parler ailleurs.

Nous pouvons encore conſidérer la température de l'air par rapport aux différens degrés de denſité ou de raréfaction que le fluide en reçoit. S'il étoit vrai, par exemple, & bien démontré, qu'un corps s'é-lectriſe mieux ou moins bien dans un air plus ou moins denſe, il ſeroit ſurprenant que l'électricité reuſſît également pendant les grandes cha-leurs, & dans l'hyver, lorſqu'il géle ; car on ne peut diſconvenir que dans

(a) J'ai obſervé pluſieurs fois que ces étin-celles qui ſortoient de mon linge très-abon-damment, lorſque je me deshabillois, ne pa-roiſſoient plus, lorſque j'avois été un moment couvert dans mon lit. Voyez ce que j'en ai dit dans les Mem. de l'Académie 1745. p. 128.

ces deux états opposés, la denfité de l'air ne change confidérablement.

Deux fortes d'expériences peuvent nous inftruire fur cette queftion ; les unes confiftent à effayer la vertu électrique des corps que l'on place dans le vuide & dans un air extrêmement condenfé ; les autres à examiner fi un corps, pour s'électrifer, doit être toujours placé dans un air d'une denfité uniforme & égale de toutes parts ; fi, par exemple, un tube ou un globe de verre, s'électrife également bien, quand l'air qu'il renferme eft beaucoup plus denfe ou plus rare que celui du dehors qui l'environne.

Toutes ces vûes fe trouvent déja remplies en quelque façon par des expériences qui ont été faites en différens tems, & par diverfes perfonnes très-capables d'en bien juger. Cependant il fe trouve encore quelques contrariétés dans les réfultats, & quelques doutes affez légitimes, fur la certitude des décifions, ce qui vient principalement des difficultés qui fe rencontrent dans les manipulations de ces fortes d'épreu-

ves, & en partie de quelques obfervations qu'on n'avoit peut-être pas
encore faites alors, ou fur l'importance defquelles on n'avoit pas affez
réfléchi.

Hauxbée ayant fait frotter dans un
récipient dont il avoit pompé l'air,
un cylindre de verre folide qui ne
donna point de fignes affez fenfibles
d'électricité, tira cette conclufion
générale, que les corps ne s'électrifent point dans le vuide. M. Gray
dans la fuite trouva qu'une boule
de verre électrifée dans l'air libre,
confervoit fon électricité dans un air
extrêmement raréfié. On pourroit à
la rigueur concilier ce dernier fait
avec le premier, en difant que la vertu électrique du verre, ne peut s'exciter fortement dans le vuide, mais
qu'elle s'y conferve avec toute fa force, quand on l'a fait naître préce-
demment dans l'air libre. C'eft le
parti que prit M. du Fay, quand il
eut répété les expériences, & qu'il
crut les avoir fuffifamment vérifiées;
mais quoique j'euffe beaucoup de
confiance en fes lumieres & qu'un
commerce de plufieurs années, m'eût

fait connoître sa grande exactitude & la scrupuleuse attention avec laquelle il examinoit les faits, je ne puis dissimuler que j'ai toujours eu de la peine à me rendre à cette décision ; il me paroissoit bien singulier qu'un morceau de verre ne pût pas recevoir dans le vuide le même degré de vertu qu'il pouvoit y exercer, surtout lorsque je considérois que suivant les expériences mêmes de M. du Fay, une boule de soufre, d'ambre, de cire d'Espagne, &c. avoit le pouvoir d'y faire l'un & l'autre : & quoique l'électricité nous montre tous les jours les faits les moins attendus, je n'ai jamais crû qu'on dût s'y accoutumer au point de les admettre, sans avoir auparavant bien combattu & anéanti toutes les raisons qu'on pourroit avoir d'en douter. J'ai donc réfléchi depuis sur la maniere dont ces expériences ont été faites, & j'ai crû appercevoir dans les procédés que l'on a suivis quelques défectuosités capables de causer ces différences que j'avois peine à croire.

Premierement je sçais, pour en

avoir été témoin, & même pour y
avoir aidé, que M. du Fay n'avoit
qu'un appareil aſſez imparfait, &
d'un uſage très-incommode, pour
frotter des corps dans le vuide ; il
y a 15 ans que je n'avois pas encore
ajouté à la machine pneumatique,
cette eſpece de rouet dont j'ai donné
la deſcription en 1740, (a) par le
moyen duquel on peut tranſmettre
avec beaucoup de facilité, dans un
récipient dont on a pompé l'air, des
mouvemens de rotation auſſi violens, & d'une auſſi longue durée
qu'on le ſouhaite. J'ai donc penſé
que le verre & le criſtal de roche,
qui ne s'étoient preſque pas électriſés dans le vuide, pourroient bien n'a-
voir pas été ſuffiſamment frottés : car
ces matieres doivent l'être davantage
que l'ambre, la cire d'Eſpagne, le
ſouffre, & la plûpart des autres corps
électriques.

Secondement je ne vois pas pourquoi l'on a préféré des boules & des
cylindres ſolides à des bouts de tubes, ou à des ſphères creuſes ; car
il eſt certain que le verre mince s'é-

____

(a) Mém. de l'Ac. des Sc. 1740. p. 385 & ſuiv.

lectrife plus facilement, que celui qui eft fort épais, & puifqu'on avoit peine à frotter fuffifamment des morceaux de verre dans le vuide, il me femble qu'il falloit faire fes effais fur ceux, qui, par leur forme, ou par leurs dimenfions, pouvoient s'électrifer avec un moindre frottement.

Troifiémement, lorfque l'air vient à fe raréfier dans un récipient, il laiffe tomber les parties aqueufes qu'il foutenoit, & l'on apperçoit dans le vaiffeau, une vapeur d'autant plus épaiffe, qu'il a été pofé plus long-tems fur les cuirs mouillés, qui couvrent la platine, avant qu'on faffe agir la pompe : or cette vapeur eft un obftacle à l'électricité, & je ne vois pas que l'on ait pris des précautions, foit pour en diminuer la quantité, foit pour empêcher qu'elle ne tombât fur le verre qu'on avoit deffein d'électrifer.

Nouvelles épreuves.

Pour remédier à ces trois défauts, ou plutôt pour voir s'ils étoient réels & capables d'avoir induit en erreur ceux qui avoient tenté d'électrifer le verre dans le vuide, je répétai l'expérience de la maniere qui fuit :
XVIII.

XVIII. EXPERIENCE.

Je choifis un de ces récipiens dont la partie fupérieure eft terminée par une efpece de goulot *A*, *fig.* 2. garni en dehors d'une douille de cuivre, qui a un fond, percé & taraudé, pour recevoir une boëte à cuirs *B*. Cette boëte fe nomme ainfi, parce qu'elle eft remplie par des rondelles de cuirs de buffle, trempées dans de la graiffe fondue, & preffées les unes fur les autres, par le couvercle qui fe met vis-à-vis.

A travers du couvercle, des cuirs, & du fond de la boëte, il paffe une tige d'acier arrondie dans la partie qui traverfe la boëte, & quarrée par les deux extrémités ; le quarré d'en-haut qui excéde la boëte à cuirs, s'engage dans le bout d'un petit arbre vertical *C D*, que la machine de rotation fait tourner ; & par ce moyen le mouvement fe tranfmet dans le récipient, fans que l'air puiffe y entrer quand on a fait le vuide. (*a*)

(*a*) Voyez les Mem. de l'Acad. des Sc. 1740. vous y trouverez une defcription détaillée de la machine de rotation & de fes ufages.

V.

Au bout de cette tige qui répond à l'intérieur du récipient, j'ai fixé un petit vase *E* de ce verre blanc, fin, que nous appellons *cristal*, assez semblable par la forme à un gobelet renversé, rond, de 3 pouces de diamétre, de 2 pouces & $\frac{1}{2}$ de hauteur, & d'une ligne d'épaisseur à peu près. La tige qui portoit ce petit vase enfiloit aussi par le centre, & perpendiculairement à son plan, un cercle de carton mince *F* de 4 pouces de diamétre.

J'essuyai bien ces vaisseaux de même que la platine de la machine pneumatique, sur laquelle j'attachai le récipient avec un cordon de cire molle : par cette précaution je diminuois beaucoup cette vapeur, qu'on voit tomber, lorsqu'on commence à raréfier l'air, & qui est d'autant plus abondante, que cet air a resté plus longtems sur des cuirs mouillés, dont on se sert communément, pour joindre le vaisseau à la platine ; & par le petit cercle de carton, dont je viens de parler, j'empêchois que le peu de vapeur qui se trouveroit dans la masse d'air que j'allois raréfier, ne tombât sur mon petit vase *E*.

Enfin ce petit vase en tournant, étoit frotté par une lame de ressort *G*, fixée sur la platine à une distance convenable, & garnie d'un coussinet de papier gris rempli de crin.

Tout étant donc ainsi disposé, & avant que de raréfier l'air, je mis la machine de rotation en jeu : après un frottement de 7 ou 8 secondes, je vis que mon petit vase étoit devenu électrique; il attiroit & repoussoit assez vivement une petite feuille de métal *H*, large d'environ 8 ou 10 lignes en tous sens, & suspendue avec un fil de soye, à deux pouces de distance dans le même récipient.

Bien assuré par cette premiere expérience répétée plusieurs fois, que mon appareil étoit propre par lui-même à exciter promptement la vertu électrique d'une maniere assez sensible, je raréfiai l'air à tel degré que le mercure du baromêtre d'é-

preuve (*a*) n'étoit que d'une ligne
& demie au-deſſus de ſon niveau.
Pour voir ſi cette derniere circonſtance cauſeroit quelque différence
notable dans le réſultat, je recommençai à frotter le petit vaſe, qui
avoit eu tout le tems de perdre ſa premiere électricité ; après un frottement
beaucoup plus long que celui de la
premiere épreuve, j'apperçus des
marques d'électricité, mais beaucoup
plus foibles, & qui ceſſoient bien-
tôt, lorſque je ne renouvellois pas
cette vertu par un nouveau frottement.

Les corps que l'on frotte dans le vuide s'y électriſent, mais plus foiblement que dans le plein.

Par le ſoin que j'ai pris de répéter cette expérience en différens
tems, il m'a paru également certain
que le verre s'électriſe dans le vuide,
& que ſon électricité y eſt plus foible qu'en plein air. J'ai vû les mêmes
effets, lorſqu'au lieu de verre, j'ai
frotté des boules de ſoufre ou de
cire d'Eſpagne.

(*a*) Cet inſtrument eſt un petit ſiphon
renverſé, dont la plus longue branche qui
eſt ſcellée par en haut, contient du mercure.
Voyez les Mém. de l'Acad. des Sciences,
1741. p. 343.

Est-ce donc l'air agité d'une certaine maniere, qui est la cause immédiate des attractions & répulsions électriques comme l'a pensé Hauxbée, & depuis lui plusieurs autres Physiciens ? Et l'électricité ne devient-elle plus foible dans ce qu'on nomme *le vuide*, que parce qu'un air extrêmement raréfié n'est pas capable d'une forte impulsion ?

Cette opinion pourra trouver des défenseurs parmi ceux qui ont essayé d'expliquer les phénoménes électriques, par des mouvemens que le corps frotté, imprime, disent-ils, à l'air qui l'environne; mais outre qu'il me paroît plus raisonnable d'attribuer ces effets à une matiere qui se rend sensible de toutes façons, que tout le monde reconnoît, & que personne ne peut prendre pour de l'air proprement dit; (a) j'ai des faits à citer, d'où il résulte assez clairement, que si l'électricité est commu-

III.
DISC.

Il n'en faut pas conclure que l'air grossier est la cause immédiate des attractions & répulsions.

(a) J'appelle *air proprement dit*, celui que nous respirons, dont les mouvemens & les qualités sont sensibles; en un mot, cet air que l'on raréfie par le moyen d'une pompe aspirante, & que l'on condense par le jeu d'une pompe foulante ou autrement.

III.
DISC.

nément plus forte dans un air qui a une certaine denfité, il eft d'autres cas où elle réuffit trop bien dans le vuide dont il s'agit, pour que l'on puiffe attribuer fes effets au peu d'air que la meilleure pompe laiffe toujours dans le récipient; & s'il fe rencontre feulement un exemple d'attraction ou de répulfion, qu'on ne puiffe attribuer au mouvement de l'air, comment pourra-t-on fe perfuader que ce fluide agité foit la caufe des autres phénoménes de la même efpece ?

On connoît depuis long-tems l'expérience du tube purgé d'air; on fçait qu'il n'eft prefque point électrique par dehors; mais en dedans, l'eft-il autrement que par cette belle lumiere qu'on y voit briller lorfqu'on le frotte ? Des corps légers qu'on y renfermeroit, feroient-ils attirés par la furface intérieure du verie; c'eft ce que j'ignorois encore, & ce qu'il m'a paru important de décider; car cela ne l'étoit point par l'expérience du petit vafe frotté dans le vuide, dont j'ai fait mention en dernier lieu. Celui-ci étoit de toutes parts

Preuves de cette vérité.

dans le vuide ; un tube ou un vaisseau dans lequel on fait le vuide, & que l'on frotte par dehors, répond par une de ses surfaces, à un air très-raréfié, & par l'autre à un air beaucoup plus dense & libre ; cette différence peut changer les effets, & je crois qu'elle les change véritablement.

XIX. EXPERIENCE.

Ayant frotté avec la main, un récipient d'un pied de hauteur, & large de 3 pouces & $\frac{1}{2}$ que j'avois attaché sur la platine d'une machine pneumatique avec de la cire molle, & dont j'avois bien pompé l'air ; il devint électrique au point d'attirer & de repousser assez vivement une petite feuille de faux or qui étoit suspendue avec un fil au milieu du vaisseau : & ces mouvemens me parurent toujours plus forts que ceux que j'avois remarqués dans le récipient purgé d'air, dans lequel j'avois fait frotter le petit vase *E* de la dix-huitiéme expérience. Si j'étois bien sûr que les deux verres employés dans ces expériences eussent été également propres à s'électrifer, & fi je ne fçavois pas que le frottement de la main eft plus efficace que celui d'un couffinet, (a) je ne balancerois point à décider qu'un corps s'électrife mieux lorfqu'il eft touché en tout ou en partie par un air libre & d'une certaine denfité, que quand il eft totalement plongé dans un air extrêment raréfié.

XX. EXPERIENCE.

Au lieu de frotter ce vaiffeau purgé d'air comme dans l'expérience précédente, j'en approchai à quelques pouces de diftance un tube électrifé: la vertu de celui-ci fe fit vivement fentir fur la feuille de faux or qui étoit fufpendue dans le vuide; elle étoit plus fouvent pouffée qu'attirée; mais jamais je n'approchois le

(a) J'en juge par ma propre expérience, par celle de M. Gray, & par celle de quantité de perfonnes de ma connoiffance; fans cependant faire de cela une régle générale, il peut y avoir des gens qui n'ayent pas la main bonne pour les expériences électriques; foit parce qu'une abondante tranfpiration la rend humide, foit parce que la peau en eft trop douce.

tube

tube électrique du récipient, jamais je ne l'en retirois après l'avoir approché, que la feuille n'y répondît par des mouvemens très-marqués.

Je le répete donc; il n'eſt pas vraiſemblable que l'électricité qui naît ou qui ſe tranſmet ſur le vuide puiſſe être l'action de l'air agité. Si l'impulſion de ce fluide étoit la cauſe des attractions & répulſions; pourquoi dans certains cas ces mouvemens ſeroient-ils preſqu'auſſi forts dans le vuide qu'en plein air? & comment ſon action pourroit-elle ſe tranſmettre à travers le verre qu'il n'a pas coutume de pénétrer?

Mais c'eſt trop s'arrêter à combattre une prétention qui n'eſt pas ſoutenable : veut-on ſçavoir ce qui fait mouvoir la feuille de métal de ma derniere expérience? qu'on la répete cette expérience, dans l'obſcurité : un Obſervateur attentif appercevra le fluide qui agit, & il n'aura pas de peine à reconnoître qu'il eſt d'une nature bien différente de celle de l'air.

X

XXI. EXPERIENCE.

Quand on approche le tube nouvellement frotté de la surface du récipient dont on a pompé l'air , on voit naître de cet endroit, *Fig.* 3. un , ou quelquefois plufieurs jets de matiere enflammée qui s'étendent dans l'intérieur du vaiſſeau , & à la lueur de cette lumiere, on peut aifément remarquer que la feuille de métal fufpendue s'agite plus ou moins , & en différens fens , fuivant qu'elle eſt frappée par ces émanations lumineufes.

Pour peu qu'on y réfléchiſſe , on voit que felon toute vrai-femblance , l'électricité qu'on remarque ici dans le vuide, a pour caufe principale la matiere effluente du tube qui pénetre le récipient, & qui communique fon action à une matiere femblable , qui remplit le vaiſſeau , & qui s'enflamme avec une grande facilité , parce que n'étant mêlée qu'avec un air fort rare & purgé de toute vapeur, la contiguité de fes parties, n'y eſt prefque point interrompue.

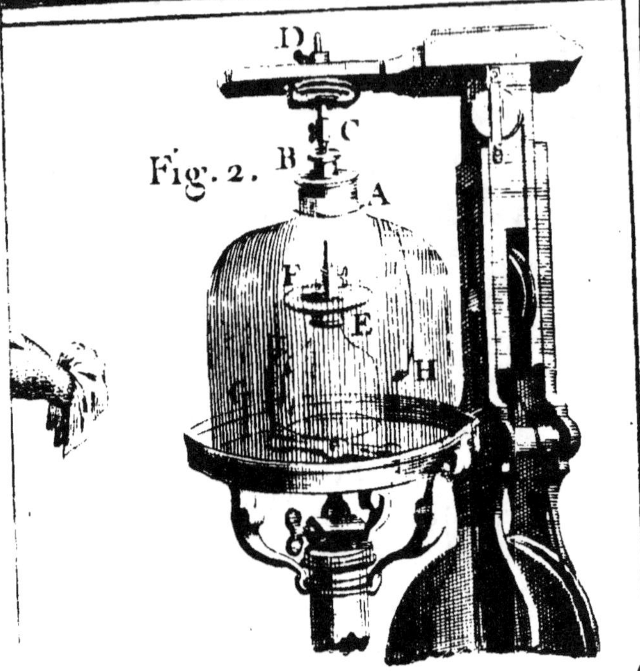
Fig. 2.
D
C
B
A
F
E
H
G

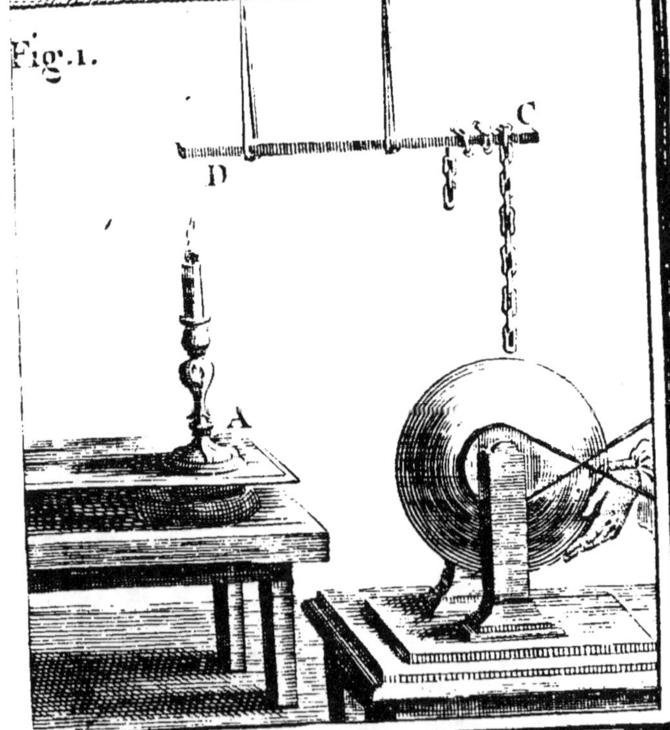
Fig. 1.
D
C
A

Cette derniere confideration nous
offre une raifon très-plaufible de la
difference que l'on remarque entre
les phénoménes lumineux que l'é-
lectricité opere dans l'air, & ceux
qu'elle nous fait voir dans le vuide.
On fçait que ceux-ci brillent prefque
toujours d'une lumiere diffufe & continue ; ce qui convient affez à un
fluide très-fubtil qui peut s'enflammer au moindre choc, & fans ex-
plofion fenfible, parce que rien ne
s'oppofe à fon expanfion, & dont
l'action peut auffi s'étendre d'autant
plus loin, & avec d'autant plus de
promptitude, qu'aucun obftacle ne
s'oppofe à fa propagation : au lieu
que ces aigrettes lumineufes, que la
matiere électrique nous repréfente
fouvent, lorfqu'elle s'élance du corps
électrifé dans l'air libre qui l'environne, fe forment de rayons très-di-
ftincts, qui divergent entr'eux, &
dont chacun paroît moins être un
trait de matiere enflammée, qu'une
fuite de petits globules qui ne s'al-
lument & n'éclatent que fucceffivement ; ce qui vient vrai femblable-
ment de ce que le fluide, en fortant

III.
Disc.
Différence
très-confidé-
rable des phé-
noménes lu-
mineux lorf-
qu'ils fe paf-
fent dans l'air
libre, eu dans
le vuide.

X ij

avec violence du corps électrisé, se trouve comme éparpillé par l'air qui s'oppose à son paffage, qui embarraffe fes parties, & qui en interrompt un peu la continuité.

Mais fi la matiere électrique éclate dans le vuide, d'une lumiere plus continue, &, pour ainfi dire, plus ferrée ; nous voyons auffi par les expériences rapportées ci-deffus, que les attractions & les répulfions qu'elle y exerce, font communément plus foibles, d'une moindre durée, & plus irrégulieres qu'elles n'ont coutume de l'être dans l'air de l'atmofphere ; & l'on peut encore rapporter ces différences aux mêmes caufes auxquelles nous avons attribué celles qu'on remarque entre les phénoménes lumineux, en obfervant néanmoins que ce qui fait briller ceux-ci avec plus d'éclat, eft juftement ce qui affoiblit les autres effets. Car c'eft par l'abfence de l'air

que ce mouvement qu'on nomme *lumiere*, s'imprime & fe propage mieux dans le vuide qu'ailleurs ; & c'eft au contraire la préfence de ce même fluide avec une certaine densité, qui fait prendre plus sûrement à la matiere électrique, les differentes directions qu'il faut qu'elle ait, pour causer les attractions & les répulsions des corps légers.

Pour mieux faire entendre ma pensée, qu'il me soit permis de rappeller ici en peu de mots l'idée que je me suis faite du méchanisme de l'électricité, & que j'ai exposée plus au long dans la troisiéme partie de mon *Essai*. Je regarde l'électricité en général comme l'action d'un fluide très-subtil & inflammable, que l'on détermine à se mouvoir en même-tems en deux sens opposés ; ce que j'ai nommé *effluence & affluence simultanées de la matiere électrique*, & que je crois avoir assez prouvé : par les deux mouvemens contraires, j'ai essayé d'expliquer les attractions apparentes & les répulsions des corps légers ; & dans le choc qui doit naître entre les parties de ce fluide qui se rencontrent réciproquement, j'ai cru trouver la cause des phénomé-nes lumineux, sur quoi je ferai deux courtes remarques.

1°. S'il est vrai, comme il le paroît,

que la matiere électrique s'enflamme
par le choc de ses propres parties ;
cette inflammation aura lieu même
dans des cas où il n'y avoit qu'un
courant, pourvû que ce courant rencontre dans son chemin une pareille
matiere : car la violence du choc
nécessaire pour cet effet, dépend
principalement de la vîtesse respec-
tive des corps entrechoqués, & l'on
sçait que cette vîtesse peut être plus
que suffisante entre deux corps, dont
l'un est en repos. Ainsi, pour choisir un exemple, dans un vaisseau dont
j'ai pompé l'air, j'excite des traits
de lumiere, lorsque j'en approche
un tube, ou un autre corps électrisé, parce que les émanations qui
s'élancent de celui-ci, quoiqu'invi-
sibles dans l'air, frappent avec assez
de force la matiere électrique qui est
dans le vuide, quand bien même
on ne voudroit lui accorder aucun mouvement d'affluence vers le
tube.

2°. Si les attractions apparentes
des corps légers se font par l'impulsion de la matiere électrique affluente, & que les répulsions qu'on voit

souffrir à ces mêmes corps, soient
les effets de la matiere effluente,
comme on ne peut plus gueres en
douter, il faut donc que la petite
feuille d'or, lorfqu'elle eft portée
vers le tube électrique, éprouve plus
d'impulfion de la part des rayons
affluens, qu'elle ne trouve de réfiftance de la part de ceux qui éma-
nent du corps électrifé. Or fi les uns
& les autres avoient une égale denfité, comment ceux-ci feroient-ils
plus foibles que les premiers, pour
permettre à la feuille d'or de s'approcher du tube? Je crois donc que
cette divergence que nous remar-
quons entre les rayons effluents, eft
ce qui donne lieu à la matiere affluente, de porter les corps légers
vers le tube. Quand cette divergence fera moindre, quand la matiere
électrique ne fortira plus en forme
de bouquets épanouis, il y a tout
lieu de croire que les mouvemens
alternatifs d'attraction & de repul-
fion, feront moins fréquens & plus
irréguliers.

Je crois encore que ce qui fait
prendre ainfi la forme d'aigrettes à la

III.
DISC.

matiere électrique effluente, c'eft, comme je l'ai déja infinué ci-deſ-ſus, la réſiſtance de l'air qu'elle éprouve en fortant ; car on fçait d'ailleurs, que ce fluide eſt moins perméable pour elle, que la plû-part des autres corps, même les plus folides & les plus compacts, de forte que fi cette matiere s'élan-çoit immédiatement dans le vuide, elle fe préfenteroit probablement fous une autre forme, & avec des effets differens de ceux qu'elle a coutume d'operer en plein air.

Je raifonnois ainfi, lorfqu'il me prit envie de fçavoir ce que devien-droient ces aigrettes lumineufes, qu'on apperçoit communément au bout d'une verge de métal, tandis qu'on l'électrife, fi je tenois dans le vuide, le bout où elles ont coutume

de paroître. Je pris donc une trin-gle de fer, qui avoit 4 pieds de longueur, de celles dont on fe fert pour porter les rideaux des fenêtres : je fixai à l'une de fes extrémités, un vaiffeau de verre *A B*, *fig.* 4, qui avoit 4 à 5 pouces de diametre, & deux goulots oppofés l'un à l'autre :

cette jonction étoit faite de maniere que l'air ne pouvoit y paſſer, & le bout de la tringle s'avançoit juſqu'au milieu du vaiſſeau : l'autre goulot étoit garni d'un robinet fort exact, par le moyen duquel on pouvoit appliquer cet aſſemblage à la machine pneumatique, pour pomper l'air du vaiſſeau, & l'en ôter, quand on auroit fait le vuide, pour le mettre en expérience.

Avant que d'en venir à cette épreuve, je voulus voir ſi, de ce que l'extrémité de la verge de fer ſe trouvoit renfermée dans un vaiſſeau de verre, quoique plein d'air, il ne s'enſuivroit aucune difference dans les effets ordinaires, afin de ſçavoir au juſte ce que j'aurois à attribuer à l'abſence de l'air dans l'expérience que j'avois deſſein de faire enſuite.

XXII. EXPERIENCE.

Je ſuſpendis horiſontalement avec des ſoyes, la verge garnie de ſon vaſe non purgé d'air, &, je la fis électriſer par le moyen d'un globe de verre : bientôt après je vis paroître

deux aigrettes lumineuses à l'extrémité renfermée dans le vaisseau, &
ces aigrettes furent à peu près les
mêmes, soit que le robinet fût fermé, soit qu'il laissât une communication ouverte entre l'air du dedans
& celui du dehors; mais dans l'un
& dans l'autre cas, ces aigrettes
étoient sensiblement plus petites
qu'elles n'avoient été au même bout
de cette verge, avant qu'il fût ainsi
renfermé : ce qui vient vrai-sembla-
blement de ce que la matiere affluente, dont le choc doit contribuer à
l'inflammation de ces aigrettes, se
trouvoit alors ralentie, étant obligée de se tamiser, pour ainsi dire, à
travers le verre, que toute matiere
électrique ne pénétre qu'avec peine.

Je remarquai encore dans cette premiere épreuve d'autres effets qui méritent d'être rapportés : la verge de fer
devint bien plus électrique qu'elle
ne l'est communément, lorsqu'on
l'applique seule à l'expérience : le
vaisseau le devint aussi d'une maniere très-sensible, & garda sa vertu très-long-tems, quoique je
tinsse la verge de fer à pleines mains,

& que j'eusse touché le verre à plusieurs reprises.

En examinant les circonstances
de l'expérience de Leyde, j'ai déja
observé * que le vase qui contient
l'eau, s'électrise par communication,
& retient fort long-tems après son
électricité, quoiqu'il cesse d'être isolé : je dois ajouter ici que c'est moins
à l'eau qu'au verre même dans lequel
elle est contenue, qu'il faut attribuer
cette particularité ; car on voit par
l'expérience que je viens de citer,
qu'un vaisseau de verre électrisé, &
qui ne contient point d'eau, nous
représente le même effet. (a)

Etant donc bien assuré que le vaisseau qui renfermoit le bout de ma
tringle, n'empêcheroit point par
lui-même que les aigrettes ne pa-
russent, je continuai mes épreuves
de la maniere suivante.

XXIII. EXPERIENCE.

Je pompai l'air de ce vaisseau le
plus exactement qu'il me fut possi-

III.
D i s c.

* Essai sur
l'Elect. p.
199. & suiv.

(a) Je rapporterai à la fin de ce volume
un fait qui confirme parfaitement ce que j'a-
vance.

ble, & je recommençai d'électrifer, comme j'avois fait précédemment ; cette nouvelle expérience me mit fous les yeux des phénoménes que j'avois prefque tous prévus; mais elle me les offrit d'une maniere fi brillante, que j'eus tout le plaifir de la furprife ; j'ofe dire que l'électricité ne nous a rien fait voir de plus beau , jufqu'à préfent : en voici le détail.

En très-peu de tems le vaiffeau de verre *A B*, *fig.* 4. devint extrêmement électrique , fon atmofphere étoit fi fenfible , qu'à 5 ou 6 pouces de diftance , tout autour , il fembloit que l'on touchât de la laine cardée quand on en approchoit la main ou le vifage.

Le robinet & les garnitures de cuivre qui étoient cimentées aux deux goulots , faifoient par leurs bords & par leurs parties les plus faillantes , des aigrettes lumineufes qui avoient plus de 2 pouces de longueur , & qui bruiffoient de maniere à fe faire entendre d'un bout de la chambre à l'autre. On voyoit auffi des aigrettes à différens points de la furface

extérieure du vaiſſeau, quand on en
approchoit le bout du doigt.

L'odeur de ces émanations étoit
des plus fortes, & reſſembloit, comme je l'ai déja dit en pluſieurs endroits, à celle du phoſphore, & un
peu à celle de l'ail, ou du fer diſſout
par l'eſprit de nitre.

Le bout de la tringle qui répondoit dans le vuide, ne faiſoit plus
de ces aigrettes ordinaires, compo-
ſées de rayons ou de filets très-di-
vergens, & dont chacun ſemble être
une ſuite de petits grains enflammés :
il couloit de pluſieurs endroits en même-tems de gros rayons de matiere
lumineuſe qui s'allongeoient juſqu'à
la ſurface intérieure du vaiſſeau, &
qui reſſembloient preſque à la flamme d'une lampe d'Emailleur animée
légerement par le vent d'un soufflet.

Ces flammes ſe multiplioient, lorſque j'entourois le vaiſſeau à quelques
diſtance avec mes deux mains, & ſur-
tout quand je préſentois mes dix
doigts à la fois, dans une direction à
peu près perpendiculaire au centre de
ce même vaiſſeau. *Fig.* 5.

Lorſque je ceſſois d'exciter ces

flammes ou de les déterminer à se porter vers l'équateur du vaisseau, il en
sortoit une fort grosse de l'extrémité
du fer, qui alloit au-devant d'une
autre tout-à-fait semblable qui venoit
du goulot où étoit attaché le robinet. *Fig.* 6.

En quelque endroit de la tringle
que l'on excitât une étincelle, elle
étoit très-forte, & dans l'instant
qu'elle éclatoit, tout le vaisseau se
remplissoit d'une lumiere si brillante,
qu'on appercevoit très-distinctement
tous les objets des environs. On
ne peut pas voir une image plus
naturelle des éclairs qui précédent
ou qui accompagnent le tonnerre.
Fig. 7.

Ayant examiné ce qui se passoit
au-dedans du vaisseau à l'égard de
quelques fragmens de feuilles de métal que j'y avois fait entrer, avant
que de faire le vuide ; je les vis presque tous adhérens au verre, desorte
qu'on eût dit qu'ils y tenoient par
quelque humidité ; mais ils s'en déta-
choient ou se soulevoient en partie,
lorsque j'en approchois le bout du
doigt, ou un morceau de métal par

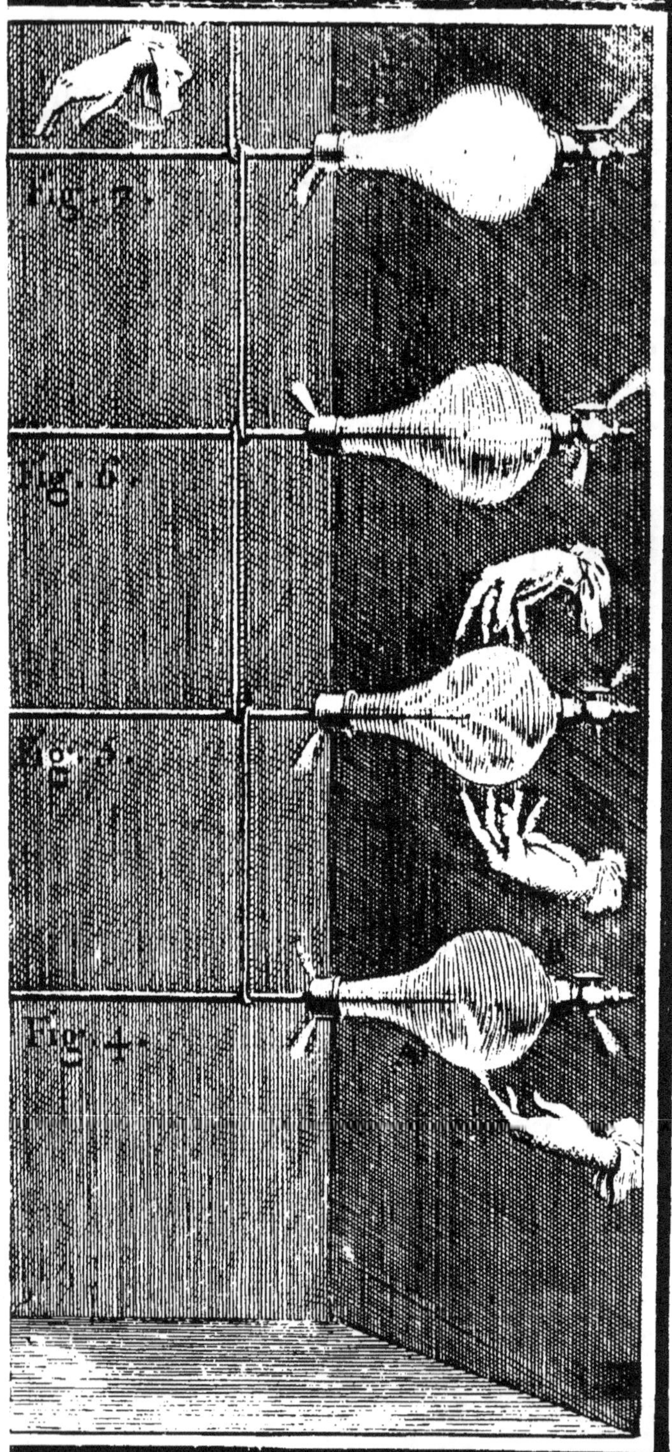
sur l'Electr. 5.e Disc. Pl. 2.
Fig. 7.
Fig. 6.
Fig. 5.
Fig. 4.

dehors ; ces petites feuilles étoient
rarement attirées par le bout de la
tringle , quelque foin que je priffe
pour faciliter cet effet.

III.
DISC.

Lorfque j'eus ôté la tringle de deffus les cordons de foye , quoique je la
tinffe dans ma main , les effets dont
je viens de parler , continuerent encore , quoiqu'en s'affoibliffant ; ils
fe ranimoient quand j'approchois
la main du vaiffeau : & quand je ne
les excitois pas , je voyois pendant
plus d'une demi-heure fortir du bout
de la tringle de fer , une petite flamme affez brillante , deforte qu'il fembloit que je portaffe une petite bougie allumée dans une lanterne de
verre.

Je mouillai le vafe extérieurement
avec de l'eau & je n'apperçus prefque
plus aucuns des effets dont je viens
de faire le récit ; mais ayant bien effuyé & feché le verre , je les vis reparoître quoique très-affoiblis.

Enfin je laiffai rentrer l'air , & tout
ceffa fans retour.

On peut juger maintenant par le
detail de cette expérience , fi j'ai eu
raifon de dire ci-deffus , que l'abfence

de l'air ou son extrême raréfaction, donne lieu à la matiere électrique de s'enflammer plus facilement, & d'une maniere plus complette ; mais que cette même cause empêchant la matiere effluente de se diviser en aigrettes, devoit rendre les mouvemens alternatifs d'attraction & de répulsion plus rares & plus irréguliers.

Expériences à faire dans l'air condensé.

J'aurois bien voulu joindre ici quelques expériences que j'avois projetté de faire dans l'air condensé, & que j'avois même commencées ; mais ce que j'ai essayé de faire à cet égard, ne m'a paru ni assez sûr, ni assez complet : j'aurois voulu non-seulement condenser l'air dans des tubes, pour voir s'ils peuvent s'électriser en cet état, & de quel degré d'électricité ils sont susceptibles ; je desirois encore que l'on pût augmenter considerablement la densité de ce fluide dans un vaisseau assez grand, pour essayer d'y faire tout ce que j'ai fait dans le vuide ; mais cela est difficile par plusieurs raisons.

Difficultés de les faire comme il faut.

1°. On ne peut prudemment risquer de condenser l'air avec une certaine force dans des vaisseaux d'une d'une grande capacité, tranſparens , & fragiles par conſéquent, ſans un appareil qui demande beaucoup de ſoin & de tems. Cette difficulté cependant, ſi elle étoit la ſeule, ne m'arrêteroit pas , j'ai des vaſes de verre diſpoſés & garnis de maniere que je puis ſans danger y comprimer l'air , juſqu'à le rendre 8 ou 10 fois plus denſe qu'il ne l'eſt communément dans l'atmoſphere, & en augmentant les précautions , je pourrois porter la condenſation encore plus loin.

2°. Mais ce n'eſt point aſſez de pouvoir comprimer l'air d'un vaiſſeau dans lequel on veut eſſayer l'électricité , il faut que cette maſſe d'air que l'on comprime , conſerve un certain degré de pureté ; il ne faut pas qu'elle ſoit humide ni chargée de vapeurs graſſes , puiſqu'on ſçait d'ailleurs que ces ſubſtances étrangeres qui ſe mêlent avec l'air , nuiſent conſiderablement à la vertu électrique : cette condenſation ne doit donc pas ſe faire par les moyens ordinaires , c'eſtà-dire, avec des pompes foulantes , dont les piſtons néceſſairement en-

duits de quelque fluide, ne manqueroient pas de falir l'air, en le for-
çant d'entrer.

Le procédé de M. du Fay eft in-
génieux, je veux dire l'ufage qu'il a
fait d'un gros éolipyle de cuivre rouge qu'il faifoit chauffer fortement
pour occafionner une compreffion
d'air dans un tube de verre qui étoit
joint & cimenté au col de cet inftrument. Mais outre que ce moyen ne
fuffiroit pas pour condenfer l'air dans
un vaiffeau d'une certaine capacité,
conformément à mes vûes, il refte encore quelques fcrupules fur l'action
du feu que l'on employe : car qui
fçait s'il ne s'eft pas élevé du cuivre
même dans le tube, quelque exhalai-
fon nuifible à l'électricité ? Qui fçait
fi les vapeurs contenues dans l'air de
ce ballon de métal, échauffées à un
certain point, & chaffées dans le
tube, n'ont pas été capables d'empêcher qu'il ne s'électrisât ? Si ce tube devenoit électrique, cette expérience prouveroit inconteftablement
que l'électricité n'eft point incompa-
tible avec un air condenfé à tel
degré. Mais quand il ne s'électrife

pas, j'ai peine à décider si la conden-
sation de l'air suffit pour empêcher
l'électricité , parce que je ne sçais
pas bien si cette cause agit seule ,
lorsque j'en vois deux qui peuvent
avoir lieu.

Si je ne devois condenser l'air que
dans des tubes ou dans des vaisseaux
d'une médiocre capacité , j'aimerois
mieux , en les ajustant à des siphons
renversés , charger l'air qu'ils renferm-
ment, d'une colonne de mercure assez longue , pour égaler 4 à 5 fois
le poids de l'atmosphere ; si les
tuyaux pouvoient soutenir cet effort , ou même une plus grande
charge , on feroit sûr au moins que
la masse d'air comprimé , ne contien-
droit rien d'étranger que ce qu'elle
contenoit avant sa compression.

3°. Mais de quelque maniere qu'on
s'y prenne , quand bien même on ne
feroit que charger l'air pour le ré-
duire dans un plus petit espace , évi-
tant par-là d'y introduire aucune
substance étrangere , comme il arrive presque indispensablement lorsqu'on se sert de pompe ou de
soufflets , on doit faire attention

qu'en refferrant ainfi l'air, on rappro-
che aufli les vapeurs dont il eft naturellement chargé; & fi une certaine quantité de vapeurs eft un obftacle à l'électricité, les phénoménes
électriques n'auront pas lieu dans ce
vaiffeau; mais pourra-t-on dire avec
certitude que l'air condenfé en foit
la feule caufe? ne pourra-t-on pas
douter même qu'il ait aucune part à
cet effet?

Il me paroît donc très-difficile,
pour ne pas dire impoffible, de tenter l'électricité dans l'air condenfé,
comme on peut le faire dans le vuide. Premierement, parce que la
fragilité des vaiffeaux tranfparens,
ne nous permet pas d'y comprimer
l'air autant qu'il eft poffible de l'y
raréfier. Secondement, parce que
l'air que l'on comprime, contient
néceffairement des vapeurs conden-
fées; obftacle fuffifant pour empêcher ou pour affoiblir confidérablement l'électricité. Ainfi les réfultats
des expériences qu'on pourroit faire,
feront toujours affectés de quelque
incertitude; fi la vertu électrique fe
manifefte, on pourra croire que l'air

n'eſt point aſſez condenſé, & que
s'il l'étoit davantage les effets ſe-
roient différens. Si elle ne ſe manifeſte pas, les vapeurs augmentées
par la condenſation pourront paſſer
légitimement pour la cauſe principale de ce défaut d'électricité.

Ces conſiderations me font abandonner pour le préſent ces expériences trop laborieuſes & trop délicates
pour le peu de fruit qu'il ſemble qu'on
en peut attendre, à moins qu'elles ne
ſoient portées à un certain point de
perfection. Je me contente d'expoſer
les difficultés que j'y trouve afin de
donner à d'autres perſonnes plus pa-
tientes ou plus ingénieuſes que moi,
l'occaſion d'y refléchir & d'y trouver
des remédes s'il y en a.

Je n'examinerai point ici, comme
je me l'étois propoſé d'abord, ſi la
figure & les différentes dimenſions
des corps que l'on veut électriſer,
ou par leſquels on tranſmet l'électricité, contribuent à rendre cette
vertu plus ou moins forte ; les expériences que j'aurois à citer par rapport à cette queſtion ſont étroite-
ment liées avec d'autres faits qui

appartiennent au Difcours fuivant; celui-ci eft déja fort long, & je vais le finir par quelques réflexions fur la néceffité d'ifoler ou de placer fur certains fupports les corps auxquels on a deffein de communiquer l'électricité.

Mrs. Gray & du Fay ont eu raifon d'établir comme une régle générale, qu'il faut ifoler les corps à qui l'on veut communiquer l'électricité.

MM. Gray & du Fay nous en ont fait une loi, & de leur tems cette loi étoit fans exception : c'eft-à-dire, qu'on ne connoiffoit aucun fait, qui parût y déroger. Depuis quatre ou cinq ans prefque tous ceux qui ont électrifé avec des globes de verre, ont obfervé qu'en certains cas l'électricité eft fi forte, & fe renouvelle tellement que le fujet qui la reçoit, peut être touché par d'autres corps, fans ceffer entierement d'être électrique; quoiqu'il foit toujours certain que fon électricité s'affoiblit par ces attouchemens. C'eft pourquoi M. Boze dans un ouvrage (a) qu'il publia en François, il y a environ trois ans, dit, en parlant d'un homme électrifé de cette maniere : » Il pourra même » quitter fon pied d'eftal & faire 4

______
(a) Recherches fur la caufe & fur la véritable théorie de l'Electricité, p. 28.

» ou 5 pas avant qu'il perde toute sa » vertu , &c. » Et M. Allamand dans sa lettre à M. Folkes exprime ainsi son 32e phénoméne : » Un corps électri- » que ne perd pas toute son électrici- » té par l'attouchement d'un corps » qui ne l'est pas. »C'est aussi par cette raison que j'ai modifié la loi établie par M. du Fay en substituant les deux propositions que voici : *Un corps élec-trisé perd communément toute sa vertu par l'attouchement de ceux qui ne le sont pas ; mais dans le cas d'une forte électricité , les attouchemens ne font que diminuer la vertu du corps électrisé , & ne la lui font perdre entierement qu'après un espace de tems qui peut être assez considérable.* (a)

Quand j'écrivois ainsi, je n'igno-rois pas que dans l'expérience de Ley-de le vase de verre qui contient l'eau , s'électrise fortement , & conserve long-tems son électricité, quoiqu'on le tienne à pleines mains. C'est un des Articles du Mémoire que je lûs à notre rentrée publique d'après Pâques 1745. Mais à l'imitation des Auteurs que je viens de citer, j'ai laiss-

III.
D I S C.

L'exemple de la bouteille qui devient é-lectrique dans l'expérience de Leyde , n'est qu'une exception à la loi générale.

(a) Essai sur l'Electricité , p. 143.

fé fubfifter la loi générale, & j'ai expofé cette particularité comme une
exception : c'étoit ménager également-
ment & comme je le devois, la vérité
& la mémoire de deux Sçavans qui
ont bien mérité de la Phyfique, fur-
tout dans cette partie : je crois que je
n'aurois fait ni l'un ni l'autre, fi j'en
euffe ufé autrement ; car il n'eût été
ni vrai ni honnête de donner à entendre, comme quelques perfonnes l'ont
fait, que MM. Gray & du Fay avoient
eu tort de dire qu'il faut ifoler fur des
gâteaux de réfine les corps qu'on
veut électrifer, ou plus généralement encore, *qu'ils s'étoient trop pref-
fés d'établir des loix.*

Pour ne parler que de ce qui çon-
cerne la vérité, fi M. du Fay a eu
tort d'avancer cette propofition,
quelqu'un auroit donc raifon de foutenir la contradictoire, en difant :
qu'il n'eft pas befoin d'ifoler les corps
que l'on veut électrifer ; mais il eft
pourtant bien certain qu'on ne
pourra pas les électrifer fans cette
condition, ou que s'ils s'électrifent, ils n'auront qu'une vertu foible, qu'ils perdront bien-tôt ; ce qui

fuffit

suffit pour autorifer cette propofition générale, *Qu'il faut ifoler les corps
auxquels on veut communiquer l'électricité;* comme on a raifon de dire généralement qu'il faut fermer la porte
& les fenêtres d'une chambre qu'on
veut échauffer avec un poële, quoiqu'on fçache bien qu'elle ne feroit
pas privée de toute chaleur, fi l'on
en ufoit autrement.

Si pour multiplier les exceptions,
on vouloit ajouter à l'exemple du
vafe qui contient l'eau dans l'expérience de Leyde, celui des corps
qui, dans cette même épreuve, reçoivent & tranfmettent la commotion électrique, fans être placés fur
de la réfine ; je répondrois à cette
inftance, que ces corps ne s'électrifent point, à proprement parler ; je
renverrois à ce que j'en ai dit au
commencement de ce Difcours, en
ajoutant que c'eft confondre les
idées, & retarder le progrès de nos
connoiffances, que de s'obftiner à
ne pas diftinguer cette action inftan-
tanée, qui peut être, & qui eft probablement un fimple mouvement de

III.
Disc.

percuſſion, imprimé à un fluide qui ne ſe déplace pas ; à ne pas diſtinguer, dis-je, cette action des autres mouvemens de la matiere électrique, qui ſont viſiblement progreſſifs.

QUATRIEME DISCOURS.

Dans lequel on examine, 1°. Si l'Electricité se communique en raison des masses, ou en raison des surfaces, 2°. Si une certaine figure, ou certaines dimensions du corps électrisé, peuvent contribuer à rendre sa vertu plus sensible, 3°. Si l'électrisation qui dure long-tems ou qui est souvent répétée sur la même quantité de matiére, peut en altérer les qualités ou en diminuer la masse.

LEs Physiciens qui connoissent par eux-mêmes les phénoménes électriques, qui les ont étudiés, & qui sçavent combien nous sommes encore éloignés de pouvoir les saisir avec précision, seront sans doute surpris de voir que j'aye entrepris de déterminer dans quel rapport se communique

IV.
DISC.
Examen de la premiere question.

la vertu électrique : ces expreſſions géométriques, *en raiſon des maſſes*, *en raiſon des ſurfaces*, pourroient faire croire que je me ſuis flatté de faire connoître, quelle eſt au juſte la quantité actuelle d'électricité qui ſe trouve dans un corps à meſure qu'on en change l'étendue ou le poids dans des proportions connues ; prétention que je n'ai point, & que je n'oſerois avoir, tant qu'il nous manquera un inſtrument bien éprouvé, ou un moyen ſûr pour juger des degrés que peut recevoir la vertu électrique. Je me conforme ſeulement au langage de ceux qui ont propoſé la queſtion, & qui ne ſçavoient peut-être pas aſſez combien il eſt difficile de la réſoudre, en ne s'écartant pas des termes dans leſquels elle eſt conçue. Tout mon deſſein eſt de ſçavoir ſi l'électricité eſt ſenſiblement plus forte dans les corps de la même eſpece qui ont plus de maſſe ; ſi la même quantité de matiere ayant plus de ſurface s'électriſe davantage ; & ſi pour rendre plus grands les effets de la vertu électrique, il eſt plus expédient d'augmenter la maſſe, que

la furface du corps qu'on électrife,
ou tout au contraire.

En me renfermant dans ces bornes, je ferois pourtant fâché que
mon exemple fît perdre à d'autres,
le défir (toujours très-louable,) de
porter plus loin ces recherches ; je
fçais que quelques Sçavans (a) fe font
occupés de cet objet, & qu'ils le
fuivent avec beaucoup de fagacité,
j'applaudis très - fincerement à leur
zéle, & je verrai avec une grande
fatisfaction, les fruits d'un travail
qui ne peut être qu'utile, &
dont les fuccès font déja affez réels
pour nous en faire efpérer de plus
grands.

A la rentrée de l'Académie qui fe
fit après Pâques de l'année 1746,
je lus un Mémoire qui contenoit le
détail de l'expérience de Leyde, nou-

____

(a) Meffieurs Darcy & le Roy, tous deux
connus par plufieurs bons Mémoires dont ils
ont fait part à l'Académie des Sciences,
s'appliquent depuis quelques années à l'étude
des phénoménes électriques ; entre autres
vues, ces Meffieurs fe font propofé l'inven-
tion d'un *électrométre* : ce qu'ils ont fait à cet
égard, donne lieu de croire qu'ils viendront
à bout de réfoudre ce problême.

vellement connue alors, & des circonſtances les plus remarquables
que ce phénoméne ſingulier examiné & approfondi, m'avoit donné lieu
d'appercevoir ; j'annonçai comme
une découverte qui me paroiſſoit de
quelque importance, qu'une barre
de fer de 7 à 8 pieds de longueur,
& du poids de 80 livres ou environ,
étoit devenue beaucoup plus électrique que les tuyaux légers & les
petites tringles de même métal dont
je m'étois ſervi juſqu'alors ; & pour
montrer comment j'en avois jugé,
je rapportai de ſuite tout ce que
j'avois apperçu en électriſant cette
groſſe barre, dans les termes que
voici.

» Au bout d'une de ces groſſes
» barres électriſées, on voioit ſortir
» par les quatre angles autant de
» gerbes enflammées, dont la lon-
» gueur meſurée étoit de plus de 5
» pouces, & le diamétre d'un peu
» plus de 2 pouces, à l'endroit où
» elles étoient le plus épanouies.
» Le bruit que faiſoient ces gerbes,
» s'entendoit très-diſtinctement dans
» la chambre voiſine, dont on laiſ-

Ce qui a
donné lieu à
cettequeſtion.

Extraits des
Regiſtres de
l'Académie
Royale des
Sciences ,
pour l'année
1746.

» foit la porte ouverte ; & à plus de
» 15 pouces de diftance, on fentoit
» fur les mains un fouffle très-confi-
» dérable , de même qu'autour
» de la barre dans toute fa lon-
» gueur.

» Quand on approchoit le doigt
» feulement à 4 pouces de cette
» barre, il devenoit lumineux par le
» bout ; il en fortoit une petite
» aigrette : on voyoit la même chofe
» à l'endroit du fer qui étoit vis-à-
» vis ; & fi l'on avançoit encore un
» peu, il s'allumoit un trait de feu
» très - vif entre le fer & le doigt ;
» l'éclat fe faifoit entendre de fort
» loin, & la douleur égaloit prefque
» celle qu'on reffent communément
» dans l'expérience de Leyde.

» Je préfentai aux aigrettes une
» bague que je tenois par fon anneau,
» & enfuite un écu ; les traits de feu
» qui s'élançoient deffus à plus de
» 2 pouces de diftance, m'engour-
» diffoient les doigts tellement
» que je ne pus les y tenir qu'un
» inftant.

» J'en approchai une montre, &
» ces mêmes traits de feu me firent

IV.
DISC.

» voir distinctement, & sans aucune
» difficulté, l'heure que marquoient
» les aiguilles.

» Un homme qui se tenoit de-
» bout sur un gâteau de résine, &
» qui tenoit d'une main le bout de
» cette barre électrisée, acquit lui-
» même tant d'électricité, que les é-
» tincelles qu'on en tiroit étoient in-
» supportables, & répandoient sur
» son habit une lueur très-vive, &
» plus large que les deux mains.

» Pour peu qu'on s'en approchât,
» ou qu'on portât le plat de la main
» au-dessus de sa tête, on voyoit
» autour de lui de grandes places
» lumineuses, & ses cheveux ren-
» doient des aigrettes bruyantes.

» S'il allongeoit le bras vis-à-vis
» de quelqu'un, à plus d'un pied de
» distance, il sortoit de son doigt
» une gerbe enflammée qui avoit 4
» à 5 pouces de longueur ; il en
» sortoit aussi de plusieurs autres en-
» droits de son corps, à travers les
» habits quand on en approchoit la
» main.

» Souvent même la personne qui
» cherchoit à exciter ces aigrettes

» lumineuſes, les voyoit s'élancer de
» ſa propre main, lorſqu'elle s'ap-
» prochoit à quelques pouces de cet
» homme électriſé.

» Ayant laiſſé pendre au bout de
» la groſſe barre, un fil de fer dont
» l'extrémité étoit plongée dans une
» capſule de verre en partie pleine
» d'eau, & qui étoit poſée ſur un
» ſupport de cuivre, tout le vaſe pa-
» rut s'enflammer, & il éclata de
» maniere que je n'oſai achever
» l'expérience de Leyde, & que je
» ne le voulus permettre à aucun de
» ceux qui m'aidoient.

» Dans l'état où je vis les choſes,
» je me perſuadai que cette commo-
» tion que j'avois cherché à augmen-
» ter, pourroit bien l'être trop pour
» l'uſage que j'en voulois faire, (a)
» & avoir un effet tout contraire à ce-
» lui que je déſirois qu'elle eût; je
» pris donc la réſolution de préluder
» ſur des animaux de peu de conſé-
» quence : on m'apporta deux petits

(a) Mon deſſein étoit d'augmenter la vertu
électrique pour rendre ſes effets plus efficaces
ſur des paralytiques que j'avois commencé à
électriſer.

» oiseaux, un bruant & un moineau
» franc, je les attachai sans les gêner
» aux deux extrémités d'une régle de
» cuivre, au milieu de laquelle j'avois
» fixé un manche de bois avec une
» corde de soye ; ensuite ayant tout
» disposé pour l'expérience de Leyde,
» je pris la régle par son manche,
» j'appliquai le corps du bruant con-
» tre le vase qui contenoit l'eau, &
» en élevant un peu l'autre bout, je
» portai le moineau vers la grosse
» barre électrisée ; lorsqu'il fut à peu
» près à 2 pouces de distance, il pa-
» rût entre le fer & lui, un trait de
» matiere enflammée, dont il fut
» frappé avec tant de violence, qu'il
» donna à peine quelques signes de
» vie, au second coup il fut tué sans
» retour, &c. »

C'est par le concours de tous ces grands effets, que j'ai jugé la vertu électrique plus forte dans une grosse barre de fer, qu'elle n'a coutume de l'être dans une moindre masse du mê- me métal. Quiconque entreprendra de faire voir que j'ai eu tort d'en ju- ger ainsi, ne doit pas se contenter de dire qu'il a électrisé des pieces de fer très-minces ou très-légeres, & qu'elles ont produit des étincelles des plus picquantes ; outre que ce figne eſt un des plus équivoques, je crois avoir ſuffiſamment prouvé dans le ſecond Diſcours, que pour connoître avec quelque certitude ſi la vertu d'un corps électriſé eſt plus ou moins grande, il ne faut pas s'en rapporter à un ſeul effet, ni même à deux, quand on peut en conſulter un plus grand nombre.

Six mois après la lecture du Mémoire dont je viens de rapporter un extrait, M. le Monnier rendit compte à l'Académie de pluſieurs expériences qu'il avoit faites à deſſein de ſçavoir ſi l'électricité ſe communique en raiſon des maſſes ou en raiſon des ſurfaces. » Un porte-voix de fer blanc » peſant environ 10 livres, & long de » 8 à 9 pieds, parut étinceler avec » autant, & même avec plus de force » & d'éclat, qu'une barre de fer très- » courte qui peſoit 80 livres. L'étin- » celle qui ſortoit d'une boule de » plomb électriſée, piquoit préciſé- » ment comme celle qu'on faiſoit ſor- » tir d'une lame du même métal dont

» la longueur & la largeur répon-
» doient à l'étendue de la surface de
» cette boule ; une bande de plomb
» laminé étinceloit davantage lorf-
» qu'elle étoit étendue felon toute
» fa longueur, que quand elle étoit
» roulée fur elle-même, &c. »

Ces réfultats firent conclure à M.
le Monnier, que la communication
de l'électricité fe faifoit plûtôt en raifon des furfaces, qu'en raifon des
maffes ; le bruit de cette découverte
fe répandit tant par les Journaux de
France, * que par les Tranfactions
Philofophiques ** dans lefquelles le
Mémoire de M. le Monnier fut imprimé en fubftance peu de tems après fa
lecture ; & depuis ce tems-là j'entends
dire qu'on m'a relevé de l'erreur où
j'étois tombé en prétendant que l'é-
lectricité fe communiquoit en raifon
des maffes. Il eft pourtant bien certain, (& l'on ne peut me prouver le
contraire par aucun de mes Ecrits,)
que je n'avois point pris de parti décidé fur cette queftion ; & ce n'eft que
depuis quelques mois que raffemblant
les expériences & les obfervations de
mon Journal, qui peuvent y avoir

* *Mercure,*
Decembre,
1746. p. 81.
** N°. 481.

rapport, & vérifiant par de nouvelles épreuves, des idées que j'avois
conçues dans le silence, mais que
je ne regardois que comme des soup-
çons, j'ai enfin crû voir quelque
certitude, où je n'appercevois que
de la vrai-semblance, & que les difficultés qui m'arrêtoient se sont
tournées en restrictions compatibles.
Car en rapportant, comme on l'a
vû ci-dessus, l'expérience de ma
grosse barre de fer avec toutes ses
circonstances, c'étoit bien dire &
prouver, (ce me semble,) qu'avec
une telle piece l'électricité peut devenir plus forte que de coutume;
mais il restoit à sçavoir si cette plus
grande force venoit d'une solidité
égale à 80 livres, ou de la superfi-
cie nécessairement plus grande pour
une grosse barre, que pour une petite tringle de même longueur; &
c'est ce qu'il ne m'étoit pas même
venu en pensée d'examiner.

Si j'entreprends de traiter un sujet
entamé par mon confrere, ce n'est
ni pour lui enlever l'honneur de ses
découvertes, (elles sont en sûreté
par la date même de son écrit,) ni

pour jetter aucune ombre fur fon travail ; nous n'avons pas procédé l'un comme l'autre dans nos expériences ; il n'eft pas étonnant que nos réfultats ne foient pas toujours d'accord, & que les conféquences qu'on en peut tirer, quoique différentes, méritent également d'être reçues. Il paroît que M. le Monnier a communiqué l'électricité aux corps qu'il comparoit enfemble, par le moyen d'une phiole de verre en partie pleine d'eau, électrifée à la maniere de Leyde, & dans laquelle il laiffoit plonger le fil de métal par lequel elle avoit reçu fa vertu ; c'étoit en quelque façon, appliquer une quantité donnée d'électricité, à deux corps, pour voir celui qui en recevroit davantage ; fans défapprouver ce deffein, que je trouve au contraire très-bien conçu, j'en ai fuivi un autre ; j'ai cherché à connoître fi en électrifant de fuite, & autant que je le pourrois, par le moyen du globe de verre, les deux corps que je mettois en comparaifon, l'un acquerroit avec le tems une vertu fenfiblement plus forte que l'autre ; & pour agir avec plus d'ordre, lorſque les maſſes étoient fort différentes de part & d'autre, j'ai pris ſoin que les ſurfaces fuſſent à peu près égales entre elles ; comme auſſi je n'ai pas manqué de mettre une grande inégalité dans les ſurfaces toutes les fois que j'opérois ſur deux ſujets de maſſes égales. Sçachant de plus, qu'un corps, toutes choſes égales d'ailleurs, s'électriſe communément davantage, quand il a une certaine longueur, comme on le verra ci-après ; je me ſuis bien gardé d'éprouver enſemble, par exemple, une groſſe barre de fer fort courte, avec un tuyau du même métal beaucoup plus long. Quand il m'a fallu de grandes ſurfaces je les ai cherchées dans quelques figures dont les dimenſions imitaſſent à peu près ou d'une maniere équivalente celles de l'autre corps électriſé, qui ſervoit de comparaiſon.

I. EXPERIENCE.

Je plaçai ſur des cordes de ſoye, & ſéparément l'un de l'autre, un tuyau de fer blanc long de 4 pieds, dont la circonférence avoit 6 pouces, & une barre de fer quarrée de même longueur, dont chaque face avoit un pouce $\frac{1}{2}$ de large, de sorte que les quatre prises ensemble, égaloient la surface extérieure du tuyau. Je conduisis à l'un & à l'autre en même-tems, par le moyen de deux chaînes de fer d'égales grosseur & longueur, l'électricité d'un globe de verre que l'on frottoit sans discontinuer pendant 7 à 8 minutes dans un lieu obscur, & par un tems favorable à l'électricité ; *voyez la fig.* 1.

La barre de fer me fit voir des effets à peu près semblables à ceux dont j'ai fait mention ci-dessus, des aigrettes fort longues, fort épanouies, fort bruyantes, à deux ou trois de ses angles, quelquefois à tous les quatre, sur-tout quand on y présentoit le plat de la main, ou une plaque de fer épaisse de 4 ou 5 lignes, à 7 ou 8 pouces de distance ; des étincelles, que ni moi, ni ceux qui m'aidoient, ne vouloient recevoir que sur quelques gros morceaux de métal, parce qu'elles étoient insupportables, quand on vouloit les exciter

citer avec la main, & dont le bruit
éclatoit affez pour fe faire entendre
très-diftinctement du troifiéme étage,
où fe faifoit l'expérience, jufqu'au
rez-de-chauffée de la maifon ; des
émanations fi fenfibles, qu'à 2 ou 3
pouces de diftance, par-tout autour de cette barre, quand on y
portoit le revers de la main, on
croyoit fentir véritablement du cotton ou du duvet ; enfin une odeur
fi forte qu'on avoit peine à la fupporter, lorfqu'on préfentoit le vifage environ à un pied au-delà des
aigrettes, où le fouffle électrique
étoit encore très-fenfible.

Le tuyau me fit voir les mêmes
effets, mais toujours plus foibles :
à la vérité les étincelles, non pas
celles qu'on tiroit de l'extrémité,
(elles étoient beaucoup plus petites qu'aux angles de la barre de fer)
mais celles qu'on excitoit fur la longueur à quelque diftance du bout,
étoient violentes , extrêmement
douloureufes & éclatantes, de forte
que, pour parler ingénûment , je
n'oferois juger par le feul fentiment
qui m'en reftoit, fi elles égaloient

où non, celles qui venoient de la barre de fer. Mais les aigrettes ne se sont jamais montré que fort inférieures à celles de la barre ; elles prenoient presque toujours la forme d'une frange, & occupoient une partie du bord du tuyau à son extrémité la plus reculée du globe ; les filets m'en paroissoient un peu plus serrés, mais moins longs & ne s'élançant pas avec autant d'impétuosité, ni avec autant de bruit que ceux qu'on voyoit sortir de la barre de fer. Les émanations qui formoient l'atmosphère électrique ne se faisoient sentir ni d'aussi loin, ni avec autant de force, que celles de la grosse barre, & il m'a paru qu'il en étoit de même à l'égard du souffle & de l'odeur qu'on ressentoit, en présentant le nez à une certaine distance de l'extrémité, où paroissoient les aigrettes.

II. EXPERIENCE.

Sur le bout de ma grosse barre de fer, tandis qu'on l'électrisoit sans discontinuer, je plaçai alternative-

ment une plaque de fer forgé, épaiſſe
de 4 lignes, de 8 pouces de longueur ſur 2 ½ de largeur, & une lame de ce fer très-mince qu'on a coutume d'étamer, mais qui ne l'étoit
pas, à laquelle j'avois donné un peu
plus de longueur & de largeur, afin
que les deux ſurfaces priſes enſemble, puſſent égaler toute celle de la
plaque. Je plaçois chacun de ces
deux corps, de façon qu'il ſurpaſſoit
de 3 pouces ½ l'extrémité de la barre
ſur laquelle il s'électriſoit. L'un &
l'autre me firent voir à leur extrémité la plus avancée ce que j'avois
apperçu à celle de la groſſe barre, &
à celle du tuyau de fer blanc, mais
avec des différences encore plus
marquées.

III. EXPERIENCE.

J'électriſai au bout de deux chaînes ſemblables de tout point, & qui
recevoient l'électricité en même-
tems & du même globe, une maſſe
de fer cubique, dont chaque face
avoit 2 pouces de côté, & une feuille
extrêmement mince de même métal, taillée en rectangle, de 6 pou-

ces de longueur fur 2 de largeur, afin que fes deux furfaces égalaffent enfemble les fix faces du cube; la vertu électrique fe manifefta de part & d'autre, mais avec des différences fi grandes & fi fort à l'avantage de la grande maffe, qu'il n'étoit pas poffible de s'y tromper : véritablement les aigrettes qui s'élançoient des angles folides de celle-ci, ne fortoient pas toujours d'elles-mêmes, ou elles fouffroient des intermittences; mais quand ces éruptions fe faifoient, ou qu'on les excitoit, en approchant le plat de la main, elles étoient très-violentes, & les étincelles qui en réfultoient, piquoient tout autrement que celles de la feuille coupée en quarré long, qui étoient très-fupportables.

IV. EXPERIENCE.

J'ai éprouvé des différences femblables, lorfque, fuivant le même procédé, j'ai électrifé d'une part, une maffe de cuivre, qui avoit la forme d'une poire, & qui pefoit environ 2 livres, & de l'autre part,

une petite feuille de ce laiton laminé, qu'on nomme *clinquant*, capable de couvrir la moitié de cette poire dont je viens de parler.

V. EXPERIENCE.

Enfin j'ai placé sur la grosse barre
tandis qu'on l'électrisoit, trois quantités égales de fer, mais bien différentes entr'elles par la quantité de
surface qu'elles avoient, sçavoir un
cube solide pesant 8 livres, un paquet de cloux dont chacun avoit 2
pouces $\frac{1}{2}$ de longueur, & une caisse
à peu près cubique & couverte de
tole, extrêmement mince, que j'a-
vois remplie de ces petits cloux
qu'on nomme *broquettes fines*. Cette
derniere épreuve a été constamment
suivie de résultats fort approchans
de ceux que j'avois eus dans les précédentes ; lorsque j'approchois la
main au-dessus des broquettes, plusieurs d'entr'elles brilloient à la fois
d'un petit bouquet lumineux qui
avoit à peine $\frac{1}{2}$ pouce de longueur,
qui ne laissoit entendre aucun siffle-
ment, mais qui faisoit sentir sur la

peau un petit vent semblable à celui qui accompagne les aigrettes qu'on voit au bout des feuilles d'une plante verte qu'on électrise : les étincelles qu'on en tiroit avec le doigt étoient médiocrement douloureuses, & telles que tous ceux qui m'aidoient, en tiroient 7 ou 8 de suite, sans aucune répugnance. Il n'en étoit pas de même des grands cloux ; la personne la moins délicate & la plus curieuse de sçavoir combien ils pouvoient faire sentir les effets de leur vertu, osoit à peine recevoir une fois ou deux sur sa peau l'impression & l'éclat de leurs feux : leurs aigrettes avoient quelquefois jusqu'à 2 pouces de longueur, & bruissoient de maniere à se faire entendre distinctement à 7 ou 8 pieds de distance ; enfin ces mêmes effets étoient encore plus grands aux angles & à différens points de la surface de la grande masse cubique.

Il paroît donc par les résultats de toutes ces expériences , répétées nombre de fois, & avec tout le soin possible, qu'à surfaces égales, une plus grande masse est capable de s'é-

lectriser davantage qu'une moindre
masse de la même espece, & que
dans le cas même où les quantités
de matiere sont égales de part &
d'autre, ce n'est pas toujours la plus
grande surface qui rend les phénoménes électriques plus considérables.

Je dois rapporter ici quelques observations qui me paroissent fort importantes au sujet. Premierement,
comme j'ai répété souvent les expériences dont je viens de faire mention, & que je les ai faites pour la
plûpart, dans d'autres vûes, & plusieurs années avant que de penser
à l'usage que j'en fais aujourd'hui,
j'ai eu lieu de remarquer que les
grandes masses, les corps qui ont
beaucoup d'épaisseur, ne s'électrisent
pas toujours d'une maniere plus forte ou plus sensible, que des corps
de la même espece, qui seroient plus
minces; toutes les fois que l'électricité est foible par la faute du verre
que l'on frotte, par celle des autres
instrumens, ou de la saison, je vois
ordinairement que les phénoménes
électriques sont plus apparens, plus
sensibles de la part d'un simple tuyau

de fer blanc, que de la part d'une
grosse barre de même longueur ;
qu'un chaudron, ou tout autre vaisseau creux de métal, étincele mieux
qu'une enclume ; il est bien rare qu'un
simple fil de fer ne fasse aigrette à
son extrémité, & ne s'électrise jusqu'à étinceler dans toute sa longueur, en quelque tems que ce soit,
& l'on sçait qu'il n'en est pas de même d'une tringle de fer, même d'une
médiocre grosseur.

Cette observation me fait penser
qu'un corps mince s'électrise plus
facilement qu'un plus épais ; mais
que celui-ci, quand la cause efficiente peut y fournir, est susceptible d'une plus grande vertu. Voilà
pourquoi dans ma conclusion, je
n'ai point dit qu'une plus grande
masse s'électrise, mais *qu'elle est capable de s'électrifer* davantage qu'une
moindre masse ; & cette proposition
ainsi modifiée, me paroît incontes-
table, après les expériences que j'ai
citées.

Seconde ob-
servation.

Secondement, j'ai remarqué encore, (& cela peut confirmer ce que
la première observation m'a fait penser,

fer,) j'ai remarqué, dis-je, que la propagation de l'électricité dans un corps épais, toutes chofes égales d'ailleurs, fe fait plus lentement que dans un plus mince ; celui ci prefque dans un inftant, produit tous les phénoménes dont il eft capable, la caufe qui lui fournit fa vertu, reftant la même ; au lieu qu'un corps qui a beaucoup plus de matiere, reçoit, comme par degrés, & feulement après une électrifation foutenue, & d'une certaine durée, la force électrique qu'il peut prendre : j'en ai jugé ainfi par cent épreuves femblables ou équivalentes à celles qu'on va voir.

VI. EXPERIENCE.

J'ai fufpendu avec deux cordons de foye, & féparément l'un de l'autre, un poids de fer de 50 livres & un petit parallelipipede du même métal, pefant environ 8 onces. Je conduifois l'électricité à l'un & à l'autre en même tems par le moyen d'une chaîne qui fe divifoit en deux branches, comme on peut le voir par la *Figure* 2. & afin de mieux faisir la différence qu'il pourroit y avoir entre l'inftant où l'électricité commenceroit à fe communiquer, & celui où cette communication fe manifefteroit par des fignes fenfibles, une perfonne pinçoit la chaîne en *A*, tandis qu'on mettoit le globe en train, & avertiffoit par un fignal, lorfqu'elle la quittoit. Un autre obfervateur préfentoit le plat de la main à 4 pouces de diftance de l'angle le plus faillant d'un des deux corps, qui recevoient l'électricité, & l'on comptoit par les vibrations d'un pendule qui battoit les demifecondes, combien il fe paffoit de tems entre le fignal donné par celui qui ceffoit de pincer la chaîne, & l'apparition des aigrettes à l'angle du corps électrifé ; quelquefois au lieu des aigrettes, on attendoit des piquûres au bout du doigt, que l'on tenoit à une diftance éprouvée, ou bien on plaçoit à 5 ou 6 pouces au-deffous de ces corps, des cartons couverts de fragmens de feuilles d'or, de pouffieres de bois, ou de barbes de plumes. A peine fe passoit-il une seconde, sans que le petit morceau de fer étincelât, ou donnât des aigrettes, & j'en ai quelquefois compté plus de six avant qu'on vît paroître les mêmes effets à l'angle du gros poids, où on les attendoit, & avec un peu d'attention, on s'appercevoit bien que ni l'un ni l'autre n'attiroit pas d'abord avec autant de vivacité que l'instant d'après. Je dis l'instant d'après au singulier, car c'est une chose très-commune, & à laquelle pourtant on n'a pas fait toute l'attention qu'elle mérite, qu'un corps dont l'électricité se soutient, ou se répare continuellement, n'attire vivement que pendant quelques instans fort courts, les fragmens de feuilles d'or qu'on lui présente, par exemple, sur une table ou sur un carton, après quoi son action paroît se rallentir, & semble se ranimer, quand il commence à s'éloigner de ces petits corps ; apparences trompeuses dont on se désabusera, si l'on fait attention que dans le cas dont il s'agit, c'est-à-dire, lorsque les corps légers sont à une petite distance d'un corps qui devient fort électrique, la matiere effluente de celui-ci prévaut contre la matiere affluente, qui fait ce qu'on nomme les attractions, & que cette fupériorité de force ne fubfifte plus, lorfque le corps électrique vient à s'éloigner, à caufe de la divergence des rayons effluents, qui les rend néceffairement plus rares, à une plus grande diftance de leur fource.

VII. EXPERIENCE.

J'ai fait des épreuves à peu près femblables à la précédente, en me fervant de la groffe barre & du tuyau de fer blanc dont j'ai parlé dans la premiere expérience, & j'ai eu auffi les mêmes réfultats, foit que j'attendiffe les aigrettes fpontanées, foit que je préfentaffe de part & d'autre le plat de la main, ou une plaque de fer, pour hâter l'éruption de ces feux. Il eft vrai que quand on opere par un tems & dans des circonf-tances bien favorables à l'électricité, les différences dont il s'agit, ne font pas fi grandes ; mais j'en ai toujours

trouvé d'affez confidérables, pour
en tenir compte.

Troifiémement, quoiqu'une plaque ou une verge de fer d'une certaine épaiffeur, reçoive communément plus d'électricité qu'une lame
ou une feuille du même métal extrêmement mince, il eft conftant
que la différence qu'on remarque
dans les effets électriques de l'une &
de l'autre , ne fuit pas à beaucoup
près celles des folidités ; on fe trom-
peroit beaucoup , par exemple , fi
l'on s'attendoit de trouver cent ou
cent cinquante fois plus d'effet dans
une enclume électrifée , que dans une
feuille de taule , parce que celle-ci
pefe d'autant moins que l'autre ; une
médiocre épaiffeur fuffit , pour repré-
fenter des phénoménes affez confidérables , de forte que je ne ferois pas
éloigné de croire , qu'un canon de
métal épais de quelques lignes , (plus
fufceptible certainement d'une grah-
de électricité , que ne le feroit un
tuyau de clinquant,) auroit auffi quelque avantage fur une piéce entierement folide qui auroit la même longueur & la même groffeur ; & fi,

Bb iij

pour répéter l'expérience de Leyde, les Allemands se servent presque toujours de canons de mousquet, ou d'autres piéces creuses, comme il paroît par leurs écrits, c'est peut-être moins à dessein de suivre littéralement le procédé mal interprété de M. Muschenbroëk, que parce qu'on s'en est bien trouvé, lorsqu'on en a fait l'essai. Si l'on amincit un corps pour le rendre plus électrisable, on doit donc en user avec modération, & lui conserver une certaine épaisseur, si l'on veut qu'il soit capable de grands effets. Nous voyons quelque chose de semblable dans le magnétisme, qui se communique plus aisément à une lame fort mince, qu'à une plus épaisse, mais qui se manifeste avec plus d'énergie dans celle-ci, lorsqu'il a pû la pénétrer entierement.

Quatriéme Observation. Quatriémement, il m'a paru qu'une quantité de matiere dont on augmentoit la surface pour la rendre plus électrique, bien loin d'avoir cet avantage, y perdoit considérablement, lorsqu'on ne lui conservoit pas une certaine continuité : l'expérience des broquettes comparées aux grands clous, & au cube solide, dont j'ai parlé plus haut, suffiroit pour le prouver, mais je m'en suis encore assuré davantage par celle qui suit.

VIII. EXPERIENCE.

J'ai électrisé au bout d'une chaîne de fer, un quarré de plomb laminé, épais d'une ligne, dont chaque côté avoit 6 pouces, & poids égal de plomb à tirer, dont chaque grain avoit une ligne de diamétre, étendu sur un morceau de taffetas de 5 pouces en quarré, auquel aboutissoit aussi une pareille chaîne. Le plomb laminé produisoit des étincelles très-picquantes, & d'un grand éclat, ses aigrettes étoient spontanées; le plomb grainé n'étinceloit pas si fort, & ne donnoit point d'aigrettes.

Après l'expérience, nous pouvons raisonner : pourquoi un corps électrisé étincelle-t-il ? C'est visiblement, parce qu'il en sort une matiere capable de s'enflammer : mais si cette matiere qui cherche à sortir, trouve

Explication des phénoménes observés ci-dessus,

B b iiij

moins de réſiſtance dans un corps animé, ou dans un morceau de métal qu'on lui préſente, que dans l'air même de l'atmoſphere, comme je crois l'avoir ſuffiſamment prouvé : n'eſt-il pas naturel qu'elle vienne de toutes parts à cet endroit, vis-à-vis duquel je préſente mon doigt, à cet endroit où elle trouve un milieu plus perméable ? & ne ſommes-nous pas autoriſés à croire que cela ſe paſſe ainſi, quand nous conſidérons que les effluences lumineuſes ceſſent à l'extrémité d'une verge de fer électriſée, dès qu'on préſente la main à quelqu'autre endroit de ſa ſurface ? Soit donc *A B C D*, *fig.* 3. la ſurface d'un corps électriſé, qui n'ait qu'une très-petite épaiſſeur ; je conçois que la matiere électrique qui cherchoit à s'échaper par les bords, change ſon cours, & ſe précipite de toutes parts vers le point *E*, vis-à-vis duquel je préſente mon doigt à une petite diſtance ; & tous ces petits ruiſſeaux déterminés à ſortir par la même iſſue, font une éruption beaucoup plus grande, que ne pourroit faire la quantité de matiere électrique, qui

viendroit naturellement de cet endroit comme de tous les autres
points de la furface.

De-là, il fuit 1°. que fi cette furface étoit beaucoup plus petite, comme $a\,b\,c\,d$, l'éruption devroit être
moins forte, non-feulement parce
qu'il en fortiroit moins de matiere ;
mais encore parce qu'il eft probable
que ces petits courans acquierent de
la vîteffe dans leurs canaux, quand
ils font longs jufqu'à un certain point,
& qu'un chemin trop court les prive
de cette accélération : 2°. que les étincelles que l'on excite aux bords, ne
doivent point être auffi fortes que
celles qui viennent du milieu ; car on
peut voir par la *figure* 4, que le nombre des rayons qui aboutiffent au
point de concours F, n'égalent que la
moitié de ceux qui viennent en E dans
la *fig.* 3 : & fi l'on m'objecte que dans
ce fecond cas, comme dans le premier, toute la matiere répandue
dans la piéce $A\,B\,C\,D$, prend fon
cours vers le point d'éruption, j'ob-
ferverai que cet effet fe paffe fi promptement, qu'on ne peut pas légitimement fuppofer que les plus longs

jets paſſent tout entiers au-dehors, comme les plus courts ; il eſt bien plus probable que de tous les jets de matiere électrique qui ſe préſentent pour ſortir, il ne paſſe au-dehors qu'une partie de chacun ; c'eſt pourquoi l'effet qui en réſulte, doit moins répondre à la quantité du fluide, qui ſe dirige vers le point de concours, qu'au nombre des rayons qui contribuent à l'éruption : 3°. qu'un corps d'une certaine épaiſ-ſeur, doit étinceler plus fortement qu'un autre qui ſeroit très-mince, parce que le doigt préſenté vers G, *fig.* 5. reçoit non-ſeulement les rayons du plan $A\,B\,C\,D$, mais encore ceux des autres plans qu'on peut imaginer dans l'épaiſſeur comme $C\,D\,H\,I$.

Or je puis dire que ces trois conſéquences s'accordent parfaitement bien avec ce que nous montre l'expérience : une piéce de plomb laminé de 6 pouces en quarré produit des étincelles plus fortes, qu'un morceau du même plomb, qui ſeroit huit ou dix fois plus petit ; une feuille de tole, un tuyau de fer blanc, étincelle bien autrement au milieu

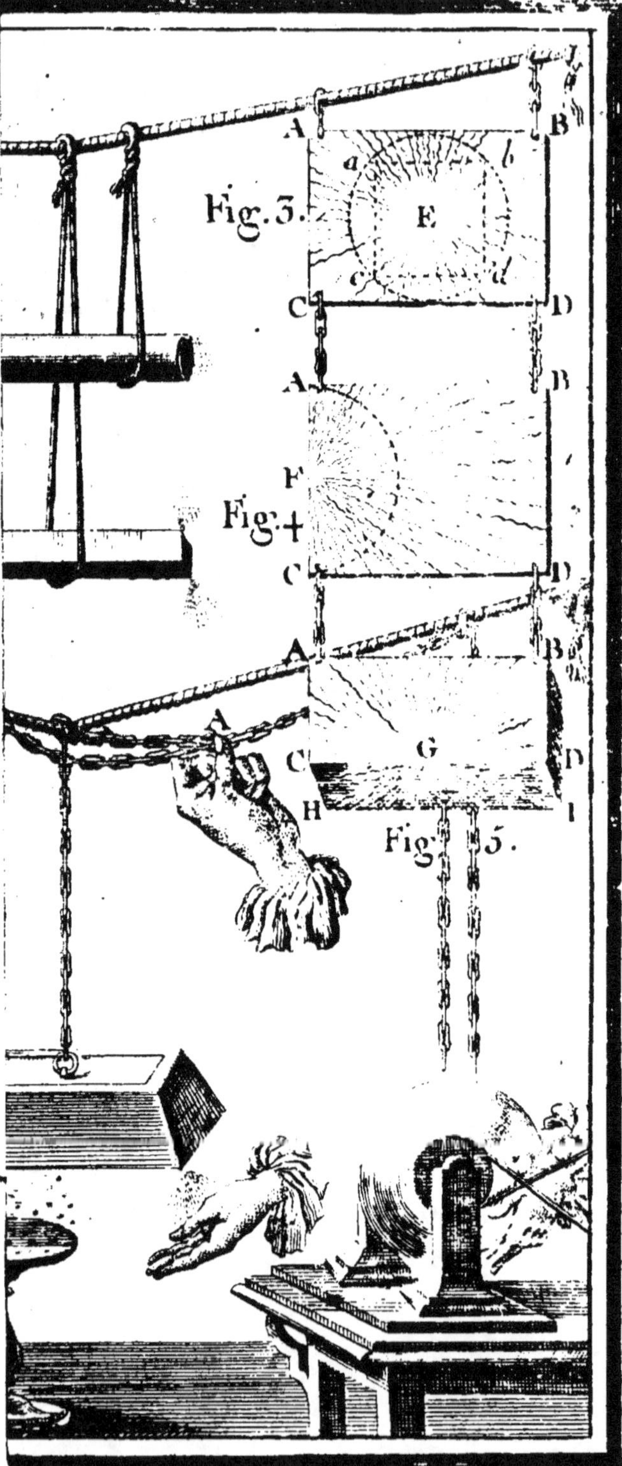

Electricité 4.e Disc. Pl.1.
Fig.3.
Fig.4.
Fig.5.
Cobin Sc.

de fa longueur ou de fa largeur,
qu'à fes bords ; & j'ai rapporté ci-
deffus bien des faits qui prouvent
qu'un corps d'une certaine épaiffeur,
lance ces fortes de feux avec bien
plus de violence, que ne peut faire
une lame très-mince.

Ces réflexions foutenues de l'expérience, nous fuggérent des réponfes pour la feconde queftion que je
me fuis propofé d'examiner dans ce
difcours, c'eft-à-dire, qu'elles nous
indiquent à peu près ce que nous devons attendre de la figure & de certaines dimenfions du corps électrifé ;
j'avouerai même que pour fçavoir ce
que j'en devois penfer, je n'ai prefque point eu de nouvelles épreuves
à faire, il m'a fuffi de vérifier celles
qu'on avoit faites, & de réflechir fur
des faits qui fe font paffés mille fois
fous mes yeux, depuis quinze ans
que je m'applique à cette étude.

Il y a plus de quatre ans que M.
Boze a remarqué qu'il étoit difficile
d'électrifer immédiatement, & avec
une certaine force les corps qui ont
beaucoup de maffe, fous une forme
arrondie de toutes parts, ou com-

me telle, *(a)* & le P. Gordon s'eſt aſſuré ven... même tems par des épreuves faites exprès, que l'eſprit de vin s'allumoit plus ſurement au bout d'une chaîne de fer d'une certaine longueur, qu'au bout d'une plus courte ; quoiqu'on puiſſe légitimement inférer de-là, que la matiere électrique acquiert de la force en parcourant de plus longs eſpaces dans les corps qui la tranſmettent, cependant comme le P. Gordon, en allongeant la chaîne, a augmenté auſſi la maſſe du fer qui ſervoit de canal à la matiere électrique, j'aimerois mieux, ce me ſemble, l'expérience de M. le Monnier, qui après avoir obſervé à quel point s'électriſoit une bande de plomb laminé large de quelques pouces, la coupa enſuite en pluſieurs bandes plus étroites, qu'il joignit bout à bout l'une de l'autre, & qui lui parurent

____

(a) Si corpus nimiæ molis & utrumvis obtuſum rotundatumque electrificandum immediatè globum tangere jubeas, paulò difficiliùs res ſuccedit ; plus temporis requiritur ac longè minores vires inde exorientur, &c. Tentam. Electr. p. 83.

devenir fenfiblement p' *s* électriques;
car il faut, autant que l'on peut,
garder toutes circonftances égales
d'ailleurs, quand on en éprouve une
dont on attend quelque effet particulier.

Il m'a paru de même, qu'une barre
de fer quarrée, longue de 10 pieds
& demi, pefant 59 livres, devenoit
communément plus électrique qu'une
autre qui avoit à peu près le même
poids, & dont la longueur ne paffoit pas 4 pieds. Ce fait que je crois
certain, nous montre encore quelque reffemblance entre l'électricité
& la vertu magnétique ; car on fçait
que le même aiman communique
plus de force à une verge plate d'une
certaine longueur, qu'à une lame de
la même épaiffeur, qui feroit plus
courte ; mais cette reffemblance ne
foutient pas de tout point la comparaifon, car la longue verge aiman-
tée a bien plus de vertu par un bout
que par l'autre, & je ne me fuis pas
apperçu qu'il en fût de même à l'é-
gard d'une longue barre, ou d'une
longue chaîne de fer électrifée ; j'ai
trouvé l'une & l'autre affez unifor-

mément électrique dans toute sa longueur, en m'en rapportant aux étincelles & au pouvoir attractif.

Quoique l'électricité acquiere de la force par la longueur du corps qui la tranfmet, nous devons croire que cet accroiffement a fes bornes ; je crois qu'elles font plus étendues quand cette longueur ne prend rien fur les autres dimenfions ; le P. Gordon, par exemple, a dû augmenter davantage la vertu électrique en allongeant fa chaîne, que M. le Monnier n'auroit pû faire en divifant de plus en plus fa bande de plomb laminé ; car avant que d'avoir atteint une longueur fort confidérable chacune de ces lanieres ou petites bandes, feroit devenue fi mince, ou fi étroite, qu'elle n'eût pas été propre à s'électrifer d'une quantité un peu confidérable, & jamais l'affemblage de ces filets de plomb, n'eût montré des effets femblables à ceux des premieres bandes. Le fait que je vais rapporter, me fera garant de cette affertion.

IX. EXPERIENCE.

J'ai peſé contre une régle de fer qui avoit 3 pieds ½ de longueur, 8 lignes de largeur, & deux lignes d'épaiſſeur, autant de bouts de fil de fer qu'il en a fallu pour égaler ſon poids; ces fils étoient longs comme la régle, & un peu plus gros que des aiguiiles à tricoter; je les ai joints bout à bout, comme on fait les chaînes d'Arpenteurs, & je leur ai fait faire pluſieurs tours & retours, en les ſuſpendant avec des fils de ſoye pour les électriſer; j'ai comparé leurs effets avec ceux de la verge de fer que j'électriſois en même tems, & j'ai toujours trouvé incomparablement plus de vertu dans celle-ci que dans cette chaîne de menus fils, qui ne faiſoit que de petites aigrettes preſque imperceptibles, & dont les étincelles n'avoient pas la force d'allumer l'eſprit de vin.

Il eſt donc également certain, qu'on peut augmenter les effets de la vertu électrique en donnant plus de longueur au corps qui la tranſ-

met, & que l'augmentation qui fe
peut faire ainfi, n'a lieu qu'autant
que cette longueur ne prend pas trop
fur les autres dimenfions; & cela doit
être, s'il eft vrai, comme je le penfe,
& comme je l'ai dit plus haut, que
les éruptions qui fe font de la matiere électrique au-dehors du corps
électrifé, (éruptions d'où dépendent
tous les phénoménes,) prennent leur
force & leur valeur, tant de la vitef-
fe acquife dans un milieu favorable à
leur mouvement, que du nombre
des rayons qui viennent en tout fens
au point de concours; car un fil très-
menu, ou une lame très-mince &
fort étroite, peut bien par fa longueur donner lieu au mouvement accéléré de la matiere électrique, mais
alors il y a un trop petit nombre de
rayons qui s'élancent en même tems
par le même endroit.

Quant à la figure du corps électrifé, elle n'eft pas non plus tout-à-fait
indifférente. Les Obfervateurs des
phénoménes électriques ont dû remarquer que les corps dont les parties
les plus faillantes, font arrondies,
obtufes ou anguleufes, montrent
plus

plus de vertu en ces endroits-là qu'ailleurs. C'est toujours aux angles solides d'une barre de fer qu'on voit briller les plus belles aigrettes, & qu'on
reçoit les étincelles les plus picquantes. Il suffit de parsemer de gouttes
d'eau la surface d'une verge de métal
qu'on électrise pour déterminer les
aigrettes lumineuses à sortir par ces
petites éminences; & un tuyau rond
de tole ou de laiton étincelle mieux
que la feuille de métal dont il est
fait, lorsqu'elle est déployée.

Ceci n'est point une conjecture
que je hazarde ; c'est un fait que
j'avois prévû, & dont l'expérience
m'a rendu certain.

X. EXPERIENCE.

J'électrisai par le moyen d'une
seule chaîne deux grandes feuilles de
fer blanc, dont l'une étoit toute étendue, & dans son état naturel, & l'autre étoit roulée en forme de tuyau ;
on tira de l'une & de l'autre, un
grand nombre d'étincelles, & l'on
convint unanimement que celles de
la feuille roul e étoient les plus fortes
& les plus brillantes.

IV.
Disc.

C c

Pour rendre raifon de ces différences, il faùt toujours confidérer la
matiere de ces feux électriques, comme l'affemblage d'un grand nombre
de rayons, que le voifinage de quelque corps détermine à fortir brufque-
ment par un point, ou plutôt par un
petit efpace pris à la furface du corps
électrifé; plus cet efpace eft étroir,
plus ces rayons font ferrés, plus auffi
leur éruption doit être violente; or
il eft évident par la feule infpection de
la *Fig.* 6. que fi le degré de proximité
néceffaire au corps C, pour déterminer le concours des rayons effluents,
n'eft pas d'une précifion rigoureufe,
mais un à peu près, comme il convient à tout ce qui eft phyfique,
l'éruption fe fait par un efpace plus
large, fi la furface eft droite comme
AB, que fi elle eft courbe comme EDF; car le filet de matiere électrique
EGH, qui fe trouveroit peut-être
déja affez près du corps C, pour fe
diriger vers lui, s'il avoit à fortir de
la furface AB, fe trouvera encore
trop loin en G fous la furface EDF,
il s'avancera donc jufqu'au point K ou
plus avant vers D, & par conféquent

tous les rayons qui occupent l'espace *H I*, quand le corps électrifé eſt d'une figure plane, ſe trouvent reſ-ſerrés entre *K L*, lorſque ce même corps préſente une ſurface courbe comme *E D F.* (*a*)

On peut ajouter à cela, que la matiere électrique en ſuivant la route *E G K*, pour aller en *C*, ſouffre moins de retardement, que quand elle eſt obligée de ſe relever vers le même point après avoir ſuivi la di-rection *A H* ; car les fluides perdent d'autant moins de leur vîteſſe que leurs canaux approchent plus de la ligne droite, ou ce qui revient au même, qu'ils font des angles plus obtus.

Auſſi-tôt qu'on eut appris par les expériences de M. Boze à faire couler continuellement du bout d'une lame de métal électrifée, ces émanations lumineuſes, qu'il nomme *ignis fœmi-na*, & auxquelles j'ai donné le nom

_____

(*a*) On repréſente ici l'eſpace *H I*, ou *K L*, incomparablement plus grand qu'il n'eſt en effet. On a été obligé d'en uſer ainſi pour rendre l'explication plus intelligible, & pour donner lieu de placer les lettres.

d'aigrettes, à caule de la forme qu'elles affectent de prendre, il vint dans l'eſprit à tous ceux qui répeterent ces expériences, de faire finir en pointe fort aiguë, les verges de fer & autres corps longs dont on vouloit faire uſage; afin que la matiere électrique qui les parcourt d'un bout à l'autre, & qui paroît toujours s'élancer avec plus de force par les parties les plus faillantes, ſortît plus abondamment, & par conféquent avec plus de vîteſſe, par cette extrémité fort pointue, à peu près comme on voit que cela ſe fait par l'ajutage des jets d'eau; je donnai auſſi dans ce préjugé qui étoit aſſez naturel, mais les épreuves que je fis même avec une ſorte d'obſtination, me firent voir, à mon grand étonnement, qu'une pointe longue & menue au bout du corps le plus propre à faire de grands effets, n'en avoit que de fort médiocres; rien ne réuſſit mieux que les angles ſolides d'une barre de fer coupée quarément, ou ſi l'on veut n'avoir qu'une aigrette à ſon extrémité, il faut la faire finir (cette barre,) par une pointe très-émouſſée.

Ce qui fait qu'on attend un plus
grand effet au bout d'une grosse
barre qui finit par une pointe longue
& menue, c'est qu'on est porté à
croire que la matiere électrique se
meut d'un bout à l'autre dans cette
barre, comme de l'eau dans un
tuyau, & qu'elle n'en sort que par
l'extrémité taillée en pointe; mais
cette idée n'est point exacte. Nous
sommes certains qu'un corps électrisé
est tout hérissé de rayons effluents:
si nous voulons comparer la matiere
électrique animée par l'action du
globe dans une barre de fer, à quelque fluide poussé d'un bout à l'autre
dans un tuyau; n'oublions donc
pas que la surface de ce tuyau est
toute criblée de petits troux par
lesquels le fluide qu'il renferme peut
s'échapper en même tems qu'il coule
vers l'extrémité où il a une issue; &
comme nous n'avons pas de raison
pour supposer qu'une barre de fer
soit plus poreuse à son extrémité,
qu'ailleurs, nous aurions bien de
la peine à dire pourquoi la matiere
électrique a une tendence particuliere vers la pointe, si l'expérience

ne nous avoit appris que ce fluide trouve plus de réfiftance dans l’air que dans du métal, & qu’il ne fort du fer que le plus tard qu’il peut.

En confidérant la barre de fer électrique, fous ces deux idées qui ne font pas des fuppofitions, je dis qu’il doit arriver en *M Fig.* 7. moins de rayons qu’en *N Fig.* 8. parce que la premiere de ces deux pointes ayant beaucoup plus de furface que l’autre, laiffe plus de moyen de s’échapper à la matiere électrique qui ne fe plic pas vers *M* felon toute l’intenfité de fa force, mais feulement fuivant une certaine perméabilité qu’elle trouve plus dans le métal, que dans l’air qui l’environne.

Enfin pour dire tout ce que je penfe fur ce jeu fingulier de la nature, je ne puis m’imaginer que toute la matiere effluente d’un corps électrifé, vienne ni du propre fond de ce corps, ni du globe qui lui communique fa vertu. Je fçais à n’en pas douter, qu’autour d’une barre de fer que j’électrife, il y a une matiere effluente & une matiere affluente ; celle-ci fans doute remplit continuellement les vuides que l'autre a laissés, & elle devient effluente à son tour; si cela est comme je le conjecture, l'aigrette *O Fig.* 9. résulte en partie de la matiere qui coule intérieurement selon la longueur du fer, & qui se porte à l'angle comme à l'endroit le plus saillant, & en partie de la matiere affluente qui tombe en *p* & en *q*, & qui sort du fer après avoir traversé son épaisseur. On peut dire à peu près la même chose de la pointe *N Fig.* 8. qui est fort courte; mais non pas de la pointe *M Fig.* 7. dont l'extrémité présente trop peu de surface & d'épaisseur.

Si la matiere électrique effluente a plus de force, en sortant des surfaces convexes ou des pointes obtuses, qu'elle n'en a lorsqu'elle vient des surfaces planes, ou des pointes fort menues, je puis dire qu'il en est de même, & par les mêmes raisons, de la matiere affluente qui part des corps solides, lorsqu'on les approche de ceux qui sont électriques. Je le prouverai suffisamment, en faisant remarquer aux personnes qui ont vû avec réflexion les expériences de l'électricité, que l'on réuffit toujours mieux à faire naître de belles étincelles, quand on les excite avec quelque maffe un peu arrondie; l'anneau d'une clef, le bord d'un écu, le bouton d'une pelle à feu, l'articulation du doigt, lorfqu'il eft plié, font autant de moyens par lefquels on obtient des effets beaucoup plus grands, que fi l'on vouloit fe fervir de la pointe d'un couteau, & même du bout du doigt préfenté directement.

Ces faits que j'obferve depuis long-tems, & que d'autres que moi, fans doute auront remarqués auffi, me donnent le dénouement d'une expérience curieufe, dont M. Jallabert me fit part pendant fon dernier féjour à Paris; voici comme elle fe fait.

XI. EXPERIENCE.

On met en équilibre fur un pivot, une petite verge de bois, qui peut avoir 15 ou 16 pouces de longueur, pointue par un bout, & armée par l'autre d'une petite boule de bois, d'un pouce de diamétre ou environ;

on

on met cet inſtrument ainſi préparé,
à portée d'un homme qu'on électriſe , & qui tient en ſa main un morceau de bois tourné , gros & arrondi
par un bout, comme une demi-boule
d'un pouce de diamétre, & pointu par
l'autre extrémité, *Fig.* 10. ſi cet homme préſente ce morceau de bois par
le gros bout à la boule *A*, qui eſt à l'u-
ne des extrémités de l'aiguille , le plus
ſouvent cette boule eſt repouſſée ; il
l'attire au contraire preſque toujours,
s'il préſente le morceau de bois par la
pointe. On voit tout le contraire , ſi
l'on fait l'expérience par l'autre côté
de l'aiguille , le morceau de bois électriſé & préſenté par le gros bout ,
l'attire , & ſi c'eſt la pointe du morceau de bois que l'on préſente , il eſt
fort ordinaire que la partie *B* ſoit repouſſée.

Je ne puis pas dire que cette expérience m'ait réuſſi toutes les fois
que je l'ai voulu faire ; mais je l'ai
répetée pluſieurs fois avec ſuccès ,
& cela ſuffit pour la rendre intéreſ-
ſante , & pour mériter qu'on en cherche l'explication.

Puiſque les étincelles deviennent

plus fortes entre deux maſſes d'un certain volume dont les ſurfaces ſont un peu convexes, c'eſt une marque que la matiere électrique eſt plus abondante, ou coule avec plus de vîteſſe de part & d'autre; il eſt donc très-vrai-ſemblable que quand le morceau de bois électriſé ſe préſente par le gros bout à la boule *A*, qui ne l'eſt pas, la matiere effluente de l'un, & la matiere affluente qui vient de la part de l'autre en ſens contraire, ont aſſez de force, pour ſe repouſſer réciproquement, au lieu que quand les volumes oppoſés ſont très-différens l'un de l'autre, comme il arrive quand la boule de l'aiguille ſe trouve vis-à-vis la pointe du morceau de bois électriſé, l'un des deux courans beaucoup plus foible que l'autre, n'empêche pas que les deux corps ne ſoient portés l'un vers l'autre, par la matiere affluente qui vient de l'air environnant, & qui pouſſe le plus libre des deux.

Pour concevoir ceci, il faut faire attention que quand la matiere électrique ſort d'un corps, ſoit qu'elle en soit chaſſée par le mouvement inteſtin qui le rend électrique, ſoit que le voiſinage d'un corps électriſé la détermine à venir à lui, le vuide qu'elle y laiſſe, ſe remplit auſſi-tôt & continuellement par le fluide ambient de la même eſpece qui ſe trouve dans l'air de l'atmoſphere, comme par-tout ailleurs ; ainſi la boule *A* en préſence de la pointe de bois qu'on électriſe, ſouffre quelque réſiſtance de la part de la matiere effluente, qui vient à elle; mais comme les rayons en ſont divergens & en petite quantité, ils ne l'emportent pas ſur l'impulſion de la matiere qui vient à la boule par la partie oppoſée, pour remplacer celle que cette même boule perd en préſence d'un corps électriſé ; car quoique cette matiere y entre, ce n'eſt pas ſans la heurter, ſoit en s'appuyant ſur les parties ſolides du bois, ſoit en pénétrant avec un certain frottement dans ſes pores.

Je paſſe maintenant à la troiſiéme queſtion, & j'examine ſi l'électriſation qui dure un certain tems peut diminuer la maſſe d'un corps, ou changer ſes qualités. On ſent bien que de telles queſtions ne peuvent ſe réſoudre que par un grand nombre d'épreuves faites ſur des matieres de différentes eſpéces, & que pour ſoutenir ce travail pendant des jours entiers, il faut payer des hommes qui ſe relayent, pour continuer ſans relâche le mouvement des machines : pour gagner du tems, & épargner de la dépenſe, j'imaginai d'électriſer en même-tems pluſieurs des corps, ſur leſquels j'avois deſſein de porter mes épreuves ; & pour cet effet, je fis faire une eſpéce de cage, de trois grandes feuilles de tole, *Fig.* 11, diſpoſées parallelement entr'elles, diſtantes l'une de l'autre, d'environ un pied, & tenues aux quatre coins par des montans de fer : je ſuſpendis cette cage par deux anneaux de métal, à un gros cordon de ſoye tendu horiſontalement ; j'y plaçois tout ce que je voulois électriſer, & j'y conduiſois l'électricité par le moyen d'une chaîne de fer, qui la recevoit d'un globe de verre : deux hommes forts, que deux autres relevoient de tems en tems, faiſoient tourner ce globe, tandis qu'une troiſiéme perſonne y

tenoit les mains appliquées pour le
frotter.

C'étoit bien ici l'occaſion d'épargner, s'il étoit poſſible, à un homme
la peine de frotter continuellement,
en ſubſtituant un couſſinet porté par
un reſſort : j'en ai eſſayé auſſi de toutes les façons ; ceux qui me réuſſiſ-
ſoient le mieux, (a) étoient faits d'un
morceau de bois creuſé con formément à l'arrondiſſement du globe de
verre, & recouvert de ſept à huit
morceaux de peau de buffle, dont
le dernier, (celui qui touchoit le verre,) étoit légérement frotté de craye ;
mais au bout d'un quart d'heure ou
un peu plus, le globe s'échauffoit
conſidérablement à l'endroit où il
étoit frotté, & la vertu électrique

(a) La lecture des Ouvrages qui traitent
de l'Electricité, & des différens moyens dont
on ſe ſert pour exciter cette vertu, m'a fait
connoître que ceux qui employent des couſſi-
nets pour frotter le verre, réuſſiſſent toujours
mieux quand ils les font, ou qu'ils les garniſ-
ſent de matiere animale. Ma propre expérience me l'a fait voir auſſi ; & j'ai appris de plus
que le ſuccès eſt encore plus ſûr & plus dura-
ble, quand le corps frottant eſt non-ſeulement
une matiere animale, mais animée.

D d iij

s'affoibliſſoit à proportion. (*a*) J'en revins donc à faire frotter avec la main nue, pratique que j'ai toujours reconnue pour être la meilleure, (au moins par ma propre expérience,) & qui n'eſt point tout-à-fait exempte des inconvéniens du couſſinet; car nous avons toujours remarqué qu'a-près trois quarts d'heure ou une heu-re de frottement, la même perſonne avec la meilleure volonté, ne procu-roit plus qu'une électricité ſenſible-ment plus foible, & que cette vertu ſe ranimoit infailliblement, quand une nouvelle main venoit l'exciter, ſoit qu'il ſe faſſe une ſorte d'épui-ſement dans la perſonne qui frotte, ſoit que la peau de la main empâtée, pour ainſi dire, par cette matiere qui

(*a*) J'obſerve depuis long-tems que quand le frottement excite une chaleur conſidérable, le verre en eſt moins électrique ; je remarque auſſi que quand l'électricité eſt bien forte, ſoit par les circonſtances du tems, ſoit par d'au-tres cauſes, le verre ne s'échauffe que foible-ment ſous la main, quoique le frottement ſoit d'une longue durée, comme ſi la même matiere qui fait l'électricité quand elle ſort des deux corps qui ſe frottent, étoit de nature à y faire naître la chaleur, quand le frottement ne l'en fait pas ſortir.

s'attache au globe, & dont j'ai parlé ailleurs, devienne trop lisse pour frotter efficacement : la derniere de ces deux raisons me paroît d'autant plus vrai-semblable, que quand on a frotté pendant quelque tems, la partie qui a été appliquée au verre, paroît très-luisante, & comme légérement enduite d'une matiere grasse.

Un travail de cette espéce suivi pendant quatre ou cinq heures, pouvoit échauffer excessivement les pointes des poupées sur lesquelles tournoit le globe ; ce globe lui-même fragile de sa nature, & armé à ses pôles de deux piéces de bois, qui n'étoient que cimentées, pouvoit manquer par quelque secousse ou autrement ; je prévis ces accidens, & pour être en état d'y remédier sur le champ, je m'étois muni d'une seconde machine de rotation, & j'avois plusieurs globes tout prêts à remplacer celui qui seroit cassé, ou qui se trouveroit hors d'état de servir.

Avec cet appareil, je me munis encore d'une balance assez mobile pour trébucher par le poids d'un

grain, lorſque les baſſins étoient chargés de 7 à 8 livres; & pluſieurs perſonnes intelligentes, & déja initiées
dans ces ſortes d'expériences (*a*),
ayant bien voulu joindre leur attention à la mienne, & me prêter la
main dans des opérations, où je
n'aurois pû agir ſeul, je me mis à
exécuter le projet que j'avois formé
d'électriſer pendant quatre ou cinq
heures de ſuite, & à différentes fois,
des quantités connues de diverſes
matieres, pour voir, 1°. ſi elles di-
minueroient, · 2°. ſi elles change-
roient de qualités.

Sur quelles
ſortes de
corps ces ex-
périences ont
été faites, &
dans quelles
vûes.

J'ai éprouvé d'abord des liqueurs,
& enſuite des corps ſolides non organiſés, & j'ai conſidéré comme tels,
ceux qui le ſont naturellement, mais
dont les parties organiques ne ſont
plus de fonction, tels que les fruits
détachés de leurs arbres, les plantes
ſéparées de la terre, la chair des animaux morts, &c.

Pour ſçavoir avec quelque certitude, ſi l'électricité étoit capable
de changer le poids de tous ces

(*a*) Mrs. Le Roy, Vandermonde, Morand fils, &c.

corps, j'en pefois deux de la même efpéce, & à peu près de même volume, & l'on en tenoit compte par écrit ; l'un étoit électrifé pendant quatre ou cinq heures, & l'autre pendant tout ce tems-là demeuroit dans le même lieu, mais à l'écart, après quoi on les pefoit encore ; & fi le corps électrifé fe trouvoit plus léger que celui qui ne l'avoit pas été, on jugeoit que ce qui lui manquoit pour égaler le poids de celui-ci, étoit un déchet qu'on devoit attribuer à fon électrifation.

A la rigueur, on auroit pû foupçonner en certain cas que le corps qui fe trouvoit le plus léger, l'étoit devenu, non par la vertu électrique, mais par quelque difpofition particuliere, par quelque qualité individuelle, qui l'auroit rendu plus évaporable qu'un autre quoique de la même efpéce ; pour lever entierement ce doute, on électrifoit tour à tour les deux corps, ou les deux portions de matieres qu'on devoit comparer enfemble ; & ce n'étoit qu'après plufieurs expériences alternatives, & fur des réfultats conftans, que l'on tiroit les conséquences.

Si l'électricité devoit diminuer le poids des liqueurs, cette diminution pouvoit être considérée comme une évaporation forcée ; & alors on pouvoit soupçonner dans cet effet , (supposé qu'il eût lieu) des variations , suivant que le vase seroit par sa nature plus ou moins électrisable, suivant qu'il seroit ouvert ou fermé , ou que son ouverture seroit plus ou moins grande , ou enfin relativement à la nature des liqueurs qui pourroient être plus ou moins évaporables.

Pour embrasser toutes ces vûes , j'ai fait mes épreuves sur de l'eau commune , sur des huiles , sur des liqueurs salines , & sur des esprits très-volatils ; j'ai tenu ces liqueurs en expérience d'abord dans des vases de verre , ensuite dans des vases de métal semblables aux premiers par la figure & par la capacité , & enfin je les ai éprouvées dans des vaisseaux de l'une & de l'autre espéce que j'ai tenus bien fermés.

Toutes ces expériences ont été répetées plusieurs fois , & en diffé-

Electricité 4.e Disc. Pl. 2.
Fig. 9.
O P
C
K D L B
Fig. 6.
F
M
Fig. 7.
Fig. 8.
N
Gérin Sc.

rens tems : j'en abrége le détail en
expofant ici les réfultats dans des
tables que j'ai dreffées d'après mon
Journal , & dans lefquelles les effets
font repréfentés par des quantités
moyennes prifes entre les plus grandes & les plus petites.

XII. EXPERIENCE.

*Sur des liqueurs contenues dans des taffes
ou capfules de verre , dont l'ouverture avoit 4 pouces de diamétre.*

4 Onces d'eau de la Seine
électrifées pendant cinq
heures , ont fouffert un
déchet de .... 8 grains.
4 Onces de la même eau non
électrifées, ont perdu pendant le même tems , par la
fimple évaporation ...... 3.
1 Différence qu'on peut regarder comme l'effet de l'é-
lectricité .... 5.

XIII. EXPERIENCE.

Les liqueurs fuivantes ayant été
éprouvées de même & en pareille

quantité, les différences ou les déchets causés par l'électrisation, ont été :

Pour le vinaigre rouge...... 2 grains.
  L'eau chargée de nitre... 3
  L'urine fraîche 7
  Le lait nouveau 4
  L'huile d'olives 0
  L'esprit de térébenthine... 7
  L'esprit de vin 8
  L'esprit volatil de sel ammoniac 11
  Le mercure 0

XIV. EXPERIENCE.

Sur des liqueurs contenues dans des tasses ou capsules d'étain, dont l'ouverture avoit 4 pouces de diamétre.

4 Onces d'eau de la Seine électrisées pendant cinq heures, ont souffert un déchet de .... 10 grains.

4 Onces de la même eau non électrisées, ont perdu pendant le même espace de tems, par la simple évaporation 3

Différence ou effet qu'on peut attribuer à l'électricité..................... 7 grains.

IV.
DISC.

XV. EXPERIENCE.

Les autres liqueurs, hors le mercure, ayant été éprouvées de même & en pareille quantité, les différences ou les effets causés par l'électrisation ont été :

Pour le vinaigre rouge...... 3 grains.
La solution de nitre 3
L'urine fraîche 9
Le lait nouveau.,....... 4
L'huile d'olives. ....,. 0
L'esprit de térébenthine... 10
L'esprit de vin 10
L'esprit volatil de sel ammoniac 13

XVI. EXPERIENCE.

Sur des liqueurs contenues dans des petites caraffes de verre, dont l'ouverture avoit un pouce de diamétre.

3 Onces $\frac{1}{2}$ d'eau de la Seine ayant été électrifées pendant

IV.
DISC.

cinq heures, ont souffert un déchet de............ 2 grains.

Pareille quantité de la même eau, non électrisée, a perdu par la simple évaporation....................... 0

Différence ou effet qu'on peut attribuer à l'électrisation....................... 2

XVII. EXPÉRIENCE.

Les autres liqueurs, hors le mercure & l'huile d'olives, ayant été éprouvées de même & en pareille quantité pour le volume, les différences ou les effets causés par l'électrisation, ont été :

Pour le vinaigre commun ... 0 grains.

La solution de nitre...... 1

L'urine fraîche 3

Le lait nouveau.......... 2

L'esprit de térébenthine .. 4

L'esprit de vin........... 4

L'esprit volatil de sel ammoniac..................... 5.

XVIII. EXPERIENCE.

Toutes les liqueurs ſuſdites ayant été électriſées pendant dix heures de ſuite, dans des vaiſſeaux de verre & de fer blanc bien bouchés, elles ont été peſées enſuite comme elles l'a-voient été avant, & l'on n'y a trou-vé aucune diminution ſenſible.

Il paroît par toutes ces expérien-ces, 1°. Que l'électricité augmente l'évaporation naturelle des liqueurs, puiſque à l'exception du mercure qui eſt trop peſant, & de l'huile d'olives dont les parties ont trop de viſcoſité, toutes les autres qui ont été éprou-vées, ont ſouffert des pertes, qu'il n'eſt guéres poſſible d'attribuer à d'autre cauſe qu'à l'électricité.

2°. Que l'électricité augmente d'autant plus l'évaporation, que la liqueur ſur laquelle elle agit, eſt par elle-même plus évaporable. Car l'eſprit volatil de ſel ammoniac a ſouffert plus de déchet que l'eſprit de vin ou celui de térébenthine ; ces deux dernieres liqueurs plus que l'eau commune, & l'eau plus que le vinaigre ou la folution de nitre.

3°. Que l'électricité a plus d'effet fur les liqueurs, quand les vafes qui les contiennent, font de nature à s'électrifer davantage ou plus facilement, par communication ; au moins m'a-t-il paru que les effets étoient toujours un peu plus grands quand les vaiffeaux étoient de métal , que quand ils étoient de verre.

4°. Que l'évaporation forcée par l'électricité , eft plus confidérable quand le vafe qui contient la liqueur eft plus ouvert, mais que les effets n'augmentent pas, fuivant le rapport des ouvertures ; car ces liqueurs , quand on les électrifoit dans des capfules de 4 pouces de diamétre , préfentoient à l'air feize fois autant de furface, que quand elles étoient contenues dans des caraffes dont le goulot n'avoit qu'un pouce de diamétre : cependant il s'en falloit bien qu'il y eût cette différence entre les effets , comme on le peut voir par la comparaifon des réfultats.

5°. Que l'électrifation ne fait point évaporer les liqueurs à travers les pores du métal, ni à travers ceux du verre ,

verre , puisqu'après des épreuves
qui ont duré dix heures, on ne trouve aucune diminution dans leurs
poids, lorsqu'on a tenu bien bouchés , les vaisseaux dans lesquels on
les avoit enfermées.

Ce dernier résultat nous apprend
bien que les matieres les plus évaporables ne se transmettent point à
travers le verre qu'on électrise par
communication ; mais qu'arriveroit-
il , si ce verre même qui renferme les
matieres s'électrisoit par frottement ?

Les expériences de M. Pivati publiées à Venise & dans toute l'Italie,
nous disent très-positivement que des
» médicamens renfermés dans des tu-
» bes de verre que l'on frottoit pour
» les rendre électriques, se font trans-
» mis du dedans au-dehors, jusqu'au
» point de paroître sensiblement dimi-
» nués ; que cette transmission s'est
» encore manifestée par l'odeur pro-
» pre de ces drogues,&(ce qu'il y a de
» plus admirable & de plus intéres-
» sant)par des guérisons presque subi-
» tes. » Voilà deux objets dignes de
la plus grande attention; des matieres
odorantes qui pénétrent le verre éle-

E e

IV.
D i s c.

Expérien-
ces de M. Pi-
vati, publiées
à Venise.

étrisé, & des exhalaisons, lesquelles animées par la vertu électrique deviennent promptement salutaires : je ne m'arrête ici qu'au premier de ces deux phénoménes ; plus il me parut singulier, plus je ressentis vivement le désir de le voir par moi-même ; & pour être bien sûr que l'odeur que je devois sentir, ne pourroit être venue que de l'intérieur du vaisseau dans lequel j'avois enfermé les matieres odorantes, je m'y suis pris de la maniere suivante.

XIX. EXPERIENCE.

Dans un lieu écarté de celui où je devois faire mes épreuves, j'ai mis dans différens tubes de verre, de la térébenthine de Venise, de la poix fondue, du baume du Pérou, & du camphre pulvérisé. J'ai bouché mes tubes de part & d'autre avec du liége, & par dessus le bouchon, j'ai mis un enduit de cire d'Espagne ; je les ai bien essuyés par dehors avec plusieurs linges ; & deux jours après cette préparation, je les ai portés dans le lieu où je devois les éprou-

ver ; j'ai frotté ces tubes à plufieurs
reprifes & en différens tems, à peine
ai-je pû les rendre paffablement électriques ; & jamais ni moi, ni ceux
qui m'ont aidé, n'avons reconnu la
moindre odeur des matieres que j'y
avois renfermées.

XX. EXPERIENCE.

J'ai renfermé avec les mêmes précautions que ci-deffus 3 onces de
baume du Pérou dans un de mes
globes de verre ; & depuis cette préparation, je l'ai fait frotter plus de
trente fois, en différens tems, fans
avoir jamais apperçu d'autre odeur
que celle qui vient communément
du verre frotté. Je n'en ai pas fenti
davantage autour des corps ni autour des perfonnes que j'électrifois
par le moyen de ce globe.

Je connois plufieurs Phyficiens fort
au fait de cette matiere, qui fe font
obftinés, comme j'ai fait, à répéter
cette expérience, & qui n'ont pas
réuffi autrement que moi : tels font
M. Watfon à Londres, M. Jallabert
à Genéve, M. Boze à Wittemberg,

& le Pere Garo à Turin , &c. C'eſt pourquoi je commence à croire que M. Pivati a été trompé par quelque circonſtance, à laquelle il n'aura pas fait aſſez d'attention : & ce qui me confirme dans cette opinion , c'eſt qu'il paroît par un ouvrage imprimé à Naples , (*a*) & que j'ai actuellement entre les mains, que M. Pivati avoue à ceux qui vont chez lui pour voir cette expérience , qu'il n'a jamais réuſſi qu'une fois à la faire telle qu'il l'a annoncée.

Après avoir fait des expériences ſur des liqueurs , j'ai continué d'en faire ſur des corps ſolides ; & j'ai choiſi pour cela des mixtes de différentes natures , plus fixes les uns que les autres , afin de voir , s'il étoit poſſible, combien ils devoient

(*a*) Tentam. de vi Electr. ejuſque phenomenis , Auth. Nic. Bammacaro , p 183. dans la note b on lit ce qui ſuit. *Relationem mihi ſanè videre contigit gallicè conſcriptam huc Neapolim Bononiâ miſſam ; in eâ Anonymus Author , ſe Dominum Pivati adiiſſe enarrat apud quem multa experimenta vidiſſe teſtatur......*
.....Experimentum quod attinet Balſami Peruviani ſe eodem ſucceſſu repetitum videre non potuiſſe imò ipſum Dominum Pivati fateri ſemel ſe illud cum ſucceſſu tentaſſe.

l'être, pour réfister aux efforts de la
vertu électrique.

Ayant fait attention que les déchets caufés par l'électricité, fę faifoient par évaporation, & ayant deffein de faire mes épreuves fur des quantités à peu près égales, je les ai mefurées par le volume, & non pas par le poids, & je me fuis affujetti à celui d'une groffe poire de beurré blanc, qui pefoit un peu plus de 4 onces $\frac{1}{2}$.

XXI. EXPERIENCE.

Sur des corps folides d'un volume à peu près égal à celui d'une groffe poire.

Une poire de beurré blanc, pefant environ 4 onces $\frac{1}{2}$, électrifée pendant 5 heures, perdit de fon poids....... 6 grains.

Une pareille poire non électrifée, pendant le même efpace de tems, perdit de fon poids...................... 0

Différence, ou déchet qu'on peut attribuer à l'électricité................. 6

XXII EXPERIENCE,

Plusieurs autres corps ayant été éprouvés de même, on trouva que chacun d'eux avoit perdu de son poids les quantités marquées ci-après.

Une grappe de raisin blanc. 7 grains.

Une éponge légérement humectée..................... 6

Un pied de basilique fraîche-ment coupé.............. 5

Un morceau de chair de bœuf crue................ 3

Un morceau de chair de bœuf bouillie........... 4

Un morceau de mie de pain tendre................ 3

Deux œuf frais........... 2

Un morceau de bois de chêne sec.................... 0

Un paquet de petits cloux de fer..................... 0

On voit par ces dernieres expé-riences 1°. Que l'électricité fait di-minuer le poids des corps mêmes qui ont la consistance de solides ; pourvû cependant qu'ils ayent dans leurs pores quelques fucs ou quelque humidité propre à s'évaporer ; car les bois fecs, les métaux, &c. qui n'en ont point, ne fouffrent aucun déchet quand on les électrife.

2°. Que les effets de l'électrifation fur les corps folides, toutes chofes égales d'ailleurs, font plus grands, quand il y a plus de furface ; c'eft au moins ce que pourroit indiquer la grappe de raifin électrifée, dont le déchet a été le plus fort de tous ceux que l'on a apperçu dans ces expériences.

Il eft donc bien certain que l'électricité peut prendre quelque chofe fur la maffe de certains corps : mais puifqu'il y a des exceptions, & que tout corps électrifé n'en devient pas pour cela plus léger, il faut croire que les émanations électriques ne font point par elles-mêmes la caufe de cet effet, mais qu'elles l'occafionnent feulement, en entraînant avec elles ce qui fe rencontre dans les pores des corps électrifés, qui peut obéir à leur mouvement, & fortir avec elles.

Quant aux autres qualités fenfi-

Conclufion fur la premie-re partie de la troifiéme queftion.

Examen de

bles, je n'y ai apperçu aucun changement notable ; le lait ne s'eft point aigri, je l'ai fait bouillir fans qu'il tournât, l'eau ne prit aucun goût étranger ; aucune odeur ; elle demeura claire, elle ne fermenta ni avec les acides, ni avec les alkalis ; les animaux qui en burent pendant trois ou quatre jours n'en parurent nullement incommodés. Il en fut de même du pain, de la viande & des fruits.

L'efprit de vin & les autres liqueurs me parurent auffi dans leur état naturel ; cependant, à parler rigoureufement, je ne doute pas qu'il n'y eût quelque changement ; car puifqu'une liqueur électrifée s'évapore d'autant plus qu'elle eft par elle-même plus évaporable, celle qui eft compofée de flegme & d'efprit, doit perdre plus de celui-ci que de l'autre ; ainfi la proportion qui eft naturellement entre ces deux parties compofantes, doit changer ce qui fait une véritable altération : mais fur 4 ou 5 onces d'efprit de vin que j'avois mifes en expérience, une évaporation de 7 à 8 grains,

qui

qui n'eſt pas même toute entiere de
la partie ſpiritueuſe, puiſque le flegme eſt de nature à s'évaporer auſſi
quand on l'électriſe, une ſi petite
évaporation, dis-je, n'altéroit pas
ſenſiblement la liqueur, c'eſt-à-dire,
qu'on ne pouvoit pas s'appercevoir,
par exemple, qu'elle eût changé de
goût, qu'elle eût une odeur moins
pénétrante, qu'elle fût moins inflammable.

En électriſant des corps de tant
d'eſpéces différentes, je ne devois
pas oublier l'aiman, d'autant plus
qu'on eſt partagé ſur les effets de l'é-
lectricité à ſon égard, les uns prétendant qu'il s'affoiblit, quand on
l'électriſe, les autres ſoutenant qu'il
n'en eſt rien : pour ſçavoir à quoi
m'en tenir, j'ai fait les expériences
ſuivantes.

XXIII. EXPERIENCE.

Ayant chargé peu à peu avec des
petits cloux une pierre d'aiman que
j'avois ſuſpendue à un ſupport, je
trouvai qu'elle pouvoit ſoutenir un
poids de 4 liv. 6 onces 10 grains. J'é-

prouvai de même un aiman artificiel compofé de 6 lames de fleurets, dont la force fe trouva égale à une livre, 10 onces, 17 grains. Je plaçai ces deux aimans fur la cage de tole où ils furent électrifés pendant près de dix heures dans la même journée, ayant leurs poles dirigés de l'Eft à l'Oueft ; après quoi les ayant éprouvés de nouveau, je trouvai qu'ils portoient les mêmes poids dont je les avois chargés avant que de les électrifer.

Si d'autres que moi ont vû des effets différens, il feroit bon qu'ils en donnaffent un détail bien circonftancié : je puis affûrer que ce que je rapporte ici eft exactement vrai, & que mes aimans ont été fortement électrifés ; car celui qui eft compofé de lames de fleurets, n'a prefque pas ceffé de faire des aigrettes lumineufes ; & l'on a fouvent tiré de l'un & de l'autre des étincelles très-brillantes.

Voici encore un fait fur lequel je ne me trouverai pas d'accord avec tout le monde : il s'agit des effets de la vertu électrique fur le thermométre ; plufieurs Auteurs ont écrit

que la liqueur ne manquoit pas de
monter, quand on électrifoit l'inftrument; pour moi, voici ce que
j'ai vû conftamment.

XXIV. EXPERIENCE.

J'attachai à la cage de tole un
thermométre de mercure, & un autre thermométre d'efprit de vin,
tous deux gradués fur la même
échelle, & femblables pour la marche, à un troifiéme qui étoit dans
le même lieu, & qui ne fut point
électrifé. Pendant neuf ou dix heures
que dura l'électrifation, j'obfervai
les trois thermométres, & je ne trouvai dans leur marche aucune différence notable.

XXV. EXPERIENCE.

J'ai fait plonger dans les aigrettes
lumineufes d'une barre de fer électrifée, la boule d'un thermométre
que je tenois attaché au bout d'une
baguette; & quoique j'aye répété
cette épreuve nombre de fois, je
n'ai jamais vû monter la liqueur,
F f ij

ſoit que ce fût du mercure, ſoit que ce fût de l'eſprit de vin.

J'imagine que ceux qui ont vû un autre effet, n'auront pas pris aſſez de précautions, pour empêcher qu'une chaleur étrangere ne portât ſon action ſur le thermométre : car dans une expérience auſſi ſimple, je ne ſçaurois croire que mes yeux m'ayent trompé.

A l'occaſion du thermométre, il me vint dans l'eſprit d'examiner ſi de deux liqueurs également chaudes, & ſemblables d'ailleurs, celle qu'on électriſeroit continuellement, garde-roit plus long-tems, ou perdroit plutôt ſa chaleur que l'autre : pour cet effet, je fis l'expérience qui ſuit.

XXVI. EXPERIENCE.

Je remplis d'eau deux vaſes cylin-driques de verre, de mêmes hauteur & capacité ; je fis plonger dans l'un & dans l'autre, la boule d'un ther-mométre très-ſenſible, de maniere qu'elle n'alloit pas juſqu'au fond du vaiſſeau ; je mis le tout dans un bain d'eau chaude, juſqu'à ce que la li-

queur des deux thermométres fût
montée à 40 degrés; alors je plaçai l'un des deux vafes fur la cage
de tole, pour y être électrifé, & je
mis l'autre fur une table un peu à
l'écart, mais dans le même lieu.
J'obfervai les deux thermométres
dont la marche toujours égale de
part & d'autre, m'apprit que l'électricité ne retardoit, ni n'accéléroit
le refroidiffement.

Je ne l'aurois pas deviné; en confidérant que la matiere du feu s'exhale perpétuellement d'un corps chaud,
& que l'électricité accélere & augmente les évaporations, j'aurois crû
volontiers qu'une liqueur chaude &
électrifée fe feroit refroidie plus vîte;
tant il eft vrai qu'en phyfique, il ne
faut pas fe contenter de deviner.

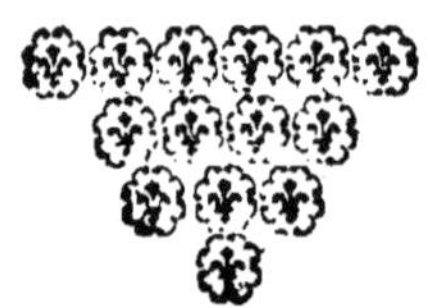

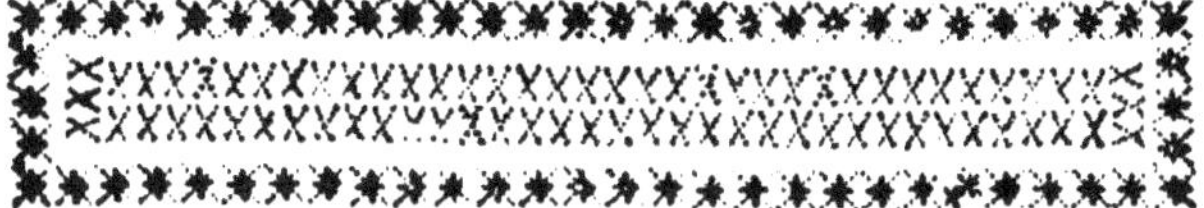

CINQUIEME DISCOURS.

*Dans lequel on examine quels font
les effets de la vertu électrique
fur les corps organifés.*

**V.
DISC.** IL SEMBLE que l'Electricité trop
féconde en merveilles, ait épuifé
l'admiration qu'elle avoit excitée de
toutes parts : foit par humeur, foit
par zéle pour l'intérêt de la fociété,
bien des gens aujourd'hui moins fenfibles qu'autrefois à la fingularité des
nouveaux phénoménes qu'on leur
offre, fe plaignent de ce que ces découvertes ne font que curieufes, &
peu s'en faut qu'ils ne nous en faf-
fent un reproche.

Touché de cette impatience qui
feroit bien injufte, fi elle alloit jufqu'à infpirer du mépris pour la Phyfique, je me fuis propofé de tirer
quelque avantage d'un fait déja
connu depuis trois ou quatre ans,

(*a*) & qui va reparoître ici avec un air de nouveauté, parce que je l'ai réduit à sa jufte valeur, & que je crois en avoir developpé les caufes. Il s'agit de l'écoulement d'une liqueur qui fe feroit naturellement goutte à goutte, & qui devient continu, fe divifant en plufieurs petits jets, lorfqu'on électrife le vaiffeau d'où il fort. Ce phénoméne qui m'avoit été annoncé par une lettre de M. Boze, & qui fut publié depuis dans plufieurs de fes ouvrages, eft d'une évidence à laquelle perfonne ne peut fe refufer, & dès qu'on le voit, on eft toujours prêt à croire que l'électricité eft un moyen sûr pour accélérer les écoulemens.

Ce fait me parut très-important dès que j'en eus connoiffance ; mais accoutumé depuis long-tems à douter des chofes les plus vrai-femblables, je n'ofai compter fur l'accélération de l'écoulement, toute apparente qu'elle fût, jufqu'à ce que l'experience m'en eût rendu bien certain ; car

V.
Disc.

Phénoméne qui a donné lieu aux recherches contenues dans ce Difcours.

(*a*) Voyez les Mémoires de l'Académie des Sciences 1745. pp. 119. & 133.
Effai fur l'Electricité des Corps. p. 86.

malgré les apparences les plus sé-
duifantes, il pouvoit fe faire que de
groffes gouttes diftinguées entr'elles
par un petit intervalle de tems,
donnaffent une quantité de liqueur
égale à celle de plufieurs petits jets
imperceptibles : de ce que la liqueur
fortoit du vafe électrifé d'une maniere continue, & fans aucune interruption, il ne me paroiffoit pas
qu'on en pût conclure en toute sûreté une plus prompte évacuation,
quoique cela fût affez vrai-femblable:
je pris donc la réfolution de m'en
affurer par la mefure du tems, & par
celle de la quantité de liqueur qui
s'écouloit.

Expériences faites fur des écoulemens électrifés.

P R E M I E R E S U I T E.

J'effayai avec plufieurs vaiffeaux
tantôt de verre, tantôt de métal,
quelquefois difpofés de maniere à
pouvoir fe vuider en peu de tems,
plus fouvent terminés par un orifice
fort étroit, & toujours électrifés de
fuite, lorfqu'il s'agiffoit de fçavoir

ce que la vertu électrique opéreroit sur l'écoulement.

V.
DISC.

Ces premieres tentatives me laifferent fort incertain fur le parti que je devois prendre ; des réfultats bien conftatés, me difoient que l'écoulement avoit été accéléré ; d'autres qui me paroiffoient auffi bien établis, me montroient que cela n'étoit pas, & quelquefois même le contraire.

Cette incertitude caufée par des faits dont je ne pouvois douter, bien loin de me décourager, me fit efpérer de nouvelles connoiffances ; je repris mon travail avec encore plus de foin & d'attention ; je fis faire quelques vaiffeaux de fer blanc de différentes capacités, depuis fix pintes jufqu'à un demi feptier, & d'une forme telle qu'elle eft repréfentée par la *figure* 1 , étroits du haut, afin qu'en les empliffant entierement, on ne pût pas fe tromper fur la quantité d'eau qui feroit employée dans chaque expérience ; ouverts par enbas, pour recevoir un tuyau de verre tantôt plus, tantôt moins large, qu'on y attachoit avec de la cire molle. Ce vaiffeau fufpendu à

Procédé qu'on a fuivi dans ces expériences.

un cordon de foye que j'avois tendu horizontalement, recevoit l'électricité par le moyen d'une chaîne de fer qui venoit d'un globe de verre, qu'on ne ceffoit de frotter jufqu'à la fin de l'écoulement. Un Obfervateur tenoit le doigt à l'orifice *A* du petit tuyau de verre pour ne laiffer partir l'eau qu'au moment dont on étoit convenu ; & un autre ayant les yeux fixés fur une bonne pendule, comptoit tout haut les minutes & les fecondes : on écrivoit de fuite combien cet écoulement avoit duré : avec la même eau & le même vafe, on recommençoit l'expérience fans électrifer, & l'on marquoit auffi la durée de cet écoulement, pour en faire la comparaifon avec celle du premier.

Cette expérience étant faite, je changeois le petit tuyau de verre pour un autre plus ou moins étroit, & l'on recommençoit à compter la durée des écoulemens, tant électrifés, que non électrifés.

J'éprouvai ainfi tous les écoulemens qui fe faifoient avec continuité, & par des tuyaux depuis deux lignes

& demie ou trois lignes de diamétre, jusqu'aux capillaires. Pour ceux
qui n'alloient que goutte à goutte, je
fus obligé de m'y prendre autrement, parce qu'ils auroient duré
trop long-tems, s'il eût fallu attendre l'évacuation totale de mes vaiſſeaux, & parce que, quelque ſoin
que je priſſe pour avoir de l'eau parfaitement nette, il ſe trouvoit ſouvent au fond du vaſe quelque petite
ordure qui enfiloit le tuyau, & qui
faiſoit plus ou moins d'obſtacle à
l'écoulement.

Je pris donc une coque d'œuf percée par un bout; je l'attachai par
l'autre ſur une petite mollette de
plomb, & j'y fixai avec de la cire
molle, un ſiphon capillaire, dont
la branche la plus courte ne deſcen-
doit pas tout-à-fait juſqu'au fond;
j'empliſſois d'eau cette coque, & je
la peſois exactement; puis la tenant
à la main, & portant la vue ſur une
pendule à ſeconde, je ſucçois la
jambe longue du ſiphon, pour faire
commencer l'écoulement, que je laiſ-
ſois durer un certain tems, comme
de 12 ou 15 minutes; alors j'arrêtois

l'écoulement, en soufflant légerement par la branche longue du fi-
phon, & j'examinois avec la balance, combien il s'étoit écoulé
d'eau.

Je montois ensuite sur un gâteau
de résine pour me faire électrifer,
Fig. 2. & dans cet état reprenant la
coque d'œuf que j'avois remplie &
pesée, je recommençois l'expérience
de la maniere que je viens de le dire;
après quoi la balance me faisoit voir
de combien l'écoulement avoit été
augmenté par - la vertu électrique
que j'avois communiquée.

Chacune de ces expériences ayant
été répétée au moins trois ou quatre fois, & les résultats ne différant
que du plus au moins, ou étant
les mêmes; voici ce qu'il m'a paru
qu'on pouvoit conclure avec certitude.

1°. Que l'électricité accélere toujours les écoulemens qui se font
goutte à goutte par des tubes capillaires.

2°. Que cette accélération, pour
l'ordinaire, n'est pas aussi grande
qu'elle le paroît, à en juger par le

nombre des jets qu'on apperçoit en
B. *fig.* I.

3°. Que l'écoulement eſt d'autant
plus accéléré, que le canal par où
il ſe fait eſt plus étroit.

4°. Qu'il ne paroît ni accélération
ni retardement, lorſque la liqueur
ſort d'une maniere continue, & par
un canal d'une certaine largeur,
comme d'une ou deux lignes de
diamétre.

5°. Qu'au lieu d'accélération, la
vertu électrique occaſionne un petit
retardement, lorſque l'eau s'écoule
par un orifice d'une certaine dimen-
ſion, qui m'a paru être environ une
demi ligne de diamétre & un peu au-
deſſous, ſurtout quand l'électricité
eſt forte.

On conçoit aſſez bien pourquoi
l'électricité rend continu l'écoulement qui ne l'étoit pas, & comment elle peut l'accélérer ; la matiere électrique effluente s'élance
viſiblement avec beaucoup plus de
viteſſe, que l'eau qui ſort goutte à
goutte, par le ſeul effort de la peſanteur, effort qui eſt encore conſidérablement retardé par les frottemens

d'un canal étroit ; il eſt bien naturel qu'elle ajoute au mouvement de la liqueur , & qu'elle en entraîne les parties , ſur leſquelles nous ſçavons d'ailleurs que ſes impulſions ont priſe comme ſur tout autre corps.

On conçoit auſſi que ce que la vertu électrique ajoute de mouvement à l'eau qui s'écoule avec liberté & par un canal d'une certaine largeur , peut fort bien n'être pas ſenſible pour deux raiſons ; la premiere, parce que, ſon excès de vîteſſe eſt moins grand ſur un écoulement libre, que ſur celui qui eſt retardé & qui ne ſe fait que goutte à goutte ; la ſeconde, parce que ſon impulſion déja moins efficace par la raiſon que je viens de dire, ſe partageant encore ſur une maſſe incomparablement plus grande , il peut arriver qu'elle n'ait qu'un effet inſenſible ſur chacune des parties qu'elle ſollicite.

Mais ce qu'on ne comprend point auſſi aiſément, c'eſt le retardement occaſionné en certains cas par l'électricité ; j'ai long-tems douté du fait, & j'en douterois encore, ſi je ne le trouvois un grand nombre de

fois expreſſément marqué ſur mon
Journal, ſans aucune note qui me
le rende ſuſpect. Puiſqu'on peut donc
le regarder comme certain, il faut
lui chercher une cauſe, & je crois
l'entrevoir, en conſidérant de quelle
façon la matiere électrique a coutume de s'élancer du dedans au dehors
des corps; on ſçait que c'eſt toujours
en affectant la forme d'aigrettes ou
de bouquets épanouis; & en conſéquence, nous pouvons regarder
l'orifice du tuyau par où ſe fait l'é-
coulement, (s'il eſt d'une certaine
largeur,) comme un cercle d'effluences, comme une couronne d'aigrettes.

Je dis, s'il eſt d'une certaine largour;
car s'il eſt extrêmement petit, comme
celui d'un tube capillaire, les émanations électriques qui doivent former
ces eſpéces de houpes, s'uniſſent probablement à celles qui paſſent par le
canal, & ne forment avec elles qu'une
ſeule aigrette à l'extrémité.

Or ces bouquets de matiere électrique qu'on peut concevoir aux
deux bouts de chaque diamétre de
l'orifice, comme on le peut voir

par la *Fig.* 3. ont nécessairement des rayons qui se croisent sur l'axe de l'écoulement, & qui peuvent rendre le jet plus menu ou plus lent, si la force avec laquelle ils vont se croiser, est assez grande pour moderer sensiblement les efforts combinés de la pesanteur & de l'électricité de la liqueur qui s'écoule. Cette proportion peut-être ne se trouve plus quand on électrise foiblement, ou que le jet électrisé sort par une ouverture qui atteint ou qui excéde une demie ligne de diamétre.

Au reste, ceci n'est qu'une conjecture, sur laquelle j'insiste d'autant moins, qu'il me reste encore quelque légere incertitude sur le fait dont il est question : quoiqu'il me soit indiqué par des expériences faites avec soin, je le trouve si singulier, que je crains encore qu'il ne soit dû à quelque cause étrangere qui auroit échappé à ma connoissance ; & je suis résolu de le tenir dans la classe des phénoménes douteux, jusqu'à ce qu'il m'ait été plus amplement confirmé.

Mais en s'arrêtant à ce qu'il y a

de

de plus conſtaté, on ne doit donc
pas dire ſans reſtriction, comme je
le vois écrit dans pluſieurs Óuvra-
ges, « Que les fluides s'écoulent
» toujours avec plus de rapidité
» quand on les électriſe ; » puiſqu'il
eſt certain qu'il y a des cas où la
vertu électrique ne cauſe ni accélération, ni retardement ſenſible. Encore moins doit-on donner pour
exemple de ces écoulemens accélérés, le jet d'une fontaine artificiel-
le, ou le ſang qui s'élance de la
veine ouverte d'un homme électriſé ;
car pour l'ordinaire, ces jets de ſang
ou d'eau, ſont d'une groſſeur qui
excéde de beaucoup la capacité d'un
canal capillaire ; ou ſi ce ſont des
faits particuliers dont on ſoit ſûr,
on devroit dire comment on s'en
eſt rendu certain, & dans quelles
circonſtances ils ſe ſont offerts.

Les écoulemens électriſés, quand
ils ſe font par des canaux un peu lar-
ges, comme d'une ligne ou d'une
ligne & demie de diamétre, ſont ac-
compagnés de pluſieurs circonſtances
remarquables, & qui font un ſpec-
tacle qu'on ne ſe laſſe point d'ad-

G g

mirer ; la principale & la plus frappante, eſt un aſſemblage d'aigrettes lumineuſes qui entoure de toutes parts le jet de liqueur, vers l'endroit où il commence à s'éparpiller & à ſe diviſer en pluſieurs petits jets divergens. Ces bouquets de lumiere ſont tellement diſpoſés entr'eux, que tout le monde y reconnoît la forme d'un goupillon, comme on le peut voir par la *fig.* 1. à la lettre *C.*

On obſerve auſſi que tous les jets divergens qui partent de ce goupillon lumineux, reſſemblent à des gouttes de feu, lorſqu'ils viennent à toucher le fond du plat dans lequel on les reçoit, ou la ſurface de l'eau qu'il contient, ou bien lorſque quelqu'un y préſente la main pour les arrêter dans leur chûte.

Ce mélange de feu & d'eau, paroît encore d'une maniere plus diſtincte, ſi l'on fait tomber ces écoulemens électriques dans un pot ou dans un vaſe un peu rétréci par l'entrée, ſur-tout s'il eſt de métal.

Si l'on préſente le doigt entre ce goupillon lumineux *C* & l'orifice *A* du tuyau d'où part l'écoulement, le

Fig. 1.
B

jet fût-il un cylindre d'eau de 2 ou 3 lignes de diamétre, on le voit sortir de la direction verticale, pour se porter vers le corps non électrique qu'on lui présente, & il en sort des étincelles très-piquantes, avec lesquelles on met le feu aux liqueurs ou aux vapeurs inflammables.

Ces circonstances avoient déja été remarquées par M. Boze & par le P. Gordon, & il est presque impossible qu'elles échappent à ceux qui font ces expériences dans l'obscurité.

Voyant donc à n'en pas douter, que l'électricité entraîne, pour ainsi dire, les liquides qui font obligés de passer par des canaux étroits, je commençai à croire que cette vertu employée d'une certaine maniere pourroit avoir quelque effet remarquable sur les corps organisés qu'on peut regarder en quelque façon, comme des machines hydrauliques, préparées par la nature même ; je pensai que son action pourroit bien se faire sentir sur la séve des végétaux, ou donner aux fluides qui entrent dans l'œconomie animale, quelque mouvement qui leur seroit

Applications de ces expériences aux corps organisés. Premierement aux plantes.

avantageux ou nuifible. Soit qu'on
en dût craindre de mauvaifes fuites,
foit qu'on en dût attendre de bonnes, il me paroiffoit également utile
de le fçavoir, préfentement furtout
que beaucoup de perfonnes fe font
électrifer & que tout le monde le
peut aifément.

J'étois occupé de cette penfée,
lorfque j'appris qu'en Angleterre on
avoit électrifé des plantes & des arbuftes, qui s'en étoient reffenti de
maniere à faire croire que la vertu
électrique favorife ou hâte la végétation ; mais comme il ne nous eft
venu aucun détail de ces expériences, (*a*) je n'ai pû en tirer d'autre

---

(*a*) J'ai appris depuis, que cette expérience
a été faite à Edimbourg par M. Mambray :
que deux myrthes ayant été électrifés pendant
tout le mois d'Octobre 1746, pouflerent à la
fin des petites branches & des boutons ; ce que
ne firent pas de pareils arbuftes non électrifés.

On peut voir par l'Ouvrage de M. Jallabert, publié vers Pâques de 1748, que cet
habile Phyficien étoit occupé en même tems
que moi, des mêmes vûes, & que fes épreuves l'ont conduit à des réfultats femblables à
ceux que je vais expofer ci-après.

M. Boze m'a fait fçavoir par une lettre datée du 1er. Janvier 1748, qu'il avoit aufli

avantage, que celui de m'enhardir
dans le deſſein où j'étois de me livrer
à ces épreuves. J'en voulois faire un
grand nombre , & chacune devoit
durer long-tems ; car on conçoit bien
que l'électricité excitée & entretenue
feulement pendant quelques minutes , comme nous faiſons ordinairement , n'étoit pas capable de m'inftruire ſur les objets que j'avois en
vûe. Je penſai donc à diminuer la
dépenſe & à gagner du tems , en
m'équippant de façon que la vertu
électrique ſe portât en même tems ,
& par le même moyen à pluſieurs
corps. Pour cet effet , je ne fis que
répeter ce que j'avois pratiqué en
faiſant ſur les liqueurs & ſur les corps
ſolides non organiſés cette ſuite d'expériences , dont j'ai rendu compte

électriſé pluſieurs fortes de plantes & d'arbuſ-
tes , & que la végétation lui avoit paru conſtamment accélérée.

Enfin M. l'Abbé Menon , Principal du Col-
lége de Bueil à Angers & Correſpondant de
l'Académie des Sciences , parmi un grand
nombre de belles expériences dont il nous a
fait part , a fait mention dans pluſieurs de ſes
Lettres à M. de Reaumur , d'oignons de renoncules , dont il avoit hâté conſidérablement la
pouſſe pendant l'hyver de l'année 1748.

dans le Discours précédent : on peut voir à la page 316. de quelle maniere je m'y suis pris.

Expériences faites sur des semences & sur des plantes électrisées.

SECONDE SUITE.

Le 9 Octobre de l'année 1747, je fis remplir de la même terre deux petites jattes d'étain toutes semblables : je semai dans chacune une égale quantité de graine de moutarde, prise au même paquet ; je les laissai deux jours dans le même lieu, sans y faire autre chose que les arroser & les exposer aux rayons du soleil, depuis environ dix heures du matin, jusqu'à trois heures après midi.

Le 11 du même mois, c'est-à-dire, deux jours après avoir semé la graine, je plaçai une des jattes marquée de la lettre *A*, dans la cage de tole, où elle fut électrisée pendant dix heures, sçavoir le matin depuis sept heures, jusqu'à midi, & le soir depuis trois heures jusqu'à huit : pendant tout ce tems-là l'autre jatte étoit à l'écart, mais dans la même cham-

bre où la température étoit affez uni-
formément de 13 degrés $\frac{1}{2}$ au thermométre de M. de Reaumur.

Le 12 ces deux jattes furent expofées enfemble au foleil, & arrofées
également : on les rentra de bonne
heure le foir, & je n'y apperçus encore rien de levé.

Le 13 à neuf heures du matin je
vis dans la jatte électrifée trois graines levés, dont les tiges étoient de
trois lignes hors de terre : la jatte
non électrifée n'en avoit aucune ; on
eut de l'une & de l'autre le même
foin que le jour précédent, & l'on
électrifa le foir pendant trois heures celle qui étoit deftinée à cette
épreuve.

Le 14 au matin, la jatte électrifée
avoit 9 tiges hors de terre, dont
chacune étoit longue de 7 à 8 lignes,
& l'autre n'avoit encore abfolument
rien de levé : mais le foir, j'en apperçus une dans celle-ci, qui com-
mençoit à fe montrer ; la premiere
fut encore électrifée ce jour-là pendant cinq heures l'après-midi.

Enfin pour abréger ce détail, il
fuffira de dire que jufqu'au 19 d'Oc-

tobre, je continuai de cultiver également ces deux portions de terre
enfemencées, en électrifant toujours
une, & toujours la même, pendant
plufieurs heures tous les jours, &
qu'au bout de ce terme, c'eft-à-dire
après huit jours d'expériences, les
graines électrifées étoient toutes levées, & avoient des tiges de 15 à 16
lignes de hauteur, tandis qu'il y en
avoit à peine deux ou trois des autres
hors de terre, avec des tiges de 3 ou
4 lignes au plus.

Cette différence étoit fi marquée
que je fus tenté de l'attri' ›r à quelque caufe accidentelle que je ne con-
noiffois pas; mais au retour d'un
petit voyage que je fus obligé de
faire, je trouvai toutes les graines
levées dans la jatte qui n'avoit pas
été électrifée, & je commençai à
croire avec quelque confiance que
l'électricité avoit accéléré véritablement la végétation & l'accroiffement
des autres.

Quoique cela parût affez clairement indiqué par l'expérience que
je viens de citer, je ne me fuis rendu à cette conféquence qu'après
plufieurs

plusieurs épreuves réitérées sur différentes graines, & suivies de résultats à peu près semblables, j'avois
un certain nombre de jattes pleines
de terre, que j'ensemençois par cou-
ples, afin qu'il y en eût toujours une
de chaque espéce sur la cage de tole,
pour y être électrisée : j'ai presque
toujours vû une différence considérable entre les semences électrisées
& celles qui ne l'étoient pas : les
premieres se font levées plus promptement & en plus grand nombre
dans un tems donné, & leur accroiffement s fait plus vîte.

Il m'a semblé aussi que les graines
dont l'électricité avoit hâté la ger-
mination, avoient poussé des tiges
plus menues & plus foibles que celles
qu'on avoit laissé lever d'elles-mêmes ; mais je n'oserois l'assurer ,
n'ayant pas eu un assez grand nombre d'expériences, pour m'en rendre
bien certain. (a)

(a) C'est une chose curieuse à voir qu'une
plante qu'on électrise dans l'obscurité : si c'est
un pied de basilique, par exemple, de roma-
rin, &c. de l'extrémité de chaque feuille ,
surtout si l'on en approche la main à une cer-

La saison trop avancée ne m'a point permis de pousser plus loin cette découverte ; je ne sçais pas même si c'en est une aussi importante qu'elle paroît l'être au premier coup d'œil ; mais j'ai crû devoir rendre compte de cette premiere ébauche , afin que les personnes qui auroient jugé ce fait digne de leur at-

taine distance , il sort un souffle très sensible , & une aigrette lumineuse ; ce qui fait un spectacle beaucoup plus joli que je n'ai pû le représenter dans la *fig.* 4. à la lettre *A.* Je n'ai pas remarqué qu'une plante grasse ou aromatique fit mieux qu'une autre ; mais j'ai toujours vû que les parties les plus flexibles faisoient effort pour s'écarter les unes des autres, comme il arriveroit infailliblement aux fils d'une frange que l'on rendroit électrique : la même chose arrive sans doute aux feuilles d'une fleur , & c'est peut-être ce qui a fait dire à M. Boze , dans la derniere partie de ses *Tentamina, p.* 10, que l'électricité fait épanouir les roses , les renoncules , &c. La raison de ce phénoméne se présente d'elle-même ; on sçait que tous les corps animés de la même électricité, se repoussent réciproquement : les feuilles ou les parties d'une même plante, qu'on électrise , doivent donc faire entre elles cet effet , comme le feroient les fils d'une même frange en pareil cas ; & quand les feuilles d'une fleur s'écartent l'une de l'autre , il faut bien que la fleur paroisse s'épanouir.

tention, puffent le répéter, le varier de différentes façons, & examiner ce qu'il peut valoir.

Je m'étois propofé depuis longtems de faire des expériences de longue durée fur des animaux, en les électrifant ; bien des raifons me portoient à croire que ce travail me vaudroit quelque nouvelle connoiffance : je fçavois, à n'en plus douter, que l'électricité étoit capable d'accélérer les écoulemens qui fe font par des canaux forts étroits : conféquemment à cette vérité, je me repréfentois les pores dont eft criblée la peau d'un animal, comme les extrémités d'une infinité de tuyaux extrêmement capillaires, & la matiere de la tranfpiration, comme un fluide qui tend à s'écouler, & dont la fortie pourroit être aidée ou forcée par l'effluence de la matiere électrique : j'avois vû des éponges mouillées fe fécher plus promptement, & des fruits devenir fenfiblement plus légers, quand on les avoit électrifés pendant un certain tems : enfin j'avois vû mes globes de verre fe couvrir par taches, d'une

H h ij

matiere vraiment animale , qui ne pouvoit venir, comme je l'ai prouvé ailleurs , que de la perfonne même qui les frottoit , ou de celle qui s'y préfentoit pour recevoir cette vertu.

Cependant ces raifons , quelque fortes qu'elles fuffent , étoient combattues par un fait qui paroiffoit bien pofitif , & qui venoit de main de maître : fi l'électricité rendoit la tranf-piration plus abondante , comme je l'imaginois en raifonnant par analo-gie , elle devoit de toute néceffité diminuer le poids d'un corps animé. Mais fi j'en devois croire M. Boze , un des plus habiles Phyficiens , fur-tout dans cette matiere , l'électricité ne changeoit rien au poids des corps , de quelque matiere qu'ils fuffent : « J'ai effayé , dit-il , plus » d'une fois , fi la pefanteur des corps » n'eft pas altérée par l'électricité ; » l'attraction me confondit toujours » la pefanteur ; néanmoins , à force » de faire & de refaire ces expérien-» ces , j'ai trouvé à le pouvoir affu-» rer affez , que la pefanteur n'eft pas » troublée........... J'ai fait faire » une grande romaine dans laquelle

» j'ai rendu électriques *mille corps* ;
» *& le mien même des heures entieres*,
» comme fit autrefois Sanctorius dans
» des vûes tout-à-fait différentes ; ain-
» si je puis prononcer hardiment là-
» dessus. » (*a*) Et dans un autre ouvrage imprimé depuis en latin, (*b*) le même Auteur s'exprime encore plus positivement : *Fabrefieri juffi flateram*
romanam ; in hâc mille corpora tribus,
quatuor fpheris, & carchefio Murrhi-
no integras per horas electrificata, vel
medullam offium contremifcere fentiebam
tangendo, pondere femper invariato : me
ipfum fufpendi, libravi, electrificavi....
conflanter idem.

Je ne doute ni de la candeur ni de
l'exactitude de M. Boze dont les ver-
tus & les talens me font connus par
un commerce de plufieurs années ;
mais je fuis dans l'habitude de voir
par moi-même tous les faits qu'on
m'annonce pour fatisfaire une certaine curiofité qu'il eft naturel d'avoir,
& pour étudier des circonftances qui
pourroient avoir échappé aux pre-

(*a*) Recherches fur la caufe & la véritable
théorie de l'Electricité. p. 24. S. 59.
(*b*) Tentam. Electr. pars pofterior. p. 22.

Hh iij

miers obſervateurs : en matiere de phyſique l'autorité la plus reſpectable eſt toujours ſubordonnée à l'expérience : ſi les réſultats des miennes ne ſont pas d'accord avec ce que M. Boze nous enſeigne, je le dirai librement, & je ne craindrai pas qu'il s'en choque, parce que je ſçais qu'il ſentira davantage le plaiſir d'apprendre une vérité, qu'il n'aura de peine à revenir d'une erreur involontaire, qu'on doit attribuer ſans doute aux inſtrumens qu'il a employés, ou à l'inattention des perſonnes qui l'ont aidé : je ſouhaite qu'on en uſe de même à mon égard, & je déclare que je ſouffrirai volontiers d'être contredit, ſi c'eſt pour être mieux inſtruit.

Expériences faites ſur des animaux électriſés.

Troisieme Suite.

Le corps humain tenoit le premier rang, & faiſoit le principal objet de mes vûes, lorſque j'entrepris d'électriſer des corps vivans ; mais il me parut qu'il n'étoit pas prudent de l'appliquer à cette épreuve, avant

que d'en avoir fait fur des fujets de
moindre importance. Je pris deux
chats de quatre mois ou environ,
de même grandeur à peu près, gar-
dés depuis 12 heures dans le même
lieu, & nourris des mêmes alimens.
J'enfermai chacun d'eux dans une
cage de bois fort légere, que je mar-
quai d'une lettre pour la diftinguer;
je pefai chaque animal avec fa cage,
& je mis fon poids par écrit : j'en plaçai un fur la cage de tole où il fut
électrifé depuis fept heures du matin
jufqu'à midi, & l'autre demeura dans
la même chambre, mais à l'écart.

Après cinq heures d'électrifation
non interrompue, je pefai comme
auparavant ces animaux avec leurs
cages dans lefquelles je n'apperçus
aucun excrément; celui qu'on avoit
électrifé, avoit perdu de fon premier
poids 2 gros 18 grains; l'autre n'a-
voit perdu du fien qu'un gros & 24
grains; d'où il paroît que l'électricité
avoit caufé fur le poids du premier
chat, un déchet de 66 grains, différence de 2 gros 18 grains, à 1 gros
24 grains.

Mais c'étoit en fuppofant que ces

V.
Disc.

Appareil des
expériences.

Premier ré-
fultat.

Hh iiij

deux chats euffent tranfpiré également, fi ni l'un ni l'autre n'eût été
électrifé, & l'on pouvoit foupçonner que la différence dont je viens
de parler, étoit un effet du tempérament : car tous les animaux ont
fans doute cela de commun avec
nous, la tranfpiration infenfible n'eft
pas égale dans tous les individus de
la même efpéce.

Pour lever ce foupçon, je fis changer de fonction aux deux chats ; celui qui n'avoit pas été électrifé le
matin, le fut pendant quatre heures de l'après-midi, & l'autre fe re-
pofa un peu à l'écart dans la même
chambre, mais toujours dans fa cage.
Cette feconde expérience ayant duré
depuis trois heures, jufqu'à fept,
je pefai ces deux animaux : le premier avoit perdu 2 gros & 6 grains
de fon premier poids, & le fecond,
1 gros & 20 grains feulement ; ce
qui fait une différence de 58 grains
qu'il n'eft guéres poffible d'attribuer
à une autre caufe qu'à l'électricité.

Ayant conftaté ce réfultat par des
épreuves réitérées avec des foins &
des attentions portées jufqu'au

scrupule, je fis mes essais sur d'autres especes ; je choisis deux pigeons semblables jusqu'à la couleur, & je procédai de la même maniere que j'avois fait avec les chats : l'un des deux ayant été électrisé depuis sept heures du matin, jusqu'à midi, perdit de son premier poids 1 gros 48 grains, & l'autre pendant ce même espace de tems, n'avoit perdu qu'un gros & 10 grains du sien; ce qui me fait croire que l'électricité avoit augmenté de 38 grains la transpiration du premier, en supposant toujours que cette transpiration eût été égale pour l'un & pour l'autre, si les circonstances eussent été les mêmes pour tous les deux.

Et pour voir jusqu'à quel point cette supposition étoit légitime, je recommençai l'expérience, en électrisant celui des pigeons qui ne l'avoit pas été d'abord, & cette électrisation ayant duré quatre heures, je trouvai qu'elle avoit augmenté la transpiration naturelle de 55 grains, quantité encore plus grande que celle qui résultoit de la premiere épreuve.

Je ne quittai encore les pigeons,

qu'après avoir bien vérifié, & en
différens tems, ce que j'avois apperçu dans les premieres expériences ;
& pour voir jufqu'où ce déchet caufé par l'électricité feroit fenfible, je
portai mes épreuves fur les plus petits
oifeaux, fur des bruants, fur des pinçons, fur des moineaux, & jufques
fur des infectes. Un oifeau tel que
ceux dont je viens de faire mention,
électrifé pendant cinq heures, perd
communément de fon poids 7 à 8
grains de plus qu'il ne perdroit dans
un pareil tems par une tranfpiration
naturelle ; environ 500 mouches
communes que j'avois fait renfermer
dans un petit bocal couvert de ga-
ze ayant été électrifées pendant quatre heures, devinrent de 6 grains
plus légéres qu'elles n'étoient d'a-
bord, & je n'y trouvai qu'un déchet
de deux grains, après les avoir laif-
fées pendant un pareil efpace de
tems fans les électrifer, quoique ce
fût dans le même lieu & dans la
même température.

Enfin cet effet eft fi conftant & fi
général, que je puis dire n'avoir fait
fur tous les animaux que je viens

de nommer, aucune expérience dou-
teufe ; c'eft-à-dire, que le réfultat
m'a toujours montré par une quantité fenfible, & beaucoup au-deffus
de ce qu'on pourroit attribuer à
l'inexactitude des inftrumens, qu'un
animal électrifé tranfpire davantage
que celui qui ne l'eft pas.

Il ne me refte non plus aucun
foupçon de mécompte fur la comparaifon des poids ; chaque fois que
j'ai pefé, j'ai eu des témoins fort
attentifs pour controller ce que j'é-
nonçois, ou ce que j'écrivois ; &
par quelle fatalité mes erreurs, (s'il
s'en étoit gliffé,) fe feroient-elles
tournées toutes du même fens ?

Je n'avois qu'un fcrupule, encore
étoit-il affez léger, (*a*) fur les
cages dans lefquelles j'avois tenu
mes animaux, tant pour les pefer
que pour les électrifer : à la rigueur
on auroit pû craindre qu'ayant di-

______

(*a*) L'expérience du bois fec électrifé fans
déchet, dont j'ai fait mention dans le Difcours précédent p. 334. me difpofoit à croire
que les cages n'avoient rien perdu de leur
poids, par l'électrifation qu'elles avoient
foufferte.

minué de poids elles-mêmes en s'é-
lectrisant , elles n'eussent quelque
part au résultat ; ce qui diminueroit
d'autant l'effet sur lequel on avoit
compté par rapport à l'animal : j'é-
lectrisai donc pendant cinq heures
une de ces cages qui fut pesée devant
& après , & je vis clairement qu'elles
n'entroient pour rien dans les diminutions de poids que j'avois obser-
vées.

On peut voir par les tables suivan-
tes, l'ordre que j'ai gardé dans ces
expériences , & le résultat dont chacune a été suivie ; je n'y ai point mis
toutes celles que j'ai faites sur chaque
espéce d'animaux , mais j'ai choisi
dans le nombre celles que j'ai crû les
plus exactes, & qui ont été secondées
d'un tems favorable.

EXPERIENCES
faites sur des Chats.

Première Expérience.

		marcs.	onces.	gros.	grains.
A { Chat qui fut électrisé, pesoit	à 7 heures	9 +	0 +	2 +	36
	à midi ...	9 +	0 +	0 +	18
	Différence			2 +	18
B { Chat non électrisé, pesoit	à 7 heures	9 +	0 +	6 +	36
	à midi ...	9 +	0 +	5 +	12
	Différence			1 +	24

Comparaison.
Déchet du Chat électrisé .. 2 + 18
Déchet du Chat non élect. 1 + 24
Effet de l'électricité 66

Seconde Expérience.

		marcs.	onces.	gros.	grains.
B { Chat qui fut électrisé, pesoit	à 3 heures	9 +	1 +	0 +	36
	à 7 heures	9 +	0 +	6 +	30
	Différence			2 +	6
A { Chat non électrisé, pesoit	à 3 heures	9 +	0 +	6 +	0
	à 7 heures	9 +	0 +	4 +	52
	Différence			1 +	20

Comparaison.
Déchet du Chat électrisé .. 2 + (
Déchet du Chat non élect. 1 + 2c
Effet de l'électricité 58

EXPERIENCES
faites sur des Chats.

Troisiéme Expérience.

			marcs.	onces.	gros.	grains.
C	Chat qui fut électrisé, pesoit	à 7 heures ½	9	+ 2	+ 3	+ 0
		à midi ¼ ...	9	+ 2	+ 0	+ 24
		Différence			2	+ 48
D	Chat non électrisé, pesoit	à 7 heures ½	9	+ 0	+ 5	+ 0
		à midi ½ ...	9	+ 0	+ 3	+ 54
		Différence			1	+ 18
Comparaison.		Déchet du Chat électrisé ..			2	+ 48
		Déchet du Chat non élect.			1	+ 18
		Effet de l'électricité			1	+ 30

Quatriéme Expérience.

			marcs.	onces.	gros.	grains.
D	Chat qui fut électrisé, pesoit	à 2 heures ..	9	+ 2	+ 0	+ 36
		à 7 heures ..	9	+ 1	+ 6	+ 36
		Différence			2	+ 0
C	Chat non électrisé, pesoit	à 2 heures ..	9	+ 0	+ 3	+ 18
		à 7 heures .	9	+ 0	+ 2	+ 4
		Différence			1	+ 14
Comparaison.		Déchet du Chat électrisé ..			2	+ 0
		Déchet du Chat non élect.			1	+ 14
		Effet de l'électricité			0	+ 58

EXPERIENCES
faites sur des Pigeons.

Premiére Expérience.

		marcs.	onces.	gros.	grains.
A { Pigeon qui fut électrisé, pesoit	à 7 heures	4 +	0 +	5 +	48
	à midi ...	4 +	0 +	4 +	0
	Différence			1 +	48
B { Pigeon non électrisé, pesoit	à 7 heures	3 +	7 +	2 +	22
	à midi ...	3 +	7 +	1 +	12
	Différence			1 +	10
Comparaison.	Déchet du Pigeon électrisé			1 +	48
	Déchet du Pigeon non él.			1 +	10
	Effet de l'électricité				38

Seconde Expérience.

		marcs.	onces.	gros.	grains.
B { Pigeon qui fut électrisé, pesoit	à 3 heures	3 +	7 +	0 +	65
	à 7 heures	3 +	6 +	7 +	47
	Différence			1 +	18
A { Pigeon non électrisé, pesoit	à 3 heures	4 +	1 +	0 +	70
	à 7 heures	4 +	1 +	0 +	35
	Différence				35
Comparaison.	Déchet du Pigeon électrisé			1 +	18
	Déchet du Pigeon non élect...				35
	Effet de l'électricité				55

EXPERIENCES
faites sur des Pigeons.

Troisiéme Expérience.

		marcs.	onces.	gros.	grains.
C { Pigeon qui fut électrisé, pesoit	à 8 heures.	3 +	7 +	1 +	70
	à midi $\frac{1}{2}$ ..	3 +	7 +	0 +	34
	Différence			1 +	36
D { Pigeon non électrisé, pesoit	à 8 heures	4 +	0 +	0 +	70
	à midi $\frac{1}{2}$ ..	4 +	0 +	0 +	12
	Différence				58
Comparaison.	Déchet du Pigeon électrisé			1 +	36
	Déchet du Pigeon non élect. .				58
	Effet de l'électricité				50

Quatriéme Expérience.

		marcs.	onces.	gros.	grains.
D { Pigeon qui fut électrisé, pesoit	à 3 heures	4 +	0 +	1 +	36
	à 7 heures	4 +	0 +	0 +	22
	Différence			1 +	14
C { Pigeon non électrisé, pesoit	à 3 heures	3 +	7 +	1 +	24
	à 7 heures	3 +	7 +	0 +	46
	Différence				50
Comparaison.	Déchet du Pigeon électrisé			1 +	14
	Déchet du Pigeon non élect...				50
	Effet de l'électricité				36

EXPERIENCES
faites sur des Pinçons & sur des Bruants.

Première Expérience.

			onces.	gros.	grains.
A	Bruant qui fut électrifé, pefoit	à 7 heures	5 +	2 +	42
		à midi	5 +	2 +	20
		Différence			22
B	Bruant non électrifé, pefoit	à 7 heures	6 +	4 +	22
		à midi	6 +	4 +	10
		Différence			12
Comparaifon.		Déchet du Bruant électrifé ..			22
		Déchet du Bruant non élect.			12
		Effet de l'électricité			10

Seconde Expérience.

			onces.	gros.	grains
B	Bruant qui fut électrifé, pefoit	à 3 heures	5 +	1 +	47
		à 7 heures	5 +	1 +	22
		Différence			25
C	Bruant non électrifé, pefoit	à 3 heures	6 +	1 +	16
		à 7 heures	6 +	4 +	6
		Différence			20
Comparaifon.		Déchet du Bruant électrifé ..			25
		Déchet du Bruant non élect.			20
		Effet de l'électricité			5

EXPERIENCES
faites sur des Pinçons & sur des Bruants.

Troisiéme Expérience.

		onces. gros. grains.
C { Pinçon qui fut électrisé, pesoit	à 3 heures	5 + 1 + 36
	à 8 heures	5 + 1 + 12
	Différence	24
D { Pinçon non électrisé, pesoit	à 3 heures	6 + 3 + 46
	à 8 heures	6 + 3 + 28
	Différence	18
Comparaison.	Déchet du Pinçon électrisé . .	24
	Déchet du Pinçon non élect.	18
	Effet de l'électricité	6

Quatriéme Expérience.

		onces. gros. grains.
D { Pinçon qui fut électrisé, pesoit	à 8 heures	6 + 2 + 70
	à 1 heure.	6 + 2 + 44
	Différence	26
C { Pinçon non électrisé, pesoit	à 8 heures	5 + 1 + 12
	à 1 heure	5 + 0 + 66
	Différence	18
Comparaison.	Déchet du Pinçon électrisé . .	26
	Déchet du Pinçon non élect.	18
	Effet de l'électricité	8

Par la feule infpection de ces tables on voit que l'électricité agit
fort inégalement non-feulement fur
les mêmes fujets appliqués en différens tems à ces épreuves, mais auffi
fur les animaux qui différent entr'eux
par l'efpéce ; car en comparant les
quatre réfultats des expériences qui
ont été faites fur les chats, on voit
qu'ils font comme les nombres 66,
58, 102, & 58 ; ceux des expériences faites fur les pigeons, comme
38, 55, 50, & 36; ceux qui concernent les petits oifeaux , comme 10,
5, 6, 8. On doit fans doute attribuer une partie de ces différences à
la durée des épreuves qui n'a pas toujours été égale ; mais il eft aifé de
voir auffi que cette raifon n'eft pas
la feule ; la vertu électrique tantôt
plus forte, tantôt plus foible, la température du lieu où l'on opére, qui
varie auffi, & l'état actuel de l'animal qu'on électrife., font autant de
caufes qui peuvent influer fur le plus
ou le moins d'effet qu'on peut attendre de ces fortes d'expériences.

Mais ce que je trouve ici de plus
remarquable , c'eft une efpece de gra-

dation affez conftante, par laquelle il femble que les animaux électrifés perdent d'autant plus de leur fubftance, qu'ils font plus petits par leur efpece, toutes chofes égales d'ailleurs. On s'en apperçoit aifément, quand on fe rappelle ce que perd communément de fon poids chaque animal dont j'ai fait mention, lorfqu'on l'électrife ; & que l'on compare cette quantité perdue avec la maffe totale du corps animé d'où elle fort.

Un petit oifeau tel qu'un pinçon ou un bruant pefe 5 gros $\frac{1}{2}$; ce qui fait la fomme de 396 grains ; ce petit animal étant électrifé, pendant cinq heures, perd communément 7 grains de fon poids, c'eft à peu de chofe près la 57e partie de fa maffe, en y comprenant les plumes, car 57 × 7 = 399.

Or la proportion fe trouve bien différente, fi l'on compare ces quantités dans les autres animaux ; les pigeons dont je me fuis fervi, par exemple, pefoient au moins 12 onces chacun, ou 96 gros, lefquels étant réduits en grains, donnent la fom-

me de 6912. Suppofons 7000 grains
pour la facilité du calcul ; quand la
vertu électrique lui feroit perdre 50
grains de fon poids ; ce qui eft au-
deffus de l'évaluation qu'on en doit
faire, en prenant le terme moyen,
cette quantité ne feroit encore que
la 140ᵉ. partie de fa maffe totale, proportion, comme on voit, beaucoup
au-deffous de celle dont je viens de
parler, & que l'on trouvera encore
bien plus petite, fi l'on confidére ce
qui s'eft paffé à l'égard des chats.

Comme il s'agit ici d'une forte
d'évaporation, on pourroit croire
que ces effets fuivent la raifon des
furfaces ; mais il paroît que cela
n'eft point ainfi ; l'électrifation des
chats a duré en quatre fois la fomme
de 19 heures, & a produit une tranfpiration de 284 grains, laquelle fomme divifée par 4, donne pour terme
moyen 71. Les petits oifeaux ont
été électrifés pareillement pendant
19 heures en quatre fois, & la fomme des tranfpirations a été 29
grains : ainfi le terme moyen eft
7 $\frac{1}{4}$.

Or 7 $\frac{1}{4}$ eft plus que la 10ᵉ. partie de

71, & je ne crois pas que la surface d'un pinçon ou d'un bruant soit dans un tel rapport avec celle d'un chat de moyenne grandeur, tel que ceux dont je me suis servi.

On ne doit donc pas s'attendre de voir croître les effets de l'électricité sur les grands animaux, en raison de leur surface, ni encore moins en raison de leur masse ; si cette derniere proportion avoit lieu, nous n'oserions jamais porter ces épreuves sur le corps humain : il y auroit plus que de la témérité à électriser pendant cinq heures un homme dont le poids est assez ordinairement de 140 liv. s'il devoit perdre dans cette expérience, comme un petit oiseau, environ la 57e. partie de sa substance, ce qui iroit à plus de 5 marcs.

Ces premieres expériences m'annonçoient d'avance ce que je devois attendre de celle que je voulois faire sur des corps humains ; elles me rassuroient en même-tems sur la crainte que j'aurois eu d'engager des personnes à des épeuves dangereuses : j'avois examiné avec beaucoup d'attention comment tous ces animaux dont j'ai parlé, s'étoient trouvés d'avoir été électrisés à plusieurs reprises pendant quatre ou cinq heures de suite, aucun d'eux ne marqua d'impatience, (*a*) ni par ses cris, ni par ses mouvemens, tandis qu'on l'électrisoit. Le plus souvent les chats s'endormirent, & les oiseaux demeurerent tranquillement perchés sur leurs bâtons ou posés à plat sur le fond de leur cage. Quand on les remettoit en liberté, ou dans une plus grande cage avec des alimens, ils se dédommageoient promptement de la longue diette qu'on leur avoit fait souffrir; & pas un d'eux n'a été attaqué depuis (*b*) de la moindre

(*a*) Je ne parle ici que du tems où ces animaux recevoient simplement l'électricité par communication ; car lorsqu'on en approchoit le doigt ou un autre corps non électrique, à la distance de quelques pouces, on les voyoit se reculer ou s'agiter, comme pour éviter quelque chose qui leur étoit desagréable : ils sentoient sans doute l'odeur & le vent que produit la matiere électrique qui sort toujours avec violence d'un corps non électrique, quand on l'approche d'un autre qui est fortement électrisé.

(*b*) Il s'est passé plus de quinze jours entre le tems de ces expériences, & celui de la lec-

incommodité dont on fe foit ap-
perçû.

Trois ou quatre perfonnes d'un
âge & d'une fanté convenable à ces
fortes d'expériences, s'offrirent de
bonne grace, pour être pefées, électrifées, & pour garder le régime que
je leur prefcrirois ; je croyois que
deux ou trois femaines que j'avois
encore à donner à ces épreuves fuf-
firoient de refte, pour achever mes
recherches avec toute la précifion
que je voulois y mettre ; mais à peine
ce tems m'a-t-il fuffr pour appercevoir les difficultés dont elles font
fufceptibles, & pour lever les prin-
cipales.

Difficultés
qui empê-
chent qu'on
ne faffe ces
expériences
avec une gran-
de précifion.

La balance romaine dont je voulois me fervir, eft un inftrument fur
l'exactitude duquel on ne peut point
affez compter ; & quoique l'exemple
de Sanctorius m'invitât à en faire
ufage, j'ai reconnu que M. Dodard
avoit eu bien des raifons pour lui
préférer le fleau ordinaire. Cette
derniere efpéce de balance même fe

ture publique de ce Mémoire ; c'en étoit affez
pour juger fi les animaux fur lefquels on avoit
opéré, en avoient reçû quelque incommodité.

trouve

trouve rarement bien faite, en fortant des mains des ouvriers, qui ne
travaillent ordinairement que par
routine; & comme je n'avois pas le
loifir d'en faire faire une exprès, dont
je puffe conduire la conftruction, j'ai
eu bien de la peine à m'en procurer
qui trébuchaffent d'une maniere certaine à un demi-gros, lorfqu'elles
étoient chargées de 300 livres. J'y
fuis parvenu cependant, & les expériences que j'ai faites, font affez
précifes à cet égard.

Une perfonne que l'on pefe & que
l'on électrife avec fes habits, eft dans
un cas bien différent de celui d'un
quadrupede ou d'un oifeau qu'on applique à de pareilles épreuves; tout
ce qui tranfpire de celui-ci, à l'aide
de l'électricité, eft autant de diminué
fur fon poids, parce que la matiere
électrique qui enfile fes poils, ou les
joints de fes plumes, entraîne par ces
iffues qui font droites & comme
frayées, tout ce qui fe trouve en prife
à fes impulfions, il n'en eft pas de même d'un corps habillé; la matiere de
la tranfpiration naturelle ou artifi-
cielle, s'y arrête en grande partie,

V.
DISC.

Kk

puisqu'une chemise portée pendant
10 ou 12 heures, est plus pesante
qu'elle n'étoit, lorsqu'on l'a prise; par
conséquent quand on pese une personne qu'on a électrisée, son poids ne
doit point paroître autant diminué
qu'il l'est en effet, & qu'il le paroîtroit,
si cette personne n'avoit rien autour
d'elle qui retînt une portion considérable de ce que la vertu électrique a
fait sortir de sa peau; & cette quantité retenue dans les vêtemens, doit
différer beaucoup suivant la quantité
& la nature des étoffes.

Ce qui résul-
te de ces dif-
ficultés. Pré-
cautions à
prendre, pour
approcher de
la plus grande
exactitude
possible.

C'est pour cela sans doute que
j'ai trouvé tant de variété dans le
résultat de mes expériences, lorsque
j'ai voulu les faire sur des personnes
de l'un & de l'autre sexe; & je ne
crois pas qu'on puisse arriver à des
connoissances un peu précises, à
moins que celui qu'on électrise ne
soit vêtu un peu à la légere, & qu'a-
vant & après on ne pese séparément
ses habits, pour sçavoir au juste le
poids de son corps.

Il faudra faire attention sur-tout
que les personnes dont on se servira
pour ces sortes d'épreuves, soient

toujours, autant qu'il sera poſſible, dans les mêmes circonſtances ; qu'elles gardent un régime uniforme ; qu'elles ſe faſſent peſer & électriſer aux mêmes heures, pendant la même quantité de tems ; que les expériences ſoient réitérées un grand nombre de fois : & pour ne point m'arrêter ici à donner des avis qu'on peut trouver ailleurs, avec les raiſons ſur leſquelles ils ſont fondés, il faudra ſe comporter à peu près comme ont fait les célébres Auteurs (a) de la médecine ſtatique dont les écrits ſubſiſtent.

Quoique je n'aye pas encore pû pratiquer moi-même ce que je propoſe maintenant, le peu d'expériences que j'ai faites m'a montré aſſez clairement ce qui faiſoit le principal objet de mes recherches. La tranſpiration inſenſible des gens que j'ai électriſés, a varié conſidérablement ; mais je l'ai trouvé de pluſieurs onces plus grande qu'elle n'avoit coutume d'être, toutes choſes égales d'ailleurs, quand les mêmes ſujets n'étoient point électriſés : & je crois

V.
D I S C.

Réſultat des expériences faites ſur le corps humain.

(a) Sanctorius, M. Dodart & Keill.

K k ij

V.
DISC.

être en droit d'assurer qu'à cet égard, un homme ou une femme qu'on électrise, ne différe que du plus au moins des animaux sur lesquels j'ai pû faire des expériences beaucoup plus exactes.

Applications que l'on pourroit faire de ces expériences dans la médecine.

Dans bien des occasions la médecine désire cet effet, & cherche à le procurer par des moyens qui sont peut-être moins sûrs, & certainement plus incommodes que l'électrisation. C'est à la Faculté qu'il importe d'examiner & d'essayer si cette nouvelle maniere d'augmenter ou de provoquer la transpiration, & de purger les pores de la peau, sera aussi profitable aux personnes infirmes, qu'elle est peu dangereuse pour celles qui se portent bien ; car il est très-certain que ni moi, ni ceux qui m'ont aidé, n'avons jamais ressenti d'autre incommodité qu'un peu d'épuisement & beaucoup d'appétit.

Aucune des personnes qui ont été appliquées à ces expériences, ne s'est apperçu que sa chaleur augmentât ; & s'il est vrai que l'électricité rende le poulx plus fréquent, comme quelques Auteurs le prétendent, je n'en puis convenir que sur la foi d'autrui ; car quoique j'aye fait pour m'en assurer par mes propres expériences, quoique je l'aye essayé à diverses reprises, en différens tems, & avec les personnes les plus propres à en juger, jamais je n'ai trouvé une accélération assez marquée, ou assez constante, pour n'avoir pas à craindre de me tromper, si j'attribuois un tel effet à la vertu électrique.

S'il arrive, comme je le souhaite, que l'on puisse soulager ou guérir des malades en les électrisant, il est bon que l'on sçache qu'on pourra leur appliquer ce rémede sans les tourmenter par des attitudes ou par des positions gênantes, & pour le dire en un mot, sans les électriser eux-mêmes ; ce que je vais dire pour prouver ce paradoxe, fera voir en même-tems qu'il y a réellement *une matiere affluente* autour du corps électrifé ; & que l'électricité consiste visiblement, comme je l'ai conjecturé il y a trois ans, *(a) dans les deux*

(a) Conjectures sur les causes de l'Electricité. Mém. de l'Acad. 1745. p. 107.

mouvemens contraires & simultanés de cette matiére qu'on nomme électrique.

Perſuadé, convaincu même de cette vérité par mille faits plus frappans les uns que les autres, je ne doutai pas un moment que ce qui arrivoit aux animaux ou aux plantes qu'on électriſe, ne leur arrivât de même, ſi je les plaçois dans le voiſinage d'un corps électriſé qui eût un certain volume; l'expérience me fit voir que j'avois raiſon de penſer ainſi. Je fis électriſer la cage de tole & tout ce qu'elle contenoit, *fig.* 3. j'en approchai des vaſes remplis d'eau qui s'écouloit goutte à goutte par des ſyphons capillaires; tous ces écoulemens devinrent continus & accélérés, comme s'ils euſſent été électriques eux-mêmes; je plaçai ſur une table à 7 ou 8 pouces au-deſſous de cette même cage, un chat, un pigeon, un moineau, & je les y tins 5 heures de ſuite; ces animaux perdirent toujours autant & même un peu plus de leur poids, qu'ils n'ont coutume d'en perdre, quand ils reçoivent eux-mêmes la vertu électrique; les tables que je vais joindre ici,

juſtifieront ce que je viens d'avancer ;
je fis la même choſe, & à pluſieurs
jours de ſuite, avec des jattes pleines de terre enſemencée, & j'obſer-
vai dans la végétation des graines,
la même promptitude & les mêmes
progrès dont j'ai fait mention ci-deſſus, en parlant des ſemences électriſées : enfin je fis reſter pendant cinq
heures auprès de la cage de tole électrique, *fig.* 3. une perſonne qui tranſ-
pira 4 onces 1 gros $\frac{1}{2}$; cette même
perſonne électriſée la veille, pendant un même eſpace de tems, n'a-
voit perdu de ſon poids que 3 onces 5 gros, elle perdit donc probablement 4 gros $\frac{1}{2}$ pour avoir été pla-
cée pendant cinq heures auprès d'un
corps électriſé.

Expériences faites sur des animaux placés dans le voisinage d'un corps électrisé.

QUATRIEME SUITE.

Expériences faites sur des Chats.

Premiere Expérience.

		marcs.	onces.	gros.	grains.
A { Chat qui fut mis auprès d'un corps électrique, pesoit	à 8 heures	9 +	1 +	1 +	30
	à 1 heure.	9 +	0 +	7 +	0
	Différence..........			2 +	30
B { Chat qui fut mis loin d'un corps électrique, pesoit	à 8 heures.	9 +	0 +	6 +	40
	à 1 heure.	9 +	0 +	5 +	30
	Différence.........			1 +	10
Comparaison.	Déchet du Chat placé près du corps électrique..			2 +	30
	Déchet du Chat placé loin du corps électrique..			1 +	10
	Effet de l'électricité...			1 +	20

Seconde Expérience.

		marcs.	onces.	gros.	grains.
B { Chat qui fut mis auprès d'un corps électrique, pesoit	à 2 heures.	9 +	2 +	0 +	50
	à 6 heures.	9 +	1 +	6 +	48
	Différence.........			2 +	2
A { Chat qui fut mis loin d'un corps électrique, pesoit	à 2 heures.	9 +	0 +	1 +	60
	à 6 heures.	9 +	0 +	0 +	40
	Différence.........			1 +	20
Comparaison.	Déchet du Chat placé auprès du corps électrique....			2 +	2
	Déchet du Chat placé loin du corps électrique...			1 +	20
	Effet de l'électricité.......				54

EXPERIENCES
faites sur des Chats.

Troisiéme Expérience.

		marcs.	onces.	gros.	grains.
C	Chat qui fut mis auprès d'un corps électrique, pesoit	à 3 heures. 9	+ 2	+ 3	+ 10
		à 8 heures. 9	+ 2	+ 1	+ 0
		Différence		2	+ 10
D	Chat qui fut mis loin d'un corps électrique, pesoit	à 3 heures. 9	+ 1	+ 6	+ 20
		à 8 heures. 9	+ 1	+ 5	+ 20
		Différence		1	+ 0
Comparaison.		Déchet du Chat placé près du corps électrique 2		+	10
		Déchet du Chat placé loin du corps électrique . . . 1		+	0
		Effet de l'électricité . . . 1		+	10

Quatriéme Expérience.

		marcs.	onces.	gros.	grains.
D	Chat qui fut mis auprès d'un corps électrique, pesoit	à 2 heures 9	+ 2	+ 1	+ 66
		à 7 heures 9	+ 2	+ 0	+ 0
		Différence		1	+ 66
C	Chat qui fut mis loin d'un corps électrique, pesoit	à 2 heures 9	+ 0	+ 3	+ 20
		à 7 heures 9	+ 0	+ 2	+ 18
		Différence		1	+ 2
Comparaison.		Déchet du Chat placé près du corps électrique . . 1		+	66
		Déchet du Chat placé loin du corps électrique 1		+	2
		Effet de l'électricité 64			

EXPERIENCES
faites sur des Pigeons.

Première Expérience.

		marcs.	onces.	gros.	grains.
A	Pigeon qui fut placé auprès d'un corps électrique, pesoit	à 7 heures 4 + 0 + 6 + 18			
		à midi ... 4 + 0 + 4 + 40			
		Différence .... 1 + 50			
B	Pigeon qui fut placé loin d'un corps électrique, pesoit	à 7 heures 3 + 6 + 2 + 30			
		à midi ...3 + 6 + 1 + 20			
		Différence .... 1 + 10			

Comparaison.

Déchet du Pigeon placé auprès du corps électrique .. 1 + 50
Déchet du Pigeon placé loin du corps électrique .. 1 + 10
Effet de l'électricité 40

Seconde Expérience.

		marcs.	onces.	gros.	grains.
B	Pigeon qui fut placé auprès d'un corps électrique, pesoit	à 3 heures 3 + 6 + 7 + 60			
		à 7 heures 3 + 6 + 6 + 40			
		Différence .... 1 + 20			
A	Pigeon qui fut placé loin d'un corps électrique, pesoit	à 3 heures 4 + 1 + 6 + 65			
		à 7 heures 4 + 1 + 6 + 30			
		Différence 35			

Comparaison.

Déchet du Pigeon placé près du corps électrique .. 1 + 20
Déchet du Pigeon placé loin du corps électrique 35
Effet de l'électricité 57

EXPERIENCES
faites sur des Pigeons.

Troisiéme Expérience.

		marcs.	onces.	gros.	grains
C	Pigeon qui fut placé auprès d'un corps électrique, pesoit	à 8 heures ½ 3	+ 7	+ 2	+ 60
		à 1 heure . 3	+ 7	+ 1	+ 20
		Différence 1		+ 40	
D	Pigeon qui fut placé loin d'un corps électrique, pesoit	à 8 heures ½ 4	+ 0	+ 4	+ 66
		à 1 heure. 4	+ 0	+ 4	+ 6
		Différence 60			

Comparaison.

Déchet du Pigeon placé près du corps électrique . . . . 1 + 40
Déchet du Pigeon placé loin du corps électrique 60
Effet de l'électricité 52

Quatriéme Expérience.

		marcs.	onces.	gros.	grains
D	Pigeon qui fut placé près d'un corps électrique, pesoit	à 3 heures 4	+ 0	+ 1	+ 36
		à 7 heures 4	+ 0	+ 0	+ 18
		Différence 1		+ 18	
C	Pigeon qui fut placé loin du corps électrique, pesoit	à 3 heures 3	+ 7	+ 2	+ 24
		à 7 heures 3	+ 7	+ 1	+ 40
		Différence 56			

Comparaison.

Déchet du Pigeon placé près d'un corps électrique . 1 + 18
Déchet du Pigeon placé loin d'un corps électrique 56
Effet de l'électricité 34

EXPERIENCES
faites sur des petits Oiseaux.

Première Expérience.

			onces. gros. grains.
B { Bruant qui fut placé près d'un corps électrique, pesoit	à 7 heures		5 + 3 + 18
	à midi		5 + 2 + 67
	Différence		23
A { Bruant qui fut placé loin d'un corps électrique, pesoit	à 7 heures		6 + 4 + 30
	à midi		6 + 4 + 18
	Différence		12
Comparaison.	Déchet du Bruant placé près d'un corps électrique...		23
	Déchet du Bruant placé près d'un corps électrique...		12
	Effet de l'électricité		11

Seconde Expérience.

			onces. gros. grains.
B { Bruant qui fut placé près d'un corps électrique, pesoit	à 3 heures		6 + 3 + 60
	à 7 heures		6 + 3 + 33
	Différence		27
A { Bruant qui fut placé loin d'un corps électrique, pesoit.	à 3 heures		5 + 2 + 20
	à 7 heures		5 + 2 + 0
	Différence		20
Comparaison.	Déchet du Bruant placé près d'un corps électrique...		27
	Déchet du Bruant placé loin d'un corps éléctique...		20
	Effet de l'électricité		7

EXPERIENCES
faites sur des petits Oiseaux.

Troisiéme Expérience.

		onces.	gros.	grains.
A { Pinçon qui fut mis près d'un corps électrique, pesoit	à 3 heures	5 + 1 + 40		
	à 8 heures	5 + 1 + 13		
	Différence	27		
B { Pinçon qui fut mis loin d'un corps électrique, pesoit	à 3 heures	6 + 2 + 70		
	à 8 heures	6 + 2 + 52		
	Différence	18		
Comparaison.	Déchet du Pinçon placé près du corps électrique	27		
	Déchet du pinçon placé loin du corps électrique ...	18		
	Effet de l'électricité	9		

Quatriéme Expérience.

		onces.	gros.	grains.
B { Pinçon qui fut placé près d'un corps électrique, pesoit	à 8 heures	6 + 2 + 40		
	à 1 heure	6 + 2 + 13		
	Différence	27		
A { Pinçon qui fut placé loin d'un corps électrique, pesoit	à 8 heures	5 + 0 + 71		
	à 1 heure........	5 + 0 + 52		
	Différence	19		
Comparaison.	Déchet du Pinçon placé près du corps électrique ...	27		
	Déchet du Pinçon placé loin du corps électrique ...	19		
	Effet de l'électricité	8		

Si l'on additionne maintenant les quatre produits des expériences d'une même espece, pour en avoir le terme moyen, & que l'on fasse la même chose à l'égard des premieres tables qui contiennent les expériences faites sur des animaux électrisés ; la comparaison que l'on fera de ces termes moyens correspondans, montrera, comme je l'ai avancé, que l'animal placé auprès d'un corps qu'on électrise, transpire non-seulement autant, mais même plus que s'il étoit électrisé lui-même.

Comparaisons des résultats correspondans de la 3e & 4e Suite.

Chats.	L'animal étant électrisé.	L'animal étant placé près d'un corps électrique.
Expér. *durée.*	*produit.*	*produit.*
1.......... 5 heures....	66 grains....	92 grains.
2.......... 4	58	54
3.......... 5	102	82
4.......... 5	58	64
Sommes des prod....284		292
Termes moyens.......71		73

V.
Disc.

Pigeons.	L'animal étant électrifé.	L'animal étant placé près d'un corps électrique.
Expér. *durée.*	*produit.*	*produit.*
1.......... 5 heures....	38 grains....	40 grains.
2.......... 4	55	57
3.......... 4 $\frac{1}{2}$	50..........	52
4.......... 4	36..........	34
Sommes des prod.... 179..........		183
Termes moyens........44 $\frac{3}{4}$ ....45 $\frac{3}{4}$		

Bruants & Pinçons.	L'animal étant électrifé.	L'animal étant placé près d'un corps électrique.
Expér. *durée.*	*produit.*	*produit.*
1.......... 5 heures....	10 grains....	11 grains.
2.......... 4	5	7
3.......... 5	6..........	9
4.......... 5	8..........	8
Sommes des prod.....29..........		35
Termes moyens......7 $\frac{1}{4}$ ....8 $\frac{3}{4}$		

Il feroit donc facile, comme l'on voit, de faire reffentir les effets de l'électricité à un grand nombre de corps en même-tems, fans les déplacer, fans les gêner, fuffent-ils à des

Ce qui réfulte de ces dernieres Expériences, par rapport à la Médecine ou à la Botanique.

diſtances très-conſidérables ; car on
ſçait que cette vertu ſe tranſmet fort
aiſément au loin par des chaînes ou
par d'autres corps contigus : quelques
tuyaux de tole, quelques fils de fer
tendus qui porteroient de diſtance en
diſtance des feuilles de même métal,
& qui régneroient le long d'une plate
bande ou d'un gradin chargé de pots,
des paquets de clefs, des paniers
pleins de cloux ou de vieux fers qu'on
tiendroit ſuſpendus auprès d'un malade, le malade reſtant dans ſon lit ou
dans un fauteuil ; mille autres moyens
peut-être encore plus faciles, & que
l'induſtrie la plus commune pourroit
ſuggérer, ne manqueroient pas de
mettre ces effets à la portée de tout
le monde, & d'en étendre l'uſage
autant qu'on le ſouhaiteroit.

Réflexion importante ſur cette der-niere façon d'appliquer les effets de la vertu élec-trique. Comme on peut l'étendre cet uſage, on peut auſſi le reſtreindre ;
& c'eſt encore un avantage auquel
on doit s'attendre, quand on réflé-
chit un peu ſur la maniere dont ſe
fait cette tranſpiration forcée des
corps qui avoiſinent ceux qu'on électriſe. Ces corps ſont toujours pleins
de matiere électrique, parce que ce

fluide

fluide subtile est présent par-tout ; dès qu'ils se trouvent à une certaine proximité d'un autre corps qu'on électrise, cette matiere prend son cours vers celui-ci, devient affluente par rapport à lui, & entraîne avec elle ce qui se rencontre dans les petits canaux par lesquels elle s'élance. Mais il est naturel de penser qu'elle sort de ces corps par les endroits qui répondent à la cause déterminante de son mouvement par les endroits qui sont le plus exposés au corps électrique.

Ne nous reposons point sur des conjectures, quand nous pouvons nous instruire par des faits. Je tiens à la main *fig.* 4. un vase de métal plein d'eau qui s'écoule goutte à goutte, par plusieurs petits tubes capillaires placés à différens endroits de sa circonférence ; je le plonge dans la sphère d'activité d'un corps qu'on électrise, & je vois que les écoulemens ne deviennent continus, & ne s'accélerent, que par les canaux qui regardent & qui avoisinent de plus près le corps électrique.

Je coupe en deux parties égales une éponge que j'ai humectée d'eau.

L l

commune, le plus uniformement qu'il a été poſſible ; je peſe ces deux moitiés ſéparément, & je les mets d'équilibre enſemble ; je les réunis, & j'expoſe le tout pendant 5 ou 6 heures à un corps électriſé, vis-à-vis duquel j'ai ſoin de tourner une des deux moitiés de l'éponge : cette moitié plus directement, plus prochainement expoſée que l'autre à la vertu électrique, ſe trouve auſſi conſtamment la plus légere, quand on vient à les peſer de nouveau toutes deux.

Il eſt donc preſqu'indubitable, qu'on pourra de même déterminer la matiere électrique à ſortir d'un bras, d'une jambe, de la tête, &c. plûtôt que des autres membres du corps : & puiſque ce fluide en ſortant ainſi avec précipitation des corps animés, entraîne indubitablement une partie des ſubſtances qui ſe trouvent dans les vaiſſeaux excrétoires ; il y a lieu de ſe flatter qu'on pourroit en certains cas, ménager ce moyen aſſez heureuſement, pour deſobſtruer ces mêmes vaiſſeaux, & pour les purger de ce qu'ils contiendroient de vicieux.

Recherches. Pl. 2.
Fig. 4.
Fig. 5.
Gobin Sc.

Au reſte, quand bien même l'électricité, employée comme je l'ai dit, ſeroit une nouvelle reſſource, pour ſoulager ou pour guérir; nous ignorons encore en quelles circonſtances on doit particulierement y avoir recours, & juſqu'à quel point on doit s'y fier; les remédes les plus ſalutaires & les plus éprouvés doivent être adminiſtrés avec prudence & conduits par des perſonnes qui en connoiſſent tout le pouvoir. En même tems que je propoſe ces eſſais à ceux que leur profeſſion & leur place met à portée de les ſuivre, & de nous apprendre ce qu'on en peut eſpérer, j'exhorte toutes les autres perſonnes, qui ne ſont que curieuſes, ou même perſonnellement intéreſſées, à les voir réuſſir; je les exhorte, dis-je, à ne s'y point livrer aveuglément, & ſans être guidées par des gens de l'art, qui puiſſent au moins décider des circonſtances où l'on peut, ſans rien craindre, forcer la tranſpiration d'un malade.

Pour ce qui concerne les plantes, on peut être moins circonſpect; tout le monde peut s'en mêler, ſans cou

V.
D i s c.
Régles qu'on doit ſuivre, ſi l'on employe l'électricité comme un reméde.

rir de grands rifques ; & cela me fait efpérer qu'en peu de tems nous fçaurons ce qu'il y a à gagner ou à perdre en électrifant les végétaux. Je ne penfe pas que cela puiffe aller jufqu'à multiplier les forêts, & groffir les moiffons ; mais au-deffous de ces grands objets, il en eft d'autres qui ne font indignes, ni de la Phyfique ni d'une curiofité raifonnable.

'Application de l'Électricité aux paralytiques.

On a vû par ce que M. Louis m'a donné occafion de lui répondre dans le premier Difcours *page* 49, qu'avant Pâques de l'année 1746, nous avions penfé M. Morand, M. de la Sone & moi à électrifer des paralytiques, pour voir fi en faifant agir fur eux la vertu électrique, nous ne pourrions pas ranimer le mouvement, ou faire renaître le fentiment dans des membres qui auroient perdu l'un ou l'autre, ou tous les deux. Nous fîmes alors quelques épreuves qui ne furent point abfolument fans effet : un de nos malades reffentit après dans un bras qui étoit perclus depuis nombre d'années, des picottemens qu'il n'avoit jamais reffentis auparavant, &

qui lui inspirerent un grand défir d'être encore électrifé.

Mais ces premieres tentatives, quoiqu'elles nous laiffaffent quelque efpérance de fuccès, nous firent bientôt comprendre qu'on ne devoit raifonnablement s'en flatter qu'après un travail affidu, & peut-être bien long. Je ne voulois pas entreprendre feul des expériences auffi importantes, & il n'étoit pas jufte que je détournaffe pour des effais qui pouvoient être infructueux, des perfonnes dont les fecours font plus fûrs en tout autre cas, & continuellement utiles à la fociété. Il fe paffa deux ans avant que M. Morand pût allier avec fes occupations ordinaires, celles que devoit caufer une électrifation foutenue avec affiduité, & d'une durée convenable.

Enfin le fuccès de M. Jallabert (*a*)

(*a*) Vers le milieu du mois de Janvier 1748, M. Jallabert Profeffeur de Philofophie & de Mathématiques à Genève, notre Correfpondant & mon ami, me manda qu'il avoit effayé d'électrifer un Paralytique, & qu'il étoit fur le point de le voir guéri. D'autres lettres m'apprirent fort peu de tems après, le progrès de cette guérifon, dont il faut voir

acheva de nous déterminer : dans les premiers jours d'Avril 1748. M. de la Courneuve, Gouverneur de l'Hôtel Royal des Invalides, nous fit donner, selon les intentions de Monsieur le Comte d'Argenson, Ministre de la guerre, un lieu propre pour nos expériences ; & parmi une douzaine au moins de soldats paralytiques, qui nous furent présentés, nous choisîmes trois sujets dont l'état fut conftaté par écrit, en préfence de M. Munier premier Médecin, & de M. Boucot Chirurgien Major de la maifon ; qui voulurent bien affifter à nos épreuves & m'aider de leurs lumieres pendant tout le tems qu'elles ont duré.

Le premier foldat nommé Daleur, étoit un homme de 49 ans, paralytique de toute la moitié du corps, du côté gauche, depuis trois ans, à la fuite d'une bleffure au côté droit de la tête, ne pouvant fléchir que très-imparfaitement quatre doigts de la

le détail dans un excellent Ouvrage que M. Jallabert a publié depuis, fous ce titre, *Expériences fur l'Electricité, avec quelques conjectures fur la caufe de fes effets,* à Genève 1748.

main, & le pouce de la même main restant toujours droit, sans aucun mouvement soumis à la volonté.

Le second nommé Bardoux, âgé de 27 ans, étoit paralytique de tout le côté droit, à la suite d'un coup de feu qui lui a crevé l'œil gauche; il a toujours eu depuis une douleur dans toute la face, & surtout vers les sinus surcilliers : il avoit la main & les doigts sans mouvemens, & à moitié fermés, il étoit privé de tout sentiment dans la partie malade.

Le troisiéme nommé Quinson, âgé de 48 ans, étoit paralytique de tout le côté gauche depuis 17 ans; cette paralysie a commencé par une foiblesse que le malade ressentit dans ses membres, sans perdre connoissance.

Expériences faites sur des Paraly-
tiques à l'Hôtel Royal
des Invalides.

Cinquieme Suite.

Daleur fut électrisé de suite, depuis le 9 d'Avril, jusqu'au 16 du

V.
Disc.

Durée de l'électrisation.

V.
DISC.

même mois, tous les jours pendant 4 heures ; ſçavoir, le matin pendant 2 heures, & autant l'après midi. Bardoux le fut de même pendant 50 jours, & Quinſon pendant 40. Ce travail ne fut interrompu que deux ou trois fois, par l'occurrence de quelques grandes fêtes.

Procédé qu'on a ſuivi dans ces expé-riences.

Pour électriſer ces malades, on les faiſoit aſſeoir ſur une planche ſuſpendue avec des cordons de ſoye, & l'on ſoutenoit leurs pieds avec des gâteaux de réſine, ou avec des eſpeces d'étriers attachés à la planche qui leur ſervoit de ſiége : on leur entouroit le corps d'une chaîne de fer dont un bout répondoit au globe de verre par le moyen duquel on excitoit la vertu électrique.

On ſoutenoit dans une ſituation convenable & non gênée, par le moyen d'une bride ou d'un ruban de ſoye, le membre ſur lequel on vouloit opérer, & comme il étoit nud, on avoit ſoin d'y entretenir un degré de chaleur ſuffiſant, non-ſeulement par celle du lieu où l'on avoit allumé un poële, mais encore par de fré-quentes frictions que l'on faiſoit

avec

avec des serviettes bien chaudes. ═══

Tandis que le malade recevoit l'électricité du globe de verre, on tiroit continuellement des étincelles, en suivant la direction des muscles extenseurs, fléchisseurs, &c. des parties dont on vouloit ranimer le mouvement : on se servoit pour cela d'une clef de porte, dont on présentoit l'anneau, ou d'une platine de fer, épaisse de 4 lignes, & arrondie par un bout : sans cette précaution, les étincelles douloureuses, même pour la personne qui les excite, auroit rendu l'opération difficile, & fort incommode : malgré cela elle l'étoit encore assez pour ralentir le zéle des jeunes Chirurgiens qui s'étoient offerts à nous aider.

Quand on avoit tiré des étincelles pendant un certain tems, on appliquoit le malade à l'expérience de Leyde, en lui faisant tenir d'une main le vase de verre qui contenoit l'eau, & en conduisant la main paralytique avec un cordon de soye, jusqu'à la tringle de fer, ou à la chaîne d'où l'étincelle devoit partir ; ce que l'on répétoit ordinairement cinq

M m

à fix fois de fuite, quand le malade vouloit bien le fouffrir ; car dans les cas où l'électricité étoit bien forte, il avoit peine à foutenir deux ou trois de ces fecouffes.

Nous abandonnâmes au bout de 8 jours, le premier de nos paralytiques nommé Daleur, parce que M. Morand & M. Boucot, l'ayant examiné avec plus d'attention, jugerent qu'il avoit les articulations enchilofées, & qu'il n'étoit pas vrai-femblable que des parties ainfi affectées, puffent reprendre la fléxibilité & la foupleffe néceffaire au mouvement qu'elles avoient perdu.

Les deux autres foutinrent plus long-tems notre efpérance par les effets que voici. Les mains qui étoient roides & prefque fermées, devinrent plus fouples & s'étendirent ; les doigts qui étoient comme collés les uns aux autres, fe détacherent peu à peu, & chacun d'eux fe plioit ou fe redreffoit féparément des autres, quand on tiroit une étincelle du muf-cle d'où dépendoit l'un ou l'autre de ces mouvemens : on faifoit plier de même, ou étendre le poignet

& l'avant-bras ; nos malades reſſen-
toient des douleurs & des piccote-
mens pendant les nuits, aux parties
mêmes ſur leſquelles on avoit travaillé, ou bien à celles qui les avoiſinoient, & avec leſquelles elles a-
voient des rapports immédiats. Enfin
la peau devenoit pleine de taches
rouges, & enſuite on voyoit des é-
levûres conſidérables, aux endroits
où l'on avoit excité les étincelles
électriques : nous y avons ſouvent
vû même des véſicules qui ſe cre-
voient, & d'où il ſortoit une ſéro-
ſité ſemblable à celle des cloches
qu'on fait naître en ſe brûlant.

Tous ces effets allerent en augmentant pendant les premiers 15 jours, &
nous nous flattions toujours que tous
ces mouvemens excités & forcés,
pour ainſi dire, par les ſecouſſes &
par les étincelles, ſe ſoumettroient
enfin à la volonté du malade. Nous le
déſirâmes, & nous l'attendîmes en
vain pendant ſix ſemaines, que nous
continuâmes nos épreuves, après quoi
les paralytiques ne voyant plus de
nouveaux progrès qui ſoutînſſent leur
patience, (car il en faut pour ſe

M m ij

foumettre à cette efpece de torture,)
ne fe prêterent plus qu'avec peine, &
en fe plaignant. Le même motif qui
nous avoit fait entreprendre & fuivre
ce travail quand nous croyions pouvoir les guérir ou les foulager, nous
fit tout abandonner, dès qu'il nous
parut décidé que nous les faifions
fouffrir inutilement.

Quoique cette électrifation n'ait
point eu l'effet que nous avions principalement en vûe ; ceux qu'elle a
eus d'abord, & les guérifons réelles
qui ont été opérées ailleurs par cette
voye, (a) feront penfer à toute per-

(a) Au commencement de Décembre 1748,
M. de Mairan reçut de M. Jallabert une
lettre, qui fut lûe auffi-tôt à l'Académie des
Sciences, & qui portoit que M. Sauvage, de
l'Académie de Montpellier, électrifoit depuis
quelque tems un homme paralytique, dont le
bras atrophié pendoit fans mouvement, &
qui traînoit une jambe, fur laquelle il ne
pouvoit fe foutenir ; que le bras depuis qu'on
avoit commencé à électrifer le malade, à la
maniere de M. Jallabert, fans employer cependant l'expérience de Leyde, avoit repris
fes mouvemens naturels, que la maigreur
étoit de beaucoup diminuée, & que le malade
marchoit fur fa jambe beaucoup mieux qu'il
n'avoit fait auparavant : enfin que cet homme
étoit vifiblement en train de guérifon.

sonne raisonnable, & qui n'aura
point intérêt de défendre une autre
opinion, que l'électricité employée
avec persévérance, & ménagée avec
une certaine habileté, peut être un
remede utile contre la paralysie, &
peut-être contre bien d'autres maladies, dont le siége est dans les nerfs
ou dans les muscles : pour moi, quoique je n'aye pas réussi autant que je
le désirois, je suis bien éloigné de
croire qu'on ne puisse pas avoir un
succès plus heureux, en répétant les
mêmes épreuves ; je compte bien les
reprendre dans un autre tems, &
quand mon travail seroit encore infructueux, j'en conclurois que je
n'ai point assez de bonheur ou d'habileté, plûtôt que de dire contre la
vérité des faits, qu'on ne doit rien
attendre de la vertu électrique pour
guérir de la paralysie.

Mais en convenant, comme je le
dois, des bons effets que l'électricité a eus, & qu'elle peut avoir encore, je ne prétens pas faire de l'é-
lectrisation un moyen de guérir à
coup sûr, & qu'on doive dès à présent, préférer à d'autres remédes

plus éprouvés : la guérifon du paralytique de Genève, eſt preſque la feule dont je fois bien certain , & le peu de fuccès que j'ai eu aux Invalides, après un travail de deux mois qui fut éclairé par d'habiles gens, & foutenu de ma part avec tous les foins & toute l'attention qu'il m'a été poffible d'y mettre, me fait craindre que les exemples de paralytiques guéris de cette maniere , ne foient fort rares à l'avenir, à moins qu'à force de le tenter, on ne trouve quelque façon d'électrifer plus efficacement, qui nous eſt encore inconnue. Si l'électricité devient jamais un reméde en ufage, il en fera fans doute de lui , comme de tous les autres dont l'application n'eſt pas toujours auffi heureuſe qu'on le fouhaite. Quel eſt le reméde dont les effets foient infaillibles? La même maladie ne devient-elle pas plus ou moins opiniâtre, felon l'état & la difpofition du fujet? J'ai électrifé des Soldats dont la paralyfie avoit été précédée de bleſſures : c'étoit peut-être une cauſe qui rendoit le mal incurable , & mes efforts inutiles.

La paralyſie du Serrurier de Genève, avoit commencé par un coup de marteau donné à faux; qui ſçait ſi cette ſecouſſe, qui paroît avoir occaſionné ſa maladie, ne laïſſoit pas plus de reſſources au reméde que M. Jallabert y appliqua?

Ceux qui aiment à dire que l'électricité ne peut être que nuiſible aux malades, ne manquent pas d'appuyer leur prétention par des exemples; mais ces exemples ſont-ils bien conſtatés? N'en ſeroit-il pas de la plûpart de ceux que l'on cite, comme de l'apoplexie qui fit mourir M. d'Oppelmaier: (a) accident que l'on attribua dans le pays même aux expériences d'électricité qu'il avoit faites ſur ſa propre perſonne, & qui ſe trouva par les informations qu'on en fit, n'être qu'une ſuite aſſez ordinaire de plu-

_____

(a) J'ai entre les mains une lettre de M. Boze, datée de Wittemberg le 15 Mars 1747, par laquelle, il m'apprend, après les informations que je l'avois prié de faire, que ce bruit n'avoit aucun fondement; & pour me prouver qu'il en parle en homme bien informé, il m'envoye la copie d'une réponſe que lui avoit faite à ce ſujet, la perſonne qui avoit aidé M. d'Oppelmaier dans ces expériences.

fieurs attaques de la même maladie, que ce célébre Profeffeur de Nuremberg avoit fouffertes précédemment: fa derniere rechûte vint en effet après ces expériences ; mais peut-on dire pour cela, que l'électricité l'ait tué ? *hoc poft hoc, an propter hoc ?* Ce qu'il y a de certain, c'eft que depuis 15 ou 16 ans que j'électrife toutes fortes de perfonnes, je ne pourrois citer aucun mauvais effet un peu confidérable, que j'aye pû attribuer fûrement à l'électrifation ; & notamment nos paralytiques des Invalides, interrogés foigneufement tous les jours ne fe font jamais plaints que l'électricité eût caufé le moindre dérangement dans leurs fonctions naturelles.

On auroit tort de m'objecter ici la mort des petits animaux qui ont été la victime de ces expériences : il y a bien loin d'un moineau ou d'un pigeon à un homme ; & en difant que je n'ai encore vû perfonne à qui l'électricité ait été funefte, je n'affûre pas que cela ne puiffe être, & qu'on ne doive en ufer fagement & avec précaution.

Mais quand il feroit vrai que l'élec-

tricité employée en certain cas, pût
avoir de mauvais effets, (ce que je
ne voudrois pas nier;) que s'en-
suivroit-il, s'il est constant d'ailleurs
qu'elle ait opéré des guérisons? Rien,
ce me semble, sinon que c'est un
nouveau moyen de guérir, que l'on
ne connoît point encore assez, que
l'on doit étudier, qu'il faut appliquer avec prudence; mais tout cela
n'autorise point à le rejetter comme inutile, comme nuisible. Les
meilleurs remédes, les plus usités,
ne sont-ils pas dangereux quand ils
sont mal administrés?

Depuis un an ou environ, on parle
beaucoup des guérisons éclatantes &
presque subites que M. Pivati opere
à Venise par le moyen d'un tube ou
d'un globe de verre dans lequel il
enferme certaines drogues, & dont
il se sert ensuite pour électriser les
malades. Des personnes d'une autorité respectable, attestent les faits,
& assûrent qu'elles ont vû répéter
ces importantes expériences avec
succès, à Bologne & à Florence,
& j'ai actuellement sous les yeux,
un Journal de celles qui ont été

faites à Turin, par M. Bianchi, (*a*) Profeſſeur de Médecine, & Chef du *Protomedicat ;* les réſultats de celles-ci ne ſont pas moins admirables que les effets publiés par M. Pivati. J'en vais rapporter quelques-uns, pour donner au Lecteur une idée de cette nouvelle Médecine : & je m'abſtiendrai de faire connoître les autres, pour ne point ôter à M. Bianchi, de qui je les tiens, le plaiſir de publier lui-même ſes découvertes.

1°. Une femme qui depuis pluſieurs ſemaines reſſentoit une ſciatique très-douloureuſe, depuis la hanche droite juſqu'au genouil, & cela preſque continuellement, & principalement la nuit, ayant été électriſée une ſeule fois avec le cylindre ou le tube de verre, n'a plus reſſenti de douleur & paroît depuis ce tems-là totalement guérie.

2°. Le 15 Mai 1748, fut électriſé

(*a*) Ayant un deſir extréme d'avoir des éclairciſſemens ſur les expériences de M. Pivati, je me ſuis adreſſé à M. Bianchi, qui me fit une réponſe très-obligeante, en m'envoyant en même tems un extrait fort ample de ſes propres expériences ; c'eſt dans cet extrait que ſont contenus les faits qu'on va voir ci-après.

avec le simple cylindre, Jean-François Calcagnia âgé de 35 ans, qui depuis environ 12 ans étoit paralytique du bras gauche, de telle maniere que pendant tout cet intervalle de tems, il n'avoit jamais pû porter la main à sa tête; dès la premiere électrisation, il leva tout de suite son bras, & toucha son visage.

3°. Dans le mois de Juillet 1748, un Bonetier nommé François Bianco, âgé de 21 ans, avoit depuis deux ans, toutes les articulations tellement entreprises, pour avoir couché dans un lieu humide, qu'il ne pouvoit aucunement se servir, ni de ses pieds pour marcher, ni de ses mains pour travailler; ayant été électrisé une premiere fois avec un cylindre rempli de drogues convenables pour guérir les maladies des nerfs, il reprit les forces qu'il avoit perdues, il remua sans douleur toutes ses articulations; & ayant encore été électrisé de même, il continua d'aller de mieux en mieux, jusqu'à ce qu'enfin, (ce qui arriva en peu de tems,) il fut entiérement guéri.

4°. Le nommé Pierre Mauro, ayant tenu dans sa main un morceau de

Scamonée, pefant une demi-once, tandis qu'on l'électrifoit, fut purgé la nuit fuivante, & reffentit beaucoup de douleur dans le ventre.

5°. Un Profeffeur de Philofophie de l'Univerfité, fe fit électrifer, tenant en fa main un petit morceau de Scamonée, & il reffentit en peu de tems des mouvemens dans le ventre, qui furent fuivis de trois évacuations.

6°. On électrifa trois Etudians en Médecine, dont un tenoit en fa main une petite fiole qui contenoit deux gros de baume du Pérou; l'odeur de ce baume fe communiqua bientôt à ces trois perfonnes, de maniere qu'on la fentoit à leurs mains, à leur vifage & à leurs habits; & quelques jours après, un des trois ayant été électrifé tout fimplement, la même odeur fe réveilla & fe fit fentir de nouveau tout autour de lui.

Toutes ces merveilles font encore renfermées dans le fein de l'Italie : quelque émulation qu'elles ayent fait naître parmi les Phyficiens des autres Pays, elles ne leur font encore connues que par le récit qu'on leur

en a fait : je n'ai pas oüi dire qu'en
Allemagne, où j'ai beaucoup de
correspondance, personne ait vû de
tels effets : je sçais positivement
qu'en Angleterre, on a inutilement
cherché à les voir ; j'ai eu le même
sort en France, quoique je me·sois
obstiné à faire ces épreuves, & que
j'aye appellé pour en être témoins,
& pour m'aider, les personnes les
plus propres à faire l'un & l'autre ;
c'est-à-dire, que j'ai travaillé avec
des gens sans prévention, incapa-
bles de se laisser séduire par de fausses
apparences, & fort en état de me
fournir les lumieres dont j'aurois pû
manquer.

Celles de toutes ces expériences qui
me paroissoient devoir réussir davantage, c'étoit la 4ᵉ. la 5ᵉ. & 6ᵉ. Comme il vient au corps électrisé une matiere électrique affluente, j'imaginois
que ce fluide subtile pourroit introduire avec lui quelques particules de
la Scamonée que l'on tenoit dans la
main : mais si cela se fit, il ne s'en-
suivit jamais aucune purgation, &
cependant j'ai appliqué à cette épreuve, des personnes de tout âge, de

Ces mêmes
expériences
ont été ten-
tées sans suc-
cès en France,
en Angleterre
& en Allema-
gne.

tout sexe, & dont plusieurs étoient
d'un tempérament très-facile à
émouvoir : les expériences ont duré
plus d'une demie-heure sur le même
sujet; le morceau de Scamonée étoit
gros comme une moyenne orange,
& M. Geofroy qui me l'avoit choisi
exprès, l'avoit trouvé d'une très-
bonne qualité; ajoutez encore que
je n'opérois point avec des tubes,
mais avec des globes de verre, dont
l'électricité est toujours plus forte &
moins interrompue.

Je pensois aussi que si la matiere
électrique affluente étoit capable
d'introduire dans le corps de la personne électrisée, les drogues odorantes qu'on lui faisoit tenir dans une
main, les émanations électriques
pourroient bien faire exhaler ces mêmes odeurs, & les rendre sensibles
autour de cette même personne : le
fait, s'il est vrai, s'expliquera de
cette maniere assez plausiblement ;
mais je ne puis l'attester par ma propre expérience ; car de quelque façon que je m'y sois pris, jamais je
n'ai senti autour des corps électrisés, d'autre odeur que celle qui ap-

partient à l'électricité, (*a*) & qui n'a-
voit rien de commun avec celle du
baume du Pérou, du benjoin, de la
térébenthine, &c. que j'essayois de
faire prendre à la personne électrisée.

Le verre d'Italie, l'air qu'on y
respire, le degré de chaleur qui y
regne, le tempérament des personnes qui l'habitent, une façon
d'opérer dont on nous auroit fait un
secret, la qualité des drogues qu'on
a employées dans ces expériences,
seroient-ils donc la cause de ce que
nos résultats se trouvent si différens
de ceux qu'on nous a annoncés ? La
crainte, la confiance, &c. auroient-
elles saisi l'esprit des malades, jusqu'au point de leur faire croire qu'ils
étoient soulagés ? L'ame singuliere-
ment affectée à la vûe d'un appareil
& d'un effet auquel elle ne s'attendoit
pas, auroit-elle tellement agi sur le

(*a*) On sçait que les corps fortement électrisés, exhalent une odeur que l'on a comparée à celle de l'ail, du phosphore, ou du
fer dissous par l'eau forte ; j'en ai fait mention dans plusieurs endroits de cet ouvrage &
de mon *Essai.*

corps, qu'elle en eût changé l'état & les difpofitions ? Enfin ai-je manqué d'adreffe ou de bonheur ? Le tems éclaircira toutes ces queftions.

APPENDICE

APPENDICE

Dans lequel on expofe un nouveau phénoméne d'Electricité.

J'AI fait voir par la 23e. expérience du 3e. Difcours, * que la matiere électrique effluente, coule avec plus de facilité & plus abondamment dans le vuide que dans l'air de l'atmofphère : j'ai remarqué auffi dans le même endroit, que le vaiffeau de verre dont on a purgé l'air, & qui reçoit intérieurement les émanations électriques d'une verge de fer, acquiert promptement une très-grande vertu ; ce qui fuit affez naturellement du premier effet. Il y a environ trois mois que répétant cette expérience, pour le plaifir de la revoir, (car elle eft très-belle,) & pour en examiner de nouveau les circonftances, le vaiffeau de verre ** *A B*, me parut tellement électrique, que dans le moment même que je le confidérois, il me vint dans l'efprit qu'il

* *P. 251. & fuiv.*

** *Troifiéme Difc. Fig. 4.*

N n

pourroit bien procurer une commotion semblable à celle qu’on éprouve dans l’expérience de Leyde. Cette pensée s’empara de moi de telle forte, que je ne me donnai pas le tems d’y réfléchir ; j’appliquai la main gauche sur le vaisseau, & avec la droite je tirai une étincelle de la verge de fer ; je me repentis bientôt de ma précipitation : je fus frappé intérieurement, & depuis la tête jusqu’aux pieds, avec tant de violence, que je ne me souviens pas de l’avoir jamais été davantage en répétant l’expérience de Leyde : soit par l’effet de la surprise, soit par la force avec laquelle je fus secoué, je passai le reste de la soirée assez mal à mon aise, ce qui se dissipa cependant par le sommeil de la nuit suivante.

J’ai fait répéter depuis cette expérience par diverses personnes, & quoique j’eusse soin d’en modérer l’effet, en leur faisant tirer l’étincelle avant que le vaisseau eût acquis une forte électricité, toutes font convenues dès la première épreuve, qu’il n’y avoit aucune différence entre la commotion qu’on reçoit de cette

maniere, & celle qui caractérise la
fameuse expérience de Leyde.

Il y a plus de huit années, que rendant compte à l'Académie, (a) des circonstances que j'avois trouvées remarquables en répétant l'expérience de Leyde, nouvellement connue alors, j'observai qu'au lieu d'eau on pouvoit mettre dans le vaisseau de verre, du mercure ou d'autres liquides qui ne fussent ni sulphureux ni gras, qu'on pouvoit même employer de la limaille de fer, du sablon, &c. & j'ajoutois que quoique l'eau me parût préférable à tout ce que j'avois essayé de lui substituer, quantité d'autres liqueurs réussissoient avec la seule différence du plus au moins.

J'ai répété depuis, à peu près la même chose dans mon *Essai;* * de forte qu'on peut voir par les endroits que je cite, que je n'ai jamais regardé l'eau qu'on employe dans cette expérience, que comme un moyen de transmettre & d'appliquer à la surface imtériere du verre, les éma-

* P. 133. dans la note, art. 3.

____

(a) Mémoire lû à la rentrée publique de l'Acad. des Sciences, après Paques 1746.

nations électriques qui fortent du fil de métal, plongé dans le vaiffeau.

On peut voir encore par l'explication que j'ai donnée du neuviéme fait de la feconde claffe, * que j'ai attribué dès-lors, tout ce qu'il y a de fingulier & de merveilleux dans l'expérience de Leyde, au double avantage que poffedent le verre, la porcelaine, &c. de pouvoir être électrifés par communication d'une maniere affez forte, & de conferver cette vertu, malgré les attouchemens des corps non électriques : ce que ne pourroit faire ni un vafe de métal qui perd fa vertu acquife dès qu'on le touche, ni un vafe de cire d'Efpagne ou de fouffre qui n'acquiert point affez de vertu par voye de communication.

Je perfifte aujourd'hui dans les mêmes idées, parce qu'elles me paroiffent quadrer affez bien avec toutes les obfervations que j'ai eu occafion de faire jufqu'à préfent, par rapport au fait dont il s'agit; j'ajouté feulement, en conféquence du nouveau phénoméne que je viens d'expofer, que l'eau ou toute autre matiére que l'on employe dans l'expérience de Leyde, ne fert à autre chofe qu'à tenir la place d'un volume d'air, qui feroit moins propre à tranfmettre au verre les émanations électriques qui fortent du fer; car nous fçavons d'ailleurs, & je l'ai prouvé en plufieurs endroits, que l'air eft un milieu difficile à pénétrer, pour la matiere électrique, & je ne doute pas qu'on ne fît l'expérience de Leyde avec un vaiffeau de verre ou de porcelaine, fans eau, & feulement rempli d'air, fi l'on parvenoit à électrifer affez fortement ou affez long-tems pour vaincre la réfiftance ou le retardement que ce dernier fluide apporte à l'électrifation du verre. Je dis plus, & le tems vérifiera peut-être ma prophétie, tout corps qui deviendra affez électrique, par quelque voie que ce foit, & qui retiendra affez d'électricité tandis qu'on le touchera, fût-ce toute autre chofe que du verre ou de la porcelaine, fera reffentir la commotion que l'on éprouve en fuivant le procédé de Leyde.

Je fuis donc bien éloigné de croire qu'il y ait dans l'eau, une vertu particuliere, analogue, pour ainfi dire, à l'électricité, & d'où dépende le fuccès de l'expérience publiée par M. Mufchenbroek; on a cependant écrit des volumes entiers pour établir cette doctrine, qui aura peine à tenir contre le phénoméne que j'annonce ici. Ceux qui font dépendre la commotion d'un air comprimé, (je ne fçais comment) avec l'eau dans la bouteille, n'y trouveront pas mieux leur compte; car eft-il poffible d'attribuer à un air condenfé & comprimé, un effet qui fubfifte dans toute fa force, lors même qu'on a fait le vuide ?

FIN.

TABLE
DES MATIERES
Contenues dans ce Volume.

SECOND DISCOURS.

*Sur les regles qu'on doit suivre, pour
juger si un Corps est électrique,
ou s'il l'est plus ou moins.* 103.

VI. EXP.

O o

TROISIEME DISCOURS.

Des circonstances favorables ou nuisibles à l'Electricité. 164.

QUATRIEME DISCOURS.

Dans lequel on examine , 1°. Si l'electricité ſe communique en raiſon des maſſes , ou en raiſon des ſurfaces ; 2°. Si une certaine figure ou certaines dimenſions du corps électriſé , peuvent contribuer à rendre ſa vertu plus ſenſible ; 3°. Si l'électriſation qui dure long-tems , ou qui eſt ſouvent répétée ſur la même quantité de matiere, peut en altérer les qualités , ou en diminuer la maſſe. 267.

CINQUIEME DISCOURS.

Dans lequel on examine quels font les effets de la vertu électrique fur les Corps organifés. 342.

Fin de la Table des Matieres.